よくわかる
バイオ
インフォマティクス
入門

藤 博幸 編
Hiroyuki Toh

講談社

執筆者一覧

編者

藤 博幸 　関西学院大学理工学部　生命医化学科　教授

著者

岩部直之 　京都大学大学院理学研究科　生物科学専攻　助教（1, 2章）

川端 猛 　大阪大学蛋白質研究所　蛋白質解析先端研究センター　蛋白質データベース開発研究室　特任准教授（3章）

浜田道昭 　早稲田大学理工学術院　先進理工学部　電気・情報生命工学科　教授（4, 12章）
産業技術総合研究所　生体システムビッグデータ解析オープンイノベーションラボラトリ　班長

門田幸二 　東京大学大学院農学生命科学研究科　アグリバイオインフォマティクス教育研究ユニット　准教授（5, 7章）
東京大学微生物科学イノベーション連携研究機構　准教授

須山幹太 　九州大学生体防御医学研究所　情報生物学分野　教授（6章）

光山統泰 　産業技術総合研究所　人工知能研究センター　研究チーム長（8章）

黒川 顕 　国立遺伝学研究所生命情報研究センター　ゲノム進化研究室　教授（9章）

森 宙史 　国立遺伝学研究所生命情報研究センター　ゲノム進化研究室　助教（9章）

東 光一 　国立遺伝学研究所生命情報研究センター　ゲノム進化研究室　特任研究員（9章）

吉沢明康 　京都大学大学院薬学研究科　薬科学専攻　特定助教（10章）

片山俊明 　情報・システム研究機構　データサイエンス共同利用基盤施設　ライフサイエンス統合データベースセンター　特任助教（11章）

はじめに

　『はじめてのバイオインフォマティクス』が出版されて 12 年が経ちました．幸い入門書として多くの読者の支持をいただき，版を重ねてきました．これも執筆者の皆様のご尽力の賜物と深く感謝いたします．出版後のライフサイエンスの進展は目覚しく，バイオインフォマティクスの重要性はますます高まってきています．さすがに入門書としては内容が古くなってきたと感じていたところ，講談社からお話をいただき，新たに入門書を作ることになりました．前著のマイナーチェンジではなく，内容を刷新することになり，タイトルも『よくわかるバイオインフォマティクス入門』に変更することになりました．執筆陣もバイオインフォマティクスの様々な分野で活躍されている若手，中堅の方々を中心に再構成し，バイオインフォマティクスが密接に関与している先端的な分野をカバーできるようにしました．紙数が限られていることから，システムバイオロジーや遺伝統計学など割愛せざるをえない分野もありましたが，現代の生命科学にマッチした入門書を作ることができました．今回も執筆者の皆様には多大なご協力をいただき，大変感謝しています．本書が，『はじめてのバイオインフォマティクス』同様，バイオインフォマティクスに興味を持つ方々の入門書として活用されることを祈念しております．

2018 年 9 月 30 日

藤　博幸

CONTENTS

はじめに..iii

1章 配列解析...1

1.1 配列解析の基礎..1
1.2 配列データベースと配列検索............................8
1.3 配列アラインメント..11

2章 分子系統解析...17

2.1 分子時計..17
2.2 遺伝子多様化の分子機構..................................18
2.3 分子進化学的解析..20

3章 タンパク質の立体構造解析................33

3.1 タンパク質立体構造の成り立ち......................33
3.2 タンパク質の化学構造と二次構造..................37
3.3 タンパク質立体構造の比較と分類..................39
3.4 立体構造予測..43
3.5 分子間相互作用の解析......................................52
3.6 結論..54

4章 ncRNA解析...55

4.1 ノンコーディングRNA..55
4.2 ncRNA解析のための大規模実験技術............60
4.3 ncRNA解析のためのバイオインフォマティクス技術......63
4.4 ncRNA研究のためのデータベース..................67
4.5 解析事例..68
4.6 結論..70

5章 NGSデータ概論.....................................71

5.1 NGSとは..71

5.2	さまざまなNGS機器	73
5.3	NGSの利用例1(デノボアセンブリ)	73
5.4	NGSの利用例2(リシークエンス／変異解析)	76
5.5	解析に必要なデータ量(カバレッジ)	78
5.6	塩基配列決定精度とクオリティコントロール	78
5.7	実データ概観(DDBJ SRA)	79
5.8	NGSデータのファイル形式	79
5.9	他のファイル形式	81
5.10	結論	82

6章 ゲノム解析 ... 83

6.1	はじめに	83
6.2	ゲノム解析からわかること	83
6.3	ゲノムブラウザによる解析	92
6.4	結論	94

7章 トランスクリプトーム解析 ... 97

7.1	背景	97
7.2	クオリティコントロール(QC)	99
7.3	マッピングの基礎	101
7.4	確率と統計	103
7.5	新規転写物同定	104
7.6	発現解析のための基礎情報取得	106
7.7	結論	108

8章 エピゲノム解析 ... 109

8.1	背景	109
8.2	計算手法の説明	111
8.3	具体的な解析事例	116
8.4	結論	122

9章 メタゲノム解析 ... 123

9.1	背景	123

9.2	メタゲノム解析の種類	124
9.3	比較メタゲノム解析	134
9.4	結論	136

10章 プロテオーム解析 137

10.1	なぜプロテオーム解析（プロテオミクス）が必要なのか	137
10.2	インタラクトーム解析	138
10.3	プロテオームの同定方法	141
10.4	計算プロテオミクス	147
10.5	データの再利用とこれからのインフォマティクス研究	152

11章 データベース 155

11.1	バイオインフォマティクスにおけるデータベースの意義	155
11.2	データベースの歴史と概要	155
11.3	文献データベース	157
11.4	遺伝子とゲノムのデータベース	159
11.5	タンパク質のデータベース	160
11.6	その他のデータベース	160
11.7	データベースのファイル形式	163
11.8	データベースシステムとAPI	170
11.9	結論	172

12章 バイオのための機械学習概論 175

12.1	はじめに	175
12.2	バイオデータのための確率的生成モデル	175
12.3	分類／回帰のための教師あり学習手法	184
12.4	深層学習	187
12.5	モデル学習	190
12.6	結論	191

索引 193

1 章 配列解析

1.1 ▶ 配列解析の基礎

1.1.1 ┃ 複製，転写，翻訳と配列情報

　すべての生物は遺伝情報を担う生体高分子として DNA（デオキシリボ核酸，**図 1.1**）を共通に用いており，DNA 複製によって子孫にその全遺伝情報（ゲノム情報）が伝わる（**図 1.2**）．

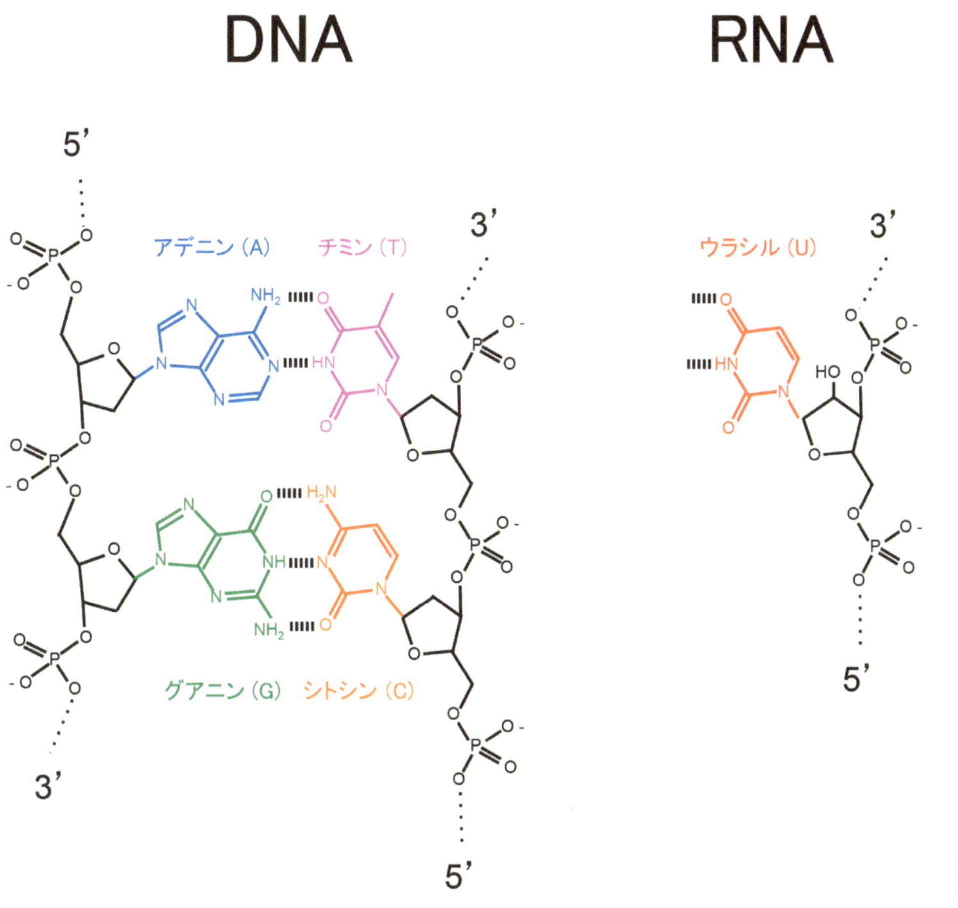

図 1.1　核酸の分子構造と塩基対
二本鎖 DNA では，アデニンとチミンおよびグアニンとシトシンがそれぞれ塩基対を形成する．アデニンとチミンの間の水素結合は 2 個であるのに対してグアニンとシトシンの間の水素結合は 3 個であり，後者の結合力が前者より強い．DNA と RNA あるいは RNA どうしが二本鎖構造を形成する場合，RNA のウラシルはアデニンと塩基対を形成する．

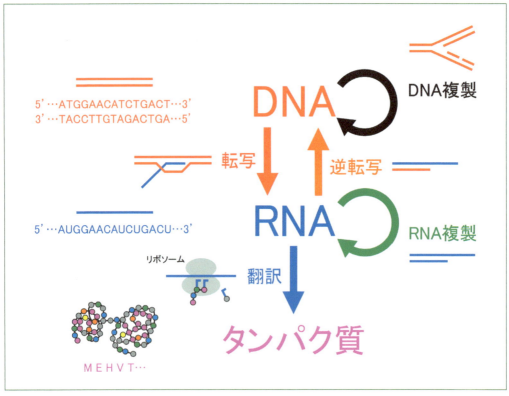

図1.2 DNA, RNA, タンパク質の生合成とセントラルドグマ
二本鎖DNAにコードされた塩基配列情報は，転写によってそのコピーがRNAに伝わり，次に翻訳によってタンパク質のアミノ酸配列情報へと変換される．二本鎖DNAにコードされた1セットの遺伝情報はDNA複製によって2セットの遺伝情報となり，細胞分裂の際には二つの娘細胞に1セットずつ引き継がれる．RNAを鋳型にしてDNAを生合成することを逆転写，RNAを鋳型にしてRNAを生合成することをRNA複製という．

DNAにコードされた遺伝情報はRNA（リボ核酸）に部分的にコピー（転写）され，そのうちの一部はタンパク質のアミノ酸配列の情報に変換（翻訳）される（図1.2）．DNAおよびRNAには一次元の塩基の並びとして情報が記載されており，タンパク質を生合成する際のアミノ酸の並びも一次元の情報として表記できる．

DNAでは塩基としてアデニン，シトシン，グアニン，チミンの4種類が用いられるのに対して，RNAではアデニン，シトシン，グアニン，ウラシルの4種類が用いられる（図1.1，図1.2）．**表1.1**には，塩基の名称および略号がまとめてある．ヌクレオチドが重合して直鎖状のDNAあるいはRNAが生合成されると，各分子には二つの末端が生じる．DNAあるいはRNAのリン酸基のある端を5′末端，OH基のある端を3′末端と呼ぶ（図1.1，図1.2）．なお，DNAの4種類の塩基のうち，アデニンとチミン，およびグアニンとシトシンはそれぞれ水素結合による特異性の高い会合，すなわち塩基対を形成することが可能である（図1.1，図1.2）．

RNAの中でmRNA（伝令RNA），rRNA（リボソームRNA）およびtRNA（転移RNA）は転写・翻訳において必須の役割を担っている．真核生物では，一般に，転写されたRNA（mRNA前駆体）の一部分が除去されること（スプライシング）によってmRNA（成熟mRNA）

表 1.1　塩基配列の記載に用いる略号

略号	塩基の名称・略称の由来
A	アデニン（Adenine）
G	グアニン（Guanine）
T	チミン（Thymine）
C	シトシン（Cytosine）
U	ウラシル（Uracil）
R	［A or G］プリン（puRine）
Y	［T or C］ピリミジン（pYrimidine）
M	［A or C］アミノ（aMino；プリン環の 6 位／ピリミジン環の 2 位）
K	［G or T］ケト（Keto；プリン環の 6 位／ピリミジン環の 2 位）
S	［G or C］強い水素結合（Strong interaction）
W	［A or T］弱い水素結合（Weak interaction）
B	［G or T or C］A 以外（A の次の B）
H	［A or T or C］G 以外（G の次の H）
V	［A or G or C］T（U）以外（T および U の後の V）
D	［A or G or T］C 以外（C の次の D）
N	［A or G or T or C］どれでも（aNy nucleotide）
I	イノシン（Inosine；修飾塩基の一種）

DNA では塩基としてアデニン，シトシン，グアニン，チミンの 4 種類が用いられるのに対して，RNA ではアデニン，シトシン，グアニン，ウラシルの 4 種類が用いられる．国際塩基配列データベースの核酸コードでは，略号は対応する小文字を使用する．ただし，RNA 配列の場合，ウラシルについては u ではなく t（チミンと同じ略号）を用いる．

が完成する．mRNA 前駆体から除去される部分をイントロンと呼び，除去されずに残る部分をエクソンと呼ぶ．同じ mRNA 前駆体から異なる部分がイントロンとして除去されることによって複数種類の成熟 mRNA ができることがあり，このことを選択的スプライシングと呼ぶ．

　タンパク質の生合成には主に 20 種類のアミノ酸が用いられる（**図 1.3**，**表 1.2**）．アミノ酸にはアミノ基とカルボキシ基があり，2 つのアミノ酸分子のアミノ基とカルボキシ基の間でペプチド結合が形成される（図 1.2，図 1.3）．タンパク質分子内でペプチド結合によって鎖状に連結された部分のことを主鎖と呼び，アミノ酸ごとに異なる分子構造をとる部分のことを側鎖と呼ぶ（図 1.3）．タンパク質のアミノ基がある側の端を N 末端，カルボキシ基がある側の端を C 末端と呼び，リボソームにおけるタンパク質の生合成では，mRNA にコードされた遺伝情報に従って，N 末端から順番に特定のアミノ酸がペプチド結合によって重合される（図 1.2）．図 1.3 および表 1.2 では，20 種類のアミノ酸をそれぞれの側鎖の性質（体積と極性）に基づき便宜的にグループ 1 ～ 6 の 6 タイプに色分けして示している．各アミノ酸の側鎖の特性はタンパク質の立体構造にも深く関係している（3 章参照）．配列解析を行う際には，各アミノ酸を 3 文字あるいは 1 文字の略号を用いて表記する（図 1.3，表 1.2）．アミノ酸は 3 つの塩基の組み合わせ（コドン）で指定される．なお，64 種類のコドンと 20 種類のアミノ酸の対応関係をまとめた表のことを遺伝暗号表（コドン表）と呼ぶ．**図 1.4** の遺伝暗号表に示されたコドンとアミノ酸の対応関係は現存の多くの生物において共通であり，普遍遺伝暗号と呼ばれている．

1 章　配列解析　**3**

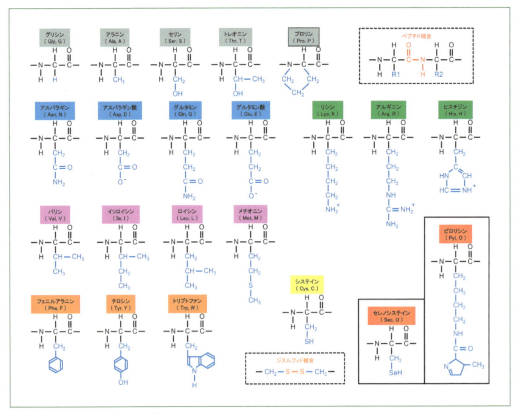

図 1.3 アミノ酸の側鎖の分子構造

各アミノ酸の主鎖の構造を黒色，側鎖の構造を青色で示す．なお，20種類の主なアミノ酸のうちプロリンだけはイミノ酸に分類される分子であり，主鎖の分子構造が他のアミノ酸とは異なる．グループ1（灰色）には側鎖の体積が比較的小さなアミノ酸，グループ2（青色）には側鎖の極性が高く酸性または中性のアミノ酸，グループ3（緑色）には側鎖の極性が高く塩基性のアミノ酸，グループ4（桃色）には側鎖の極性が低く体積が比較的大きなアミノ酸，グループ5（橙色）には側鎖に芳香族基をもつアミノ酸，グループ6（黄色）にはシステインのみが含まれている（注：このアミノ酸の分類法は宮田隆らの理論研究に基づくものであるが，M. Dayhoff らによるアミノ酸置換の生じやすさに基づく分類と一致する（参考文献4））．同じタンパク質内あるいは異なるタンパク質間において2つのシステイン残基の側鎖がジスルフィド結合を形成する場合があり，タンパク質の立体構造形成にシステイン残基が重要な役割を果たすことがある．セレノシステインとピロリシン（両方とも赤色）については，図 1.4 および表 1.2 参照．

1.1.2 変異と置換および分子進化

現存の生物の塩基およびアミノ酸配列は，進化の長い歴史の中で遺伝物質である DNA が細胞から細胞に引き継がれたことによる産物といえる．以下では，進化の過程で DNA に生じた**変異**（mutation; **突然変異**）[1] と**置換**（substitution）について説明する．

DNA に生じる変異にはさまざまなタイプがあり，染色体の一部あるいは全体が増減するようなダイナミックな変異が生じる場合もある．配列解析を行う上で特に注目すべき変異は点変異，挿入変異および欠失変異である（**図 1.5**）．なお，有性生殖を行う多細胞性の種の場合，卵ある

---

[1] 1章と2章では，日本遺伝学会の2017年の用語改訂の提案に従い，mutation に対する訳語として「突然変異」ではなく「変異」を用いている．なお，variation に対する訳語については，「変異（彷徨変異）」から「多様性」への改訂が提案されている．

表 1.2　アミノ酸配列の記載に用いる略号

3文字表記	1文字表記	アミノ酸の名称・3文字および1文字表記の由来・覚え方など	分子量	側鎖の体積	側鎖の極性
Ala	A	アラニン（Alanine）	89.09	31	8.1
Arg	R	アルギニン（Arginine; aRginine、Arの発音からR）	174.20	124	10.5
Asn	N	アスパラギン（Asparagine; asparagiNe）	132.12	56	11.6
Asp	D	アスパラギン酸（Aspartic acid; aspartic aciD）	133.10	54	13.0
Cys	C	システイン（Cysteine）	121.16	55	5.5
Gln	Q	グルタミン（Glutamine; Glutamine => Qtamine）	146.15	85	10.5
Glu	E	グルタミン酸（Glutamic acid; Dの次のE）	147.13	83	12.3
Gly	G	グリシン（Glycine）	75.07	3	9.0
His	H	ヒスチジン（Histidine）	155.15	96	10.4
Ile	I	イソロイシン（Isoleucine）	131.17	111	5.2
Leu	L	ロイシン（Leucine）	131.17	111	4.9
Lys	K	リシン（リジン; Lysine; Lの1つ前のK）	146.19	119	11.3
Met	M	メチオニン（Methionine）	149.21	105	5.7
Phe	F	フェニルアラニン（Phenylalanine; Phe の発音からF）	165.19	132	5.2
Pro	P	プロリン（Proline; 環状のアミノ酸（イミノ酸））	115.13	32.5	8.0
Ser	S	セリン（Serine）	105.09	32	9.2
Thr	T	トレオニン（スレオニン; Threonine）	119.12	61	8.6
Trp	W	トリプトファン（Tryptophan; 環が2つからW）	204.23	170	5.4
Tyr	Y	チロシン（Tyrosine; tYrosine）	181.19	136	6.2
Val	V	バリン（Valine）	117.15	84	5.9
Asx	B	アスパラギン、アスパラギン酸（Asparagine or Aspartic acid; Aの次のB）	(132.61)	(55)	(12.3)
Glx	Z	グルタミン、グルタミン酸（Glutamine or Glutamic acid; Gと発音が似たZ）	(146.64)	(84)	(11.4)
Xle	J	ロイシン、イソロイシン（Leucine or Isoleucine; Iと(K)Lの間のJ）	(131.17)	(111)	(5.1)
Sec	U	セレノシステイン（Selenocysteine; S(およびT)の後のU; UGAにコード）	168.05	–	–
Pyl	O	ピロリシン（Pyrrolysine; Pの前のO; 一部のメタン産生古細菌など; UAGにコード）	255.31	–	–
Xaa	X	任意あるいは未知のアミノ酸（Any amino acid; Unk（Unknown）が使われることもある）	–	–	–

タンパク質に含まれる主な 20 種類のアミノ酸を 3 文字表記の略号のアルファベット順に並べている．これら 20 種類のアミノ酸については，側鎖の性質（体積と極性）に基づき便宜的にグループ 1 ～ 6 の 6 タイプに色分けして示した（図 1.3，図 1.4 参照）．なお，色がついていない略号については，それぞれ 2 種類ないし任意（未知）のアミノ酸を指定するものであり，（　）内に示した分子量・側鎖の体積・側鎖の極性は 2 つのアミノ酸の平均値である．

いは精子などの生殖系列細胞の形成過程で生じた変異だけが子孫に受け継がれ，一般に，体細胞で生じた変異（例えば，体細胞で生じた「がん」の原因となる変異）は子孫には伝わらない．

　有性生殖を行う二倍体の種において，DNA 上に生じた変異が集団中に広がってすべてを占める場合と集団中から消滅する場合を**図 1.6** に模式的に示した．図 1.6 の上側の場合，第 3 世代において，変異型（赤色）は集団中から消滅している．一方，下側の場合，第 n 世代において，元々の野生型（白色）が集団中から消滅し，すべてが変異型に置き換わっている．このように，変異型がすべてを占めた状態になることを置換と呼ぶ．以上のように，配列解析を行う際には，変異と置換（塩基置換）を厳密に区別する必要がある[2]．

　進化の過程でどのように変異が集団中に固定（fixation; 特定の対立遺伝子（allele; アレル）の集団中での割合が 100 ％になること）するのかについて，変異を生存に不利なもの，有利なも

2　アミノ酸配列の場合も，塩基配列に対応して生じる変異と置換（アミノ酸置換）について厳密に区別する必要がある．

2 1	U	C	A	G	3
U	Phe Phe Leu Leu	Ser Ser Ser Ser	Tyr Tyr 終止 終止	Cys Cys 終止 Trp	U C A G
C	Leu Leu Leu Leu	Pro Pro Pro Pro	His His Gln Gln	Arg Arg Arg Arg	U C A G
A	Ile Ile Ile Met (開始)	Thr Thr Thr Thr	Asn Asn Lys Lys	Ser Ser Arg Arg	U C A G
G	Val Val Val Val	Ala Ala Ala Ala	Asp Asp Glu Glu	Gly Gly Gly Gly	U C A G

図 1.4　普遍遺伝暗号表

多くの生物で共通に用いられる遺伝暗号表をアミノ酸の 3 文字表記によって示す（色分けは図 1.3 と同様）．コドンの 1 番目，2 番目および 3 番目の塩基の略号（RNA 表記）をそれぞれ図の左，上および右に示している．一部の生物は普遍遺伝暗号とは部分的に異なる遺伝暗号を用いており，ヒトを含む脊椎動物のミトコンドリアの遺伝暗号も普遍遺伝暗号とは一部が異なる．多くの生物種では，終止コドンの一つである UGA をセレノシステインというセレン原子を側鎖に含んだアミノ酸を指定するコドンとしても用いている（図 1.3，表 1.2）．mRNA の中にセレノシステイン挿入配列とよばれる塩基配列が存在する場合にのみ，UGA はセレノシステインを指定する．また，一部のメタン産生古細菌などでは，UAG をピロリシンというアミノ酸を指定するコドンとしても用いており（図 1.3，表 1.2），この場合も PYLIS 配列とよばれる塩基配列が mRNA の中に存在する場合にのみピロリシンを指定する．20 種類のアミノ酸のうち，メチオニンとトリプトファンを指定するコドンはそれぞれ 1 つだが，他の 18 種類のアミノ酸については複数のコドンが指定することになる．このように，1 種類のアミノ酸に対して複数のコドンが対応することを縮重（縮退）と呼ぶ．

の，不利でも有利でもない中立なものの 3 つに分けて考える．生存に不利な変異には，変異をもつ個体が次世代に子孫をまったく残せないようなものもあれば，集団中の平均的な個体より適応度（ある個体の適応度は，その個体が生んだ子のうち，繁殖年齢にまで達した子の数と定義される）が若干低くなる程度のものもある．不利さの程度や集団の大きさにもよるが，一般に，生存に不利な変異は集団中に固定することはないと考えられる．不利な変異が集団中から排除されることを負の選択（負の淘汰，純化選択，浄化選択）と呼ぶ．一方，生存に有利な変異の場合，その変異をもつ個体の適応度が高くなり，その変異は集団中に広まりやすいと考えられる．有利な変異が集団中に広まることを正の選択（正の淘汰）と呼ぶ．なお，自然選択が働くのは集団中の各個体の遺伝子型そのものではなく，それぞれの遺伝子型によって決定される形質

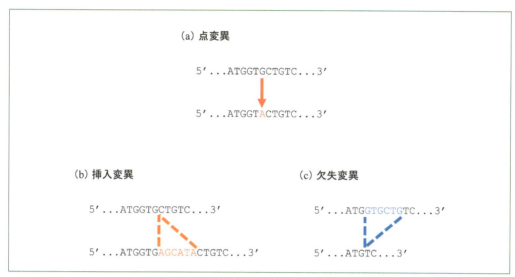

図 1.5 点変異・挿入変異・欠失変異
(a) 点変異．変異の生じた塩基を赤色で示す．(b) 挿入変異．挿入した配列（AGCATA）を橙色で示す．(c) 欠失変異．欠失した配列（GTGCTG）を青色で示す．

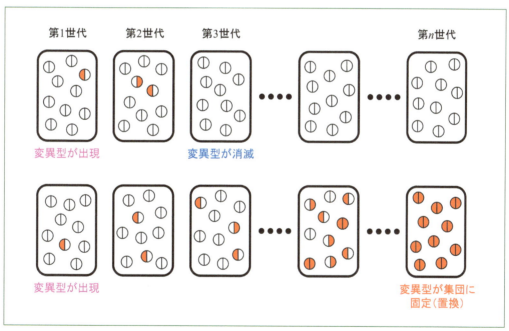

図 1.6 変異と置換
第 1 世代において，ある遺伝子座が変異型（赤色）になっているのは 1 個体のみである．しかも，この個体が母親あるいは父親から受け継いだ一方の DNA の配列のみが変異型になっている．この個体は野生型（白色）遺伝子と変異型遺伝子のヘテロ接合体ということになる．上側では，第 3 世代において，変異型は集団中から消滅している．下側では，第 n 世代において，野生型が集団中から消滅し，すべてが変異型に置き換わっている．このように，変異型がすべてを占めた状態になることを置換と呼ぶ．

である表現型に対してである．生存に不利でも有利でもない中立な変異は**遺伝的浮動**（genetic drift）によって集団中に固定する．遺伝的浮動とは偶然による遺伝子頻度の変動のことである．1968 年に木村資生が提唱した**分子進化の中立説**（neutral theory of molecular evolution）に立脚すると，中立な変異が図 1.6 の上側のように途中で消滅するか，それとも下側のように集団中に固定するかはまったくの偶然によって決まることになる．また，集団中に固定する変異の大多数は中立な変異が占めている（中立説では，集団中に固定する有利な変異は数の上では非常に少ないと考える）．分子進化とは，変異とその集団への固定を通じて，進化の過程で配列が変化することを意味する．

1.1.3 配列の相同性

共通の祖先配列から分岐した塩基配列あるいはアミノ酸配列の関係を**相同**（homologous; ホモロガス）という．例えば，ヒトとチンパンジーは，いずれもヘモグロビン α の遺伝子をもつが，これらはヒトとチンパンジーの共通祖先生物のゲノムにコードされていたヘモグロビン α 遺伝子に由来する．種分化後に 1.1.2 で述べた過程を通じてその遺伝子の塩基配列やそれにコードされるアミノ酸配列は変化していく．その結果，ヒトとチンパンジーのヘモグロビン α 遺伝子やそのアミノ酸配列は類似するが互いに異なる．このように種分化に伴い分岐した相同配列の関係を**オーソロガス**（orthologous）と呼ぶ．ヒトとチンパンジーのゲノムには，やはりオーソロガスな関係にあるヘモグロビン β 遺伝子がそれぞれコードされている．ヘモグロビン α とヘモグロビン β の配列は類似しており，これらがヒトとチンパンジーの種分化以前に，変異の一種によって遺伝子のコピー数が増加することで生じたと考えられ，このような遺伝子のコピー数の増加をもたらす変異を遺伝子重複と呼ぶ（遺伝子重複については 2.2.1 参照）．遺伝子重複によって生じた相同な配列の関係を**パラロガス**（paralogous）と呼ぶ．遺伝子重複および「遺伝子のオーソロガスおよびパラロガスな関係」については，2.3.5C で図を用いて詳しく説明する．

1.2 ▶ 配列データベースと配列検索

これまでに，現存の多くの生物種と一部の絶滅種の DNA の塩基配列情報が決定され，遺伝子の塩基配列がコードするタンパク質のアミノ酸配列情報も多数推定されている．これら膨大な量の塩基およびアミノ酸配列情報は**配列データベース**（sequence database）に統合され，多くの場合，広く一般にもインターネット等を経由して公開されている．塩基配列データベースとしては，米国国立生物工学情報センター（NCBI）の GenBank，欧州バイオインフォマティクス研究所（EMBL-EBI）の ENA（European Nucleotide Archive）および日本の国立遺伝学研究所（NIG）の DDBJ（DNA Data Bank of Japan）がある（章末のウェブサイト欄参照）．また，アミノ酸配列データベースとしては，EMBL-EBI で管理・運営されている UniProt が

ある（11.5 節参照）.

　GenBank などの配列データベースから必要な塩基あるいはアミノ酸配列データを入手する
際には，Web 上で公開されたそれぞれのデータベースに備わっている検索システムをインター
ネット経由で利用するとよい．データ検索には大きく分けて二つの方法がある．一つはキーワー
ド検索であり，もう一つは配列類似性検索である.

　例えば，NCBI の GenBank からモグラネズミ（*Nannospalax ehrenbergi*）という齧歯目の種
の αA-クリスタリン遺伝子の塩基配列データを入手したい場合には，「Nannospalax ehrenbergi」，
「crystallin」，「alpha」などのキーワードを入力して検索する．この塩基配列データに割り振ら
れたアクセッション番号（AH003092）がすでにわかっている場合には，これを利用して検索
することもできる．**図 1.7** に，GenBank に登録されているモグラネズミの αA-クリスタリン
遺伝子の塩基配列データを示した．この塩基配列データには，生物種名（学名および分類），遺
伝子名，アクセッション番号，文献，配列の特徴などの注釈（アノテーション）がそれぞれ付
記されている．図 1.7 のデータ内には「/protein_id＝'AAA66166.1'」という記載があり，こ
の番号（図中に緑色で示す）はアミノ酸配列データのファイルを指定するアクセッション番号
となる．配列データはしばしば FASTA 形式とよばれる形で記述される．以下に AAA66166.1
で指定されたファイルに記載されているアミノ酸配列データを FASTA 形式で示す.

　　　>AAA66166.1 alpha A-crystallin [Nannospalax ehrenbergi]
　　　MDVTIQHPWFKHALGPFYPSRLFDQFFGQGLFEYDLLPFLSSTISPYY
　　　RQTLLRTVLDSCISEVRSDRDKFVIFLDVKHFSPEDLTVKVLEDFVEIH
　　　GKHNERQDDHGYISREFHRRYRLPSSVDQSALSCSLSADGMLTFSGP
　　　KVQSGLDAGHSERAIPVSQEEKPSSAPLF

「>」で始まる行には，アクセッション番号，遺伝子名，生物種名などが記載されており，改行
後に続く一連の行にアミノ酸配列データが N 末端側から順番に示されている[3]．なお，FASTA
形式による塩基配列データの場合には，5' 末端側から順番に塩基配列を示す決まりになって
いる.

　相同な配列データを収集したい場合には，配列類似性検索ツールが用いられる．代表的なツー
ルとして NCBI の BLAST（Basic Local Alignment Search Tool）がある（章末のウェブサイ
ト欄参照）．例えば，上記のモグラネズミの αA-クリスタリンのアミノ酸配列を問い合わせと
して BLAST 検索を行うことで，問い合わせ配列に対して統計的に有意な類似性を示す配列を，
相同配列の候補として収集できる.

　相同な遺伝子は，同一の祖先遺伝子に由来することから，それらの遺伝子産物は同一あるい
は類似する機能をもつことがある．機能未知の遺伝子配列を問い合わせとして，類似性検索を

3　データのアミノ酸配列部分については複数行の記載も可.

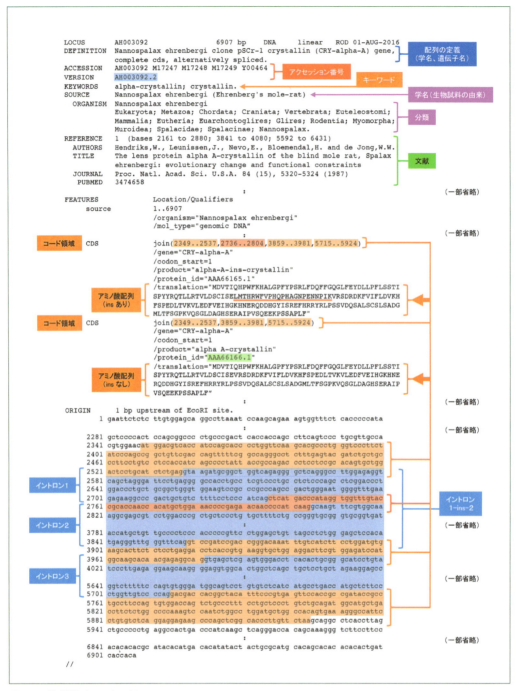

図 1.7　塩基配列データの例

GenBank に登録されているモグラネズミ（シリアヒメメクラネズミ）のαA-クリスタリンの塩基配列データ．各データの最初の行の左端は LOCUS から始まり，最後の行には 2 本の斜線（//）のみが記載される（本図ではデータの一部を省略している）．実際のデータはアルファベット・数字・記号のみのテキスト・ファイルとして記載されており，斜体や太文字などの飾り文字も通常は用いない．なお，Web 上で表示されたデータについては，アクセッション番号等に適宜リンクが張られている．この遺伝子には，選択的スプライシングによって生じる 2 種類のタンパク質（αA-クリスタリンとαA-ins-クリスタリン）がコードされている．

実施し，データベース中の配列に対して有意な類似性が検出されたとする．検出された遺伝子の機能が既知であれば，問い合わせ配列も同様の機能を有するものと推測される．配列データベースの類似性検索によって遺伝子の機能を推定する最初の試みは1983年にラッセル・ドゥーリトルらによってなされた．その研究では，ヒトの血小板由来生長因子（PDGF）のアミノ酸配列が，サル肉腫ウイルスにコードされた癌遺伝子 v-sis の産物に高い配列類似性を示すことが報告された（参考文献5）．これによって，それまで不明であった v-sis による発癌の作用機序は，増殖シグナルの異常であることが示された．この研究をきっかけとして，新規に決定された配列の機能予測や進化的な由来の同定のために，データベースの配列類似性検索が分子生命科学分野において広く行われるようになった．

1.3　配列アラインメント

1.3.1　ペアワイズアラインメント

　複数の塩基配列あるいはアミノ酸配列データについて，点変異，挿入変異および欠失変異が起きたことを考慮し，由来が同じと思われる部分を並べることを配列アラインメント（sequence alignment）と呼ぶ．挿入変異あるいは欠失変異が起きたと考えられる部分に適当な数の空記号「—」を加えることによって，アラインメントが作成される．「—」で表される空記号をギャップと呼ぶ．2本の塩基あるいはアミノ酸配列のアラインメントをペアワイズアラインメントと呼ぶ．ペアワイズアラインメントの手法として，動的計画法（dynamic programming algorithm; ダイナミックプログラミングアルゴリズム）がよく用いられている．動的計画法とは，複雑で大きな問題をそれより小さないくつかの単純な問題に分割し順番に解いていく方法の総称である．ペアワイズアラインメントは，配列全長にわたって残基（ヌクレオチド残基またはアミノ酸残基）を並置する大域的アラインメントと，二つの配列間で類似する領域に限って残基を並置する局所的アラインメントに大別される．1.2節で述べた配列類似性検索には，後者の局所的アラインメントが用いられる．以下では，大域的なペアワイズアラインメントのアルゴリズムについて説明する．**図 1.8** に仮想配列を使った計算の具体例を示す．

　それぞれ m 残基，n 残基からなる2本の配列 a，b を以下のように表す．

　　　配列 a：a_1，a_2，a_3，…，a_m
　　　配列 b：b_1，b_2，b_3，…，b_n

アラインメントのため $(m + 1) \times (n + 1)$ のサイズの行列 D を準備する．D の (i, j) 要素は以下のアルゴリズムに基づき計算され，そのそれぞれのステップにおいて配列 a の部分配列 $a_1 \sim a_i$ と配列 b の部分配列 $b_1 \sim b_j$ の最適な並置の得点（アラインメントスコア）が求められる．

　　　input：配列 a，配列 b，$s(x, y)$
　　　output：$D(i, j)$，$0 \leq i \leq m$，$0 \leq j \leq n$

(a)

		S	E	Q	A	N	C
	0.0	−1.0	−1.1	−1.2	−1.3	−1.4	−1.5
S	−1.0	1.0	0.0	−0.1	−0.2	−0.3	−0.4
E	−1.1	0.0	2.0	1.0	0.9	0.8	0.7
N	−1.2	−0.1	1.0	1.0	0.0	1.9	0.9
C	−1.3	−0.2	0.9	0.0	0.0	0.9	2.9

$D(2, 2)$の計算

$\max\{D(1, 1) + s(\mathrm{E}, \mathrm{E}) = 1.0 + 1.0 = 2.0,$
$\quad \max\{D(1, 2) - G(1) = 0.0 - 1.0 = -1.0,\ D(0, 2) - G(2) = -1.1 - 1.1 = -2.2\},$
$\quad \max\{D(2, 1) - G(1) = 0.0 - 1.0 = -1.0,\ D(2, 0) - G(2) = -1.1 - 1.1 = -2.2\}\}$
$= \max\{2.0, -1.0, -1.0\} = 2.0$

(b)

		S	E	Q	A	N	C
	0.0	−1.0	−1.1	−1.2	−1.3	−1.4	−1.5
S	−1.0	1.0	0.0	−0.1	−0.2	−0.3	−0.4
E	−1.1	0.0	2.0	1.0	0.9	0.8	0.7
N	−1.2	−0.1	1.0	1.0	0.0	1.9	0.9
C	−1.3	−0.2	0.9	0.0	0.0	0.9	2.9

配列a: SEQANC
配列b: SE--NC

図 1.8　動的計画法

(a) アミノ酸配列 a と b についての動的計画法の出力 $D(i, j)$. また, $D(2, 2)$ の漸化式の計算例を示す. (b) $D(i, j)$ の経路のバックトラック. これにより得られるアミノ酸配列 a と b のアラインメントを示す.

$$
\begin{aligned}
&D(0,0) \leftarrow 0.0 \\
&D(i, 0) \leftarrow -G(i)\ (1 \leqq i \leqq m) \\
&D(0, j) \leftarrow -G(j)\ (1 \leqq j \leqq n) \\
&\text{for } i = 1 \text{ to } m\ \{ \\
&\quad \text{for } j = 1 \text{ to } n\ \{ \\
&\qquad D(i, j) \leftarrow \max\{D(i-1, j-1) + s(i, j), \\
&\qquad\qquad \max\{D(i-q, j) - G(q), (1 \leqq q \leqq i-1)\}, \\
&\qquad\qquad \max\{D(i, j-r) - G(r), (1 \leqq r \leqq j-1)\}\} \\
&\quad \} \\
&\}
\end{aligned}
$$

$s(x, y)$ は，残基 x と残基 y の類似度を表す．図1.8では簡単のため，残基 x と残基 y が一致した時を 1.0，不一致の時を -1.0 としているが，タンパク質の場合は，アミノ酸の置換しやすさを数値化したスコアマトリクス（Dayhoff スコア，JTT スコアなど）が利用されている．$G(L)$ はギャップペナルティと呼ばれるもので，挿入変異あるいは欠失変異の数をより少なく見積もるためのコストを与える．通常，

$$G(L) = Go + Ge \times (L - 1)$$

とギャップの長さ L の関数の形で与えられ，$Go \geqq Ge \geqq 0.0$ となっている．Go を開始ギャップペナルティ，Ge を拡張ギャップペナルティと呼ぶ．また，境界（5′ 末端や 3′ 末端あるいは N 末端や C 末端，D の位置だと $i = 0$ か m，あるいは $j = 0$ か n）では挿入や欠失が起きやすいので，内部のギャップペナルティよりも Go や Ge を小さく設定するが，図1.8では簡単のため，内部と境界は同じペナルティ（$Go = 1.0$, $Ge = 0.1$）をもつものとして説明する．

操作 $D(i, 0) = -G(i)$ は配列 a の最初の i 残基までをギャップと並置することを意味する．同様に，$D(0, j) = -G(j)$ は配列 b の最初の j 残基までをギャップと並置することを意味する．D の 1 行目の 1 列から n 列まで順番に上の漸化式に従い計算する．次に 2 行目に移動して 1 列から n 列まで計算する．これを m 行目までくり返す．行ごとに処理するのではなく，1 列目，2 列目 … n 列目と列ごとに計算してもよい．max {...} は { } 内の数値の最大値を返す操作を表す．外側の max 操作の第一要素である $D(i - 1, j - 1) + s(a_i, b_j)$ は，a の部分配列 $a_1 \sim a_{i-1}$ と b の部分配列 $b_1 \sim b_{j-1}$ の最適並置のアラインメントスコアがすでに求められていて $D(i - 1, j - 1)$ に格納されている時に，それに加えて残基 i と残基 j を並置して a の部分配列 $a_1 \sim a_i$ と b の部分配列 $b_1 \sim b_j$ のアラインメントを作成した時のアラインメントスコアを表す．外側 max 操作の第二要素は

$$\max \{D(i - q, j) - G(q), (1 \leqq q \leqq i - 1)\}$$

であるが，この内側の max 処理の中の $D(i - q, j) - G(q)$ は，a の部分配列 $a_1 \sim a_{i-q}$ と b の部分配列 $b_1 \sim b_j$ の最適並置のアラインメントスコアがすでに求められていて $D(i - q, j)$ に格納されている時に，配列 a の $a_{i-q+1} \sim a_i$ をギャップに対応させて，a の部分配列 $a_1 \sim a_i$ と b の部分配列 $b_1 \sim b_j$ を並置した時のアラインメントスコアを表す．内側の max 操作は，（$1 \leqq q \leqq i - 1$）の指定に従い，q を $i - 1$ から 1 まで動かして，この位置で生じうるさまざまな長さのギャップに対応するアラインメントスコアを計算し，その中の最大値を求めることを意味する．外側 max 操作の第三要素も同様で，a の部分配列 $a_1 \sim a_i$ と，b の部分配列 $b_1 \sim b_{j-r}$ の最適並置が求められている時に，配列 b の $b_{j-r+1} \sim b_j$ にギャップを対応させて作成される a の部分配列 $a_1 \sim a_i$ と b の部分配列 $b_1 \sim b_j$ のアラインメントの中で最大のスコアを求めることを意味する．外側の max 操作で部分配列 $a_1 \sim a_i$ と b の部分配列 $b_1 \sim b_j$ の最適並置のスコアが得られる．この漸化式を，$i = m$, $j = n$ まで計算すれば，配列全体の最適並置のスコアが得られる．各ステップで，max 操作の中のどの処理が選ばれたかを記憶しておけば，$i = m$, $j = n$ から逆にたどることで最適なアラインメントを得ることができる．この処理をバックトラックと呼ぶ．

1.3.2 | 多重配列アラインメント

3本以上の配列アラインメントのことを多重配列アラインメント（multiple sequence alignment; マルチプルアラインメント）と呼ぶ．1.3.1で述べたペアワイズアラインメントを多次元に拡張した方法は計算時間やメモリ容量の観点から実装が困難であるため，これまでにさまざまな多重配列アラインメントの発見的手法が考案されている．その中でも，ツリーベース法が一般によく用いられている．

ツリーベース法は，（1）複数本の配列のすべての組み合わせについてペアワイズアラインメントを行うか，あるいは他の何らかの方法を用いることによって，2本の配列間の距離を計算し，（2）得られた距離行列を用いて仮の系統樹（これを案内木と呼ぶ）を作成し，（3）この案内木の樹形に従って，近縁なものから順番に配列間，配列とアラインメント，アラインメント間で，ペアワイズアラインメントをくり返し実行し，（4）全配列を一つのアラインメントに融合させる，という方法である．なお，ツリーベース法には，案内木に従ったアラインメントの過程で生じた「誤り」を修正できないという欠点がある．この欠点を補うために，反復改善法や遺伝的アルゴリズムを利用した方法が開発されている．

配列の本数と長さが増加するに伴い，多重配列アラインメントに要する計算の量が膨大になる．「計算の高速化」と「多重配列アラインメントの妥当性」の両面について，プログラムの開発・改良がなされてきた．現在，MAFFT，T-Coffee，MUSCLE，ClustalW2などの多重配列アラインメントのさまざまなプログラムがWeb上で公開されている（章末のウェブサイト欄参照）．

1.3.3 | 多重配列アラインメントの例

多重配列アラインメントの実例を**図1.9**に示す．トランスフォーミング増殖因子ベータ受容体1（TGFβR1），分裂促進因子活性化タンパク質キナーゼ1（MAPK1）およびプロテインキナーゼCアルファ（PKCα）はタンパク質のセリンまたはトレオニン残基をリン酸化するセリン/トレオニンキナーゼと呼ばれる酵素であり，c-Srcおよびインスリン受容体（IR）はタンパク質のチロシン残基をリン酸化するチロシンキナーゼと呼ばれる酵素である．これらヒトの5つのタンパク質キナーゼには，C末端側にキナーゼドメインと呼ばれる「リン酸化の酵素活性をもつ立体構造上で一塊になった構造」が存在する．タンパク質のドメインとは，何らかの機能・構造をもったアミノ酸配列の領域のことであり，起源・由来の異なるさまざまなドメインがこれまでに発見されている（ドメインについては3.3.2も参照）．上記5つの遺伝子のキナーゼドメインのアミノ酸配列は類似しており，遺伝子重複によってこれら遺伝子（のキナーゼドメイン）は生じたと推定される（遺伝子重複については2.2.1参照）．

アラインメント中には，強く保存された座位が見出される．このような座位は，機能的あるいは構造的に強い制約を受けていると考えられる．例えば，図1.9の配列アラインメント上に

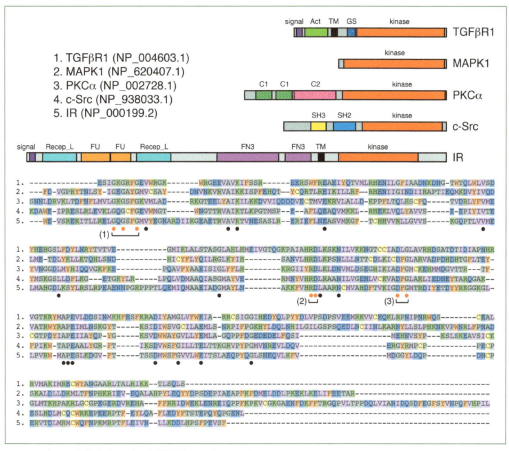

図1.9 タンパク質キナーゼの多重配列アラインメント
ヒトのトランスフォーミング増殖因子ベータ受容体1（TGFβR1），分裂促進因子活性化タンパク質キナーゼ1（MAPK1），プロテインキナーゼCアルファ（PKCα），c-Srcおよびインスリン受容体（IR）のキナーゼドメインの多重配列アラインメント．アラインメント作成には多重配列アラインメントプログラムのMAFFTを用い，一部について目視による修正を加えた．5本のアラインメント上でアミノ酸配列が一致している座位を丸印で示した．なお，(1)～(3)の赤色の丸印で示した座位は多くのタンパク質キナーゼでアミノ酸配列が保存しており，立体構造解析を含むさまざまな研究によって酵素の触媒作用に重要な役割を果たしていることが明らかになっている．(1)はリン酸結合ループ（P-loop）のGXGXφG配列（φはフェニルアラニン残基またはチロシン残基），(2)は触媒ループ（C-loop）のRD配列（このアスパラギン酸はリン酸化反応の触媒残基），(3)は活性化ループ（A-loop）のDFG配列（このアスパラギン酸はMg^{2+}に配位）と呼ばれるモチーフである．模式図に示した各ドメインの略号は以下の通り：signal，小胞体シグナルペプチド；Act，アクチビンタイプI，II受容体ドメイン；TM，膜貫通ドメイン；GS，TGFβタイプI-GSモチーフ；kinase，キナーゼドメイン；C1，プロテインキナーゼC保存領域1ドメイン；C2，プロテインキナーゼC保存領域2ドメイン；SH3，SRCホモロジー3ドメイン；SH2，SRCホモロジー2ドメイン；Recep L，Receptor Lドメイン；FU，フーリン様システインリッチ領域；FN3，フィブロネクチンIII型ドメイン．各ドメインの特定には，Pfam，SMARTおよびCDD（NCBI）というドメインデータベースの検索システムを用いた（参考ウェブサイト参照）．

(2)で示した保存配列のアスパラギン酸（D）はリン酸化の触媒活性に関与している．この座位に変異が生じると，リン酸化酵素としては機能できなくなり，そのような変異をもつ個体は負の選択によって集団中から排除される．一方，機能的あるいは構造的な制約の弱い座位は，中立な変異を受容しアミノ酸が変化している．このように，複数の塩基配列あるいはアミノ酸配列のアラインメントを作成すると，機能的に重要な座位を保存配列として検出することができる．相同配列に共通する機能あるいは立体構造と関連する特定の保存配列のパターンのことを

1章 配列解析 15

モチーフ（motif）と呼ぶ（図 1.9 参照）.

参考文献

1) Alberts, B. ほか（中村桂子・松原謙一監訳）(2016) Essential 細胞生物学　原書第 4 版, 南江堂
2) Nicholas H. Barton ほか（2009）進化：分子・個体・生態系, メディカル・サイエンス・インターナショナル
3) 木村資生（1988）生物進化を考える, 岩波書店（岩波新書）
4) 宮田隆（2014）分子からみた生物進化, 講談社ブルーバックス
5) Doolittle, R. F. *et al.* (1983) Simian sarcoma virus *onc* gene, v-*sis*, is derived from the gene (or genes) encoding a platelet-derived growth factor. *Science*, **221**, 275-277
6) David W. Mount（2005）バイオインフォマティクス：ゲノム配列から機能解析へ 第 2 版, メディカル・サイエンス・インターナショナル
7) Neil C. Jones, Pavel A. Pevzner（2007）バイオインフォマティクスのためのアルゴリズム入門, 共立出版
8) 日本バイオインフォマティクス学会編（2006）バイオインフォマティクス事典, 共立出版
9) 日本バイオインフォマティクス学会編（2015）バイオインフォマティクス入門, 慶應義塾大学出版会

参考ウェブサイト

NCBI:　　　https://www.ncbi.nlm.nih.gov/
ENA:　　　https://www.ebi.ac.uk/ena
DDBJ:　　　http://www.ddbj.nig.ac.jp/
UniProt:　　http://www.uniprot.org/
　　　　　　https://www.ebi.ac.uk/uniprot
NCBI BLAST:　https://blast.ncbi.nlm.nih.gov/Blast.cgi
MAFFT - a multiple sequence alignment program:
　　　　　　https://mafft.cbrc.jp/alignment/software/
T-Coffee Multiple Sequence Alignment Server:
　　　　　　http://tcoffee.vital-it.ch/apps/tcoffee/index.html
MUSCLE:　　https://www.drive5.com/muscle/
ClustalW2:　　https://www.ebi.ac.uk/Tools/msa/clustalw2/
Pfam:　　　http://pfam.xfam.org/
SMART - Simple Modular Architecture Researech Tool:
　　　　　　http://smart.embl-heidelberg.de/
CDD:　　　https://www.ncbi.nlm.nih.gov/cdd/

2章 分子系統解析

1章で述べたように分子進化とは，進化の過程での配列の変化を意味する．本章では，**分子系統解析**（molecular phylogenetics）の基礎について概説する．

2.1 分子時計

E. Zuckerkandl と L. Pauling はヘモグロビンα鎖に注目して配列解析を行い，「脊椎動物の種間におけるアミノ酸の配列が異なる数と化石から推定された分岐年代との間に直線関係（比例関係）がある」ことを1962年に報告した．彼らはこの現象を**分子時計**（molecular clock）と名付けた．この発見が今日の分子進化研究の出発点となった．R. Dickerson は，1971年に発表した論文において，シトクロム c，ヘモグロビンおよびフィブリノペプチドの座位当たりのアミノ酸の置換数の推定値と脊椎動物の分岐年代との間にそれぞれ傾きの異なる直線関係があることを示し（**図2.1**），各タンパク質の立体構造および機能の違いが単位時間当たりの置換

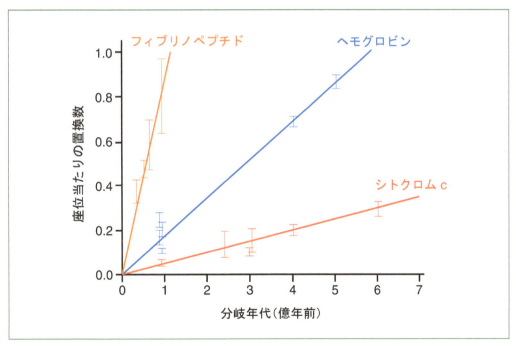

図2.1　分子時計
横軸は化石データから推定された動物の分岐年代，縦軸は座位当たりのアミノ酸の置換数の推定値を示す．シトクロム c，ヘモグロビンおよびフィブリノペプチドの単位時間当たりの置換数（分子進化速度）はそれぞれ異なっている．R. Dickerson（*J. Mol. Evol.* **1**, 26-45 (1971)）の図を一部改変．

数（図 2.1 の直線の傾き）の違いと関連すると述べている（変異（突然変異）と置換については，1.1.2 および図 1.5，図 1.6 参照）．なお，その後の配列解析によって，塩基あるいはアミノ酸の置換数の推定値と分岐年代との間に直線関係が必ずしも成立しない（分子進化速度の一定性が仮定できない）例が多数あることが判明している．

2.2　遺伝子多様化の分子機構

進化の過程では，点変異，挿入変異，欠失変異（1.1.2 および図 1.5 参照）だけではなく，より大規模な変異も起きたと考えられている．大規模な変異としては，遺伝子重複，ドメインシャフリング，遺伝子変換，遺伝子水平移動などが知られている．

2.2.1　遺伝子重複

遺伝子重複（gene duplication）は，遺伝子をコードする DNA 領域全体がゲノム上にまったく同じコピーを作るような変異によって起きると考えられている（**図 2.2a**）．遺伝子重複が起きる原因としては，相同染色体の間での遺伝的組換えの異常（不等交差）によるもの，染色体の一部または全体の倍加，ゲノム全体の倍加などが考えられる．遺伝子が重複した後，二つの遺伝子には独立に置換が蓄積する（図 2.2a）．もし，重複する以前の遺伝子が生存に必須の機能をもっていたとしても，一方の重複遺伝子（A）が従来の機能を維持しているため生命活動に支障は生じず，もう一方の重複遺伝子（A'）が新しい機能を獲得することが可能となる．このことから遺伝子重複は，新しい機能を有する遺伝子の形成に関与すると考えられている．重複遺伝子が置換を蓄積する過程で機能を失うことも多い．このような「機能を失った遺伝子の残骸（DNA の領域）」のことを偽遺伝子（pseudogene）と呼ぶ．なお，近年のノンコーディング RNA（ncRNA; ncRNA については 4 章参照）の研究により，「タンパク質をコードしなくなった重複遺伝子の残骸」と推定される DNA 領域が転写され，タンパク質をコードする機能遺伝子（相同な重複遺伝子）の発現調節を行う（mRNA の安定性に関与する）例などが知られており，このような機能をもつ「重複遺伝子の残骸」を便宜的に偽遺伝子と呼ぶこともある（上記のような場合，偽遺伝子ではなく，発現調節機能をもつ ncRNA をコードする遺伝子とみなすのが妥当である）．

2.2.2　ドメインシャフリング

ドメインあるいはタンパク質ドメインとは，何らかの機能・構造をもったアミノ酸配列の領域のことであり，起源・由来の異なるさまざまなドメインがこれまでに発見されている（1.3.3，図 1.9 および 3.3.2 参照）．進化の過程では，複数のドメインを組み合わせることによって新

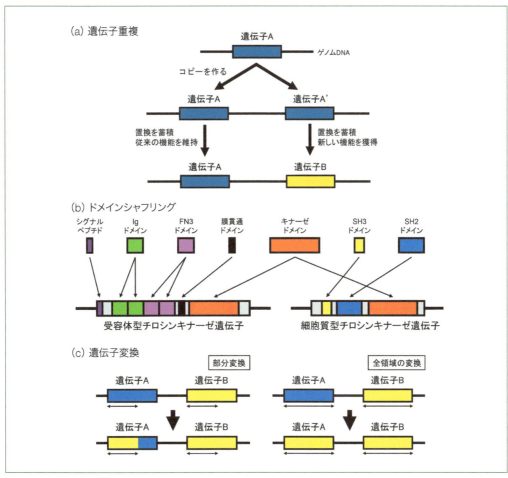

図 2.2 遺伝子重複，ドメインシャフリング，遺伝子変換
(a) 遺伝子重複．重複遺伝子 A' に置換が蓄積し，新しい機能をもつ遺伝子 B となる．(b) ドメインシャフリング．機能・構造の異なる複数のドメインを組み合わせることによって，受容体型チロシンキナーゼ遺伝子および細胞質型チロシンキナーゼ遺伝子が生じた．(c) 遺伝子変換．重複遺伝子間で塩基配列の交換を行うことによって，遺伝子変換は生じる．左側は部分的な遺伝子変換であり，遺伝子 A の配列は部分的に遺伝子 B の配列に置き換わったモザイク状態になる．右側は遺伝子の全領域にわたる遺伝子変換であり，遺伝子 A の配列は遺伝子 B の配列とまったく同じになる．

たな構造・機能をもつ遺伝子が生じたと考えられており，このことを**ドメインシャフリング**（domain shuffling; **ドメイン混成**，**遺伝子混成**）と呼ぶ（**図 2.2b**，2.3.5G.b および図 2.9 参照）．新たなドメイン構成のタンパク質が生じることから，遺伝子重複と同様に，ドメインシャフリングは新規機能をもつタンパク質を生成する重要な進化機構と考えられる．

2.2.3 遺伝子変換

遺伝子変換（gene conversion）は，重複遺伝子の間で塩基配列の交換を行うことであり，部分的な場合（**図 2.2c** の左側）と全体的な場合（図 2.2c の右側）がある．遺伝子変換は，重複遺伝子がゲノム上で同じ向きに並列していて，しかも互いの塩基配列が非常によく似ている場

合に起きることが多いと考えられている．図2.2cの右側のように遺伝子の全領域にわたって遺伝子変換が生じた場合には，遺伝子重複との区別ができないこともあり，重複遺伝子の遺伝情報が均一化されることになる[1]．一方，図2.2cの左側のように部分的に遺伝子変換が生じた場合には，重複遺伝子の多様化に寄与することが考えられる．

2.2.4 遺伝子水平移動

遺伝子水平移動（horizontal gene transfer; 遺伝子水平伝播，水平遺伝子移行）は生物種を超えて遺伝子が伝わることであり，現在までに多くの例が知られている．遺伝子水平移動は，一般に，（1）ある生物種Aの遺伝子を含むDNA断片が何らかの過程を経て他の生物種Bの細胞内に取り込まれる，（2）そのDNA断片が生物種BのゲノムDNAに組み込まれる，（3）生物種A由来の遺伝子が生物種Bの細胞内で発現し機能をもつようになる，という経緯により生じると考えられる．遺伝子水平移動も，遺伝子重複と同様に，新規機能をもつ遺伝子を獲得する重要な進化機構といえる．単細胞生物の場合，餌として細胞内に取り込んだ他の生物種のDNA断片を自分自身のゲノムDNAに組み込む可能性があるため，遺伝子水平移動は比較的生じやすいと考えられている．ウイルスが多細胞性の宿主のゲノムに遺伝子を運び込む現象も知られており，これも遺伝子水平移動が生じる原因の一つと考えられる．なお，真核生物の細胞小器官であるミトコンドリアは α プロテオバクテリアの一種が細胞内共生したことに由来したと考えられており，ミトコンドリアに局在するタンパク質，rRNAおよびtRNAをコードする遺伝子の多くは遺伝子水平移動によって真核生物の祖先に伝わったと考えられる．また，シアノバクテリア（藍藻）由来と考えられている植物の葉緑体の遺伝子・タンパク質についても，ミトコンドリアと同様に，遺伝子水平移動によって伝わったと考えられる．

2.3 分子進化学的解析

2.3.1 配列データの種類

分子進化学的解析を行う場合，当然ながら，DNAの塩基配列データとタンパク質のアミノ酸配列データを区別する必要がある（図1.1，図1.3，表1.1，表1.2参照）．

塩基配列データの場合，アミノ酸をコードする配列とコードしない配列を区別して解析する必要がある．アミノ酸をコードしない塩基配列としては，（1）遺伝子間領域，（2）rRNA，（3）tRNA，（4）イントロン，（5）mRNAの非翻訳領域（5′UTRと3′UTR），（6）ノンコーディ

---

1 真核生物のrRNAをコードするDNA領域は一般にタンデムリピート（反復配列）を形成しており，遺伝子変換あるいは不等交叉によって互いの配列が均質化されてきた（協調的な進化を遂げてきた）と考えられている．

ング RNA（snRNA，miRNA，他）などがある．アミノ酸をコードする塩基配列については
コドンの縮重（1.1.1 および図 1.4 参照）を考慮して解析する必要があり，一般には，同義座位
と非同義座位に分けて解析する（2.3.4 で解説する）．

2.3.2 配列間の相違度の計算

　塩基配列，アミノ酸配列ともに，配列間の相違度を計算するためには，まず配列アラインメ
ントを行う必要がある（1.3 節参照）．2 本の塩基（アミノ酸）配列のアラインメントが完成し
ている場合，比較するすべての座位数を N，そのうち塩基（アミノ酸）が異なる座位数を M と
すると，相違度 K は，$K = M/N$ で計算される．なお，相違度を計算する場合には，ギャップ
を含む座位（挿入あるいは欠失が起きた座位）をどう取り扱うか考慮する必要がある．ギャッ
プを含む座位の取り扱いとしては，ギャップを含む全座位を相違度の計算から除外する方法が
一般に用いられている．アミノ酸をコードしない塩基配列 A と B の下記アラインメントの場合，

　　配列 A：CGTGCT-----GAATG

　　配列 B：CGTACTACCTGGAATG

この方法だと $N = 11$，$M = 1$ となり，$K = 0.091$ と計算される．

2.3.3 進化距離の推定

　図 2.3a では，共通祖先種 Z から生物種 X と Y が種分化した後に，ある座位の塩基配列が
生物種 X に至る系統では T から C，C から A へと 2 回置換している．このように，同じ座位
で 2 回以上の置換が生じることを**多重置換**（multiple substitutions）という．**図 2.3b** のように，
同じ座位に種分化後の系統でそれぞれ独立にまったく同じ置換が生じるような場合を平行置換
と呼び，**図 2.3c** のように，祖先の塩基配列に戻るような多重置換のことを復帰置換と呼ぶ．な
お，一般には，現存種である X と Y の 2 本の塩基配列を比較しても，多重置換が起きたかど
うかはわからない．X と Y の種分化がごく最近起きた場合，多重置換が起きた頻度は非常に低
い．しかしながら，種分化の時期が古くなるに従って，多重置換の頻度は増加する．

　塩基配列あるいはアミノ酸配列の座位当たりの置換数のことを**進化距離**（evolutionary
distance）と呼ぶ．上述の通り，進化距離を実測することは不可能である．そのため，置換の
確率モデルを導入することで，置換数から多重置換を考慮して進化距離が推定される．例えば，
塩基配列の場合，すべての塩基間の置換速度が等しいと仮定した Jukes-Cantor モデルに基づき
相違度を補正する形で進化距離が計算できる．その補正式は，

$$k_{nuc} = -(3/4)\ln(1-(4/3)K_{nuc})$$

である（K_{nuc} は塩基配列の相違度，k_{nuc} は進化距離の推定値）．Jukes-Cantor モデル以降，さ
まざまな置換の確率モデルが開発されてきた．例えば，K80 モデルではトランジション（プリン
塩基同士あるいはピリミジン塩基同士の置換）とトランスバージョン（プリン塩基とピリミジ

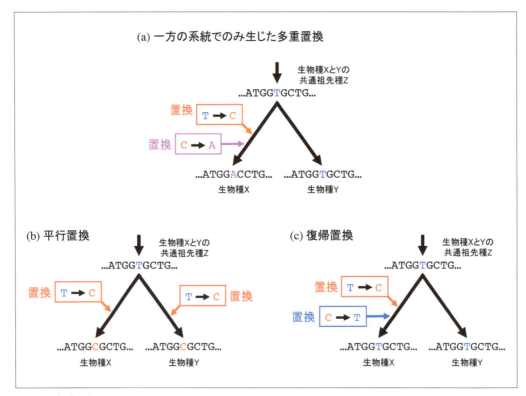

図 2.3　多重置換
同じ座位で 2 回以上の置換が生じることを多重置換と呼ぶ．一方の系統でのみ生じた多重置換（a），平行置換（b），復帰置換（c）などがある．

ン塩基の間の置換）の起こりやすさの違いが考慮されている．それらモデルでは進化距離がパラメータとして含まれており，観測された置換数から最尤法などで推定される．また，座位間の進化速度に違いがあることを仮定したガンマ補正なども行われている．

アミノ酸配列においても確率モデルを用いて多重置換の補正した進化距離が計算される．アミノ酸間の置換速度が等しいことを仮定した最も単純な方法としては Poisson 補正があり，その補正式は，

$$k_{aa} = -\ln(1 - K_{aa})$$

である（K_{aa} はアミノ酸配列の相違度，k_{aa} はアミノ酸配列の進化距離の推定値）．なお，Poisson 補正は平行置換と復帰置換を考慮していないため，相違度が大きくなるに従い補正の効果が不十分になると考えられている．塩基配列の場合と同様に，アミノ酸配列の進化距離の推定法についてもさまざまな開発・改良がなされている．アミノ酸置換速度の確率モデルは，塩基置換の場合と異なり，パラメータを推定するのではなく，多くのデータから推測されたアミノ酸間の置換率が用いられている（参考文献 4 〜 7）．

2.3.4 | 同義置換と非同義置換の推定

アミノ酸をコードする塩基配列についてはコドン単位の置換モデルが考えられており，そのようなモデルでは同義座位と非同義座位に分けて解析するのが一般的である．同義座位とはアミノ酸を変えないような塩基の座位，非同義座位とはアミノ酸を変えるような塩基の座位のことであり，両者を厳密に分けて解析する方法は 1980 年に宮田隆と安永照雄によって開発され（参考文献 3，6），その後さまざまな方法が開発されている．なお，アミノ酸を変えないような塩基置換のことを同義置換（synonymous substitution），アミノ酸を変えるような塩基置換のことを非同義置換（nonsynonymous substitution）と呼ぶ．同義座位と非同義座位の進化距離の推定方法の詳細については宮田による解説があるので，そちらを参照してほしい（参考文献 6）．

ヒトとマウスのミオグロビン遺伝子について，同義座位における進化距離の推定値 k_S を計算すると約 0.65，非同義座位における進化距離の推定値 k_A を計算すると約 0.09 となった（Jukes-Cantor の補正式を使用）．非同義座位の場合，アミノ酸が変化することからタンパク質レベルの構造的あるいは機能的な制約を受けるため置換が生じにくい．一方，同義座位の場合，アミノ酸が変化しないことからタンパク質レベルの制約の観点からは中立であるため置換が生じやすい．このため通常の遺伝子の場合，k_A/k_S（ω 比と呼ぶ）を計算すると 1 より小さな値になる．

「分子進化の中立説」では，タンパク質をコードする遺伝子では正の選択を受ける置換は少ないと考える（1.1.2 参照）．しかし，ある遺伝子の塩基の変異によりアミノ酸配列が変化することが，そのような変異を有する個体の生存に有利になる場合，同義置換よりも非同義置換の方が生じやすくなると考えられ，同義座位における進化距離の推定値 k_S に対して非同義座位における進化距離の推定値 k_A の値が大きくなると予想される（参考文献 4，5）．実際に，ヘビ毒の一種であるホスホリパーゼ A_2（PLA_2）の重複遺伝子では，非同義座位における置換が非常に多いことが知られており，k_A/k_S が 1 に近い値かそれ以上の値となる（参考文献 8）．これは，ハブなどの毒ヘビの PLA_2 の重複遺伝子がさまざまな異なる生理機能をもつように進化したことと関連があり，これら重複遺伝子が進化の過程で正の選択を受けた可能性が強く示唆されている．このように，ω 比の値が 1 より大きいことが正の選択を受けていることの判定に利用されている．

なお，機能を失った偽遺伝子の場合，非同義置換（に相当する置換）は同義置換と同様に中立な置換だと考えられるため，k_A/k_S（それぞれの座位に相当する進化距離の比）の値はほぼ 1 に近い値になると期待される．

2.3.5 | 分子系統樹

A 分子系統樹とは

塩基あるいはアミノ酸配列の情報を用いて推定した「生物種あるいは遺伝子の関係図」を分子系統樹（molecular phylogenetic tree）と呼ぶ．分子系統樹を推定する最初の試みは，W. Fitch

と E. Margoliash によって 1967 年になされている．これにより，形態的に類似した生物群でしか行えなかったそれまでの系統解析に，原核生物から動物，植物まですべての生物を対象とした系統関係を推定可能にする重要な解析手法が新たに導入されることとなった．以下では，分子系統樹に関する基礎知識について概説する．

B 有根系統樹と無根系統樹

一般に，分子系統樹は節点（node）と枝（branch）で示され，末端の節点となる枝の先端には生物種あるいは遺伝子の名前を記載する．分子系統樹上で取り扱われる生物種あるいは遺伝子のことを，OTU（Operational Taxonomic Unit，操作的分類単位；オーティーユーと発音）と呼ぶ．

分子系統樹上の最も古い節点のことを根（root）と呼ぶ．分子進化速度の一定性を仮定できる場合には，分子系統樹の根を自動的に決定することが可能となるが，仮定できない場合には，根の位置を決定することはできない．根の位置を決めることが可能な分子系統樹のことを有根系統樹（rooted tree），根の位置を決めることができない分子系統樹のことを無根系統樹（unrooted tree）と呼ぶ．

図 2.4a に有根系統樹，図 2.4b に無根系統樹の模式図を示す．図 2.4a の 4 つの模式図に示さ

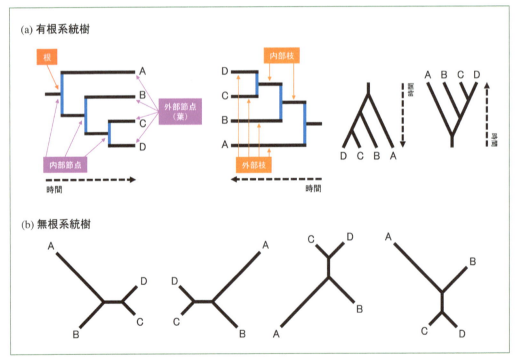

図 2.4 有根系統樹と無根系統樹
（a）有根系統樹の表示例．分子系統樹で用いる用語も記載している．（b）無根系統樹の表示例．4 つの無根系統樹の樹形と枝長はすべて同じである（つまり，すべて同一の分子系統樹）．これら系統樹をそのまま単純に 90 度，180 度，270 度回転させたとしても，どれとして完全に重なる図にはならない．回転操作に加えて，2 ヶ所ある節点の一方か両方で 2 つの枝を線対称に置き換える操作をすれば，完全に重なる図になる．

れた有根系統樹の樹形（tree topology）はどれもまったく同じである．図 2.4a の左端の模式図に示したように，節点には内部節点と外部節点（葉とも呼ぶ）があり，根は系統樹上に 1 ヶ所しか存在しない特別な内部節点ということになる．なお，2 つの節点に挟まれた部分を枝と呼び，各枝の枝長はそれぞれ進化距離を表している．2 つの内部節点に挟まれた枝を内部枝，内部節点と外部節点に挟まれた枝を外部枝と呼ぶ．図 2.4a の左側 2 つの図のような表記をする場合，青色（図の上下方向）の直線で示した部分には進化距離に関する情報は含まれない．図 2.4b に示した 4 つの無根系統樹はどれもまったく同じ分子系統樹であり，樹形と枝長はすべて同じである．なお，無根系統樹の場合も枝長は進化距離を表している．

OTU 数が増えると，当然，有根系統樹および無根系統樹の取り得る樹形数も増加する．OTU 数 n と樹形数 t の関係式は，無根系統樹では

$$t = (2n - 5)!/[2^{n-3}(n - 3)!]$$

となる．また，有根系統樹では

$$t = (2n - 3)!/[2^{n-2}(n - 2)!]$$

となる．無根系統樹の場合，OTU 数が 3 だと取り得る樹形数は 1，4 だと 3，5 だと 15，6 だと 105，7 だと 945，8 だと 10,395，9 だと 135,135，10 だと 2,027,025 となる．また，OTU 数が 20 だと取り得る樹形数は約 2.2×10^{20}，40 だと約 1.3×10^{55}，60 だと約 5.0×10^{94} となる．近年では，OTU 数が 100 以上の分子系統樹を推定することはよくあるのだが，このような場合の取り得る樹形数は観測可能な宇宙に存在する原子数の推定値（約 10^{80}）をはるかに超える値となる．OTU 数の増加に伴う樹形数の爆発は系統樹推定にも影響を与えるが，これについては 2.3.5E で説明する．

C　オーソロガスおよびパラロガスな遺伝子の関係

分子系統樹には，生物の種分化と遺伝子重複を同時に示すことが可能である．**図 2.5** に 8 つの OTU からなる有根の分子系統樹を模式的に示した．この有根系統樹には a1 ～ a7 の 7 つの

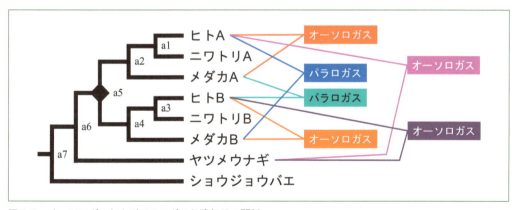

図 2.5　オーソロガスおよびパラロガスな遺伝子の関係
生物の種分化に伴い分岐した遺伝子の間の関係性をオーソロガス，遺伝子重複に伴い分岐した遺伝子の間の関係性をパラロガスと呼ぶ．

内部節点が示されており，これらのうち◆を付けた節点 a5 は遺伝子重複である．なお，動物の既知の系統関係を考慮すると，節点 a5 以外の 6 つの内部節点をすべて種分化と考えても特に矛盾はない．

　生物の種分化に伴い分岐した遺伝子の間の関係性をオーソロガスと呼び，遺伝子重複に伴い分岐した遺伝子の間の関係性をパラロガスと呼ぶ（1.1.3 参照）．つまり，図 2.5 で「ヒトの遺伝子 A とメダカの遺伝子 A はオーソロガスな関係」であり，「ヒトの遺伝子 A とメダカの遺伝子 B はパラロガスな関係」となる．なお，上記の定義に従うと，「ヒトの遺伝子 A とヒトの遺伝子 B はパラロガスな関係」となる．また，節点 a6 は円口類と有顎類の種分化と推定されるので，「ヤツメウナギの遺伝子とヒトの遺伝子 A はオーソロガスな関係」であり，「ヤツメウナギの遺伝子とヒトの遺伝子 B もオーソロガスな関係」となる．

D　無根系統樹と外群

　分子進化速度の一定性が仮定できない場合には，一般に無根系統樹しか推定できない．ある遺伝子について配列解析を行い，**図 2.6a** のような，霊長目 5 種と食肉目 1 種が OTU として含まれる無根の分子系統樹が推定されたとする．これらすべての OTU がオーソロガスな関係だとした場合，ネコと霊長目 5 種との種分化が一番古いと考えられるので，図 2.6a の分子系統樹上のネコに至る赤色で示した枝のどこかに最も古い分岐点である根を設定することが可能となる．図 2.6a の赤色で示した枝上のある任意の位置で折り曲げて**図 2.6b** のように示すと，霊長目 5 種の系統関係や枝長の違いを容易に認識することができる．無根系統樹において，図 2.6b のネコの遺伝子のような役割を果たす OTU のことを外群（outgroup）と呼ぶ．当然，外群として用いる OTU は明らかにそれ以外の OTU とは遠縁であることが必要である．外群の候補となる OTU が複数ある場合には，最も近縁なものを選択するとよい．また，上記の条件を満たしていれば，外群として重複遺伝子を用いることも可能である．

E　分子系統樹推定法

　現在よく用いられている分子系統樹推定法は，大きく二つに分類することができる．一つは進化距離を推定に用いる距離行列法（distance matrix method）である．距離行列法としては，平均距離法，Fitch-Margoliash 法，最小進化法，最小二乗法，近隣結合法（以下では NJ 法とする）などがある．もう一つは塩基あるいはアミノ酸配列そのものを推定に用いる形質状態法（character state method）である．形質状態法には最節約法，最尤法（以下では ML 法とする），ベイズ法などがある．

　最節約法や ML 法では，基本的には考えられる無根系統樹の全樹形について尤度などその樹形の確からしさの計算を行い，その中で最も適した（最節約あるいは最大尤度の）樹形が選択される．2.3.5B で説明したように，OTU 数が 10 だと無根系統樹の可能な樹形数は 2,027,025 となる．ML 法の非常に優れたプログラムを用いたとしても，通常のパソコンなどにより全数探索（網羅的探索）が行える OTU 数はせいぜい 9 か 10 程度となってしまう．そのため，さ

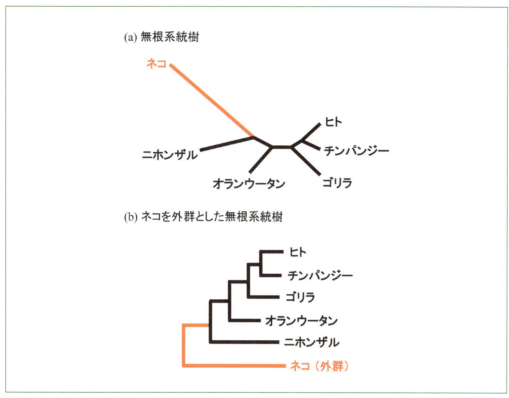

図 2.6 無根系統樹と外群
(a) 6OTU からなる無根の分子系統樹．(b) ネコの遺伝子を外群とした無根の分子系統樹．(a) の「ネコに至る赤色で示した枝上のある任意の位置」で折り曲げて図示したものが (b) であり，(b) の分子系統樹も「根の位置を決めることができない無根系統樹」である．

まざまな発見的あるいは近似的な手法が開発されており，OTU 数が多い場合は，全数探索を行う代わりに，そのような近似手法が用いられている．また，ベイズ法も OTU 数の大きな系統樹を取り扱うことができることが利点の一つとして知られている．

以下では，代表的な距離行列法である NJ 法による分子系統樹推定について簡単に紹介する．その他の分子系統樹推定法の詳細については既存の書籍（参考文献 4 〜 7, 9），オリジナルの論文，あるいは関連のウェブサイトを参照していただきたい（章末の参考ウェブサイト参照）．

距離行列法：近隣結合法について

NJ 法は斎藤成也と根井正利によって 1987 年に報告された距離行列法であり，分子進化速度の一定性を仮定しない方法である．NJ 法では，まず，OTU がまったくクラスターしていない星状系統樹（星状樹）というものを想定する．この星状系統樹の状態から任意の 2 個の OTU を近隣と想定し，その場合の枝長の総和を以下の数式を用いて求める．

$$S_{12} = \frac{\sum_{k=3}^{n}(d_{1k} + d_{2k}) + 2\sum_{3 \leq i < j} d_{ij} + (n-2)d_{12}}{2(n-2)}$$

ここで，S_{12} は OTU-1 と OTU-2 が近隣となった場合の枝長の総和であり，n は OTU 数である．なお，

　　　距離行列の全要素の総和：$T = \sum d_{ij}$

　　　i が関係する要素の総和：$R_i = \sum d_{ik}$

とすると，S_{ij} は，

$$S_{ij} = \frac{2T - R_i - R_j + (n-2)d_{ij}}{2(n-2)}$$

で計算することができる．すべての S_{ij} の計算が終了したら，それらの中から最小値となる S_{ij} を探し，OTU-i と OTU-j を近隣として選択する．なお，節点からの枝長については，OTU-i と OTU-j 以外のすべての OTU を外群とみなして計算する（枝長の計算方法の詳細については参考文献 4 参照）．用いた距離行列によっては枝長がマイナスの値になることもあり得るが，その場合は枝長を 0 として計算を進める．次に，OTU-i と OTU-j を一つの操作単位にまとめて OTU-$[i,j]$ とし，OTU 数が 1 つ少ない $n-1$ 個の OTU の距離行列を作成する．距離行列の再構築においては，近隣とした OTU-$[i,j]$ と他の OTU-k の間の進化距離を $d_{[i,j]k} = (d_{ik} + d_{jk})/2$ としてそれぞれ計算する．以上の操作を $n-2$ 回行って OTU 数が 3 となり，これら 3 つの枝長を計算したところで NJ 法による分子系統樹が完成する．

F　近隣結合法により推定した分子系統樹とブートストラップ確率

αA-クリスタリンについて，5 種の脊椎動物のアミノ酸配列の多重アラインメントを作成し，すべての組み合わせについて進化距離を計算した（**図 2.7a**）．このデータを用いて，NJ 法により分子系統樹を推定した（**図 2.7b，c**）．なお，図 2.7b の NJ 法の無根系統樹について，ニワトリを外群と仮定して図示したものが図 2.7c となる．

ネコは食肉目，マウスとモグラネズミは齧歯目に属する．図 2.7c の NJ 法の無根系統樹の場合，鳥類のニワトリを外群と仮定すると，内部節点 a1，a2，a3 はすべて哺乳類の種分化に相当すると推定される．また，マウスとモグラネズミの種分化後，モグラネズミに至る枝長が非常に長くなっていることがわかる．

モグラネズミは地中生活に適応しており，眼が皮下に埋没している．マウスとの種分化後のある時期にモグラネズミの祖先が地中生活を始め，その後，眼が退化したと考えられる．眼が退化するにつれて水晶体を構成するタンパク質の一種である αA-クリスタリンの機能的制約は徐々に弱まり，非同義置換が中立化することでより多く蓄積するようになったと考えられる（参考文献 10）．なお，αA-クリスタリン以外の多くの遺伝子でも分子進化速度の一定性は仮定できないので，一般には，NJ 法や ML 法のような無根系統樹を推定する方法を用いるのが望ましい．

図 2.7b の NJ 法の分子系統樹の各枝の部分に示した数値（100 と 95）は**ブートストラップ確率**（bootstrap probability）という分子系統樹の部分木の信頼性を示す数値である．ブートストラップ確率は，分子系統樹推定に用いた配列アラインメントデータを復元抽出することによって求める．座位数 N の配列アラインメントを用いて NJ 法で分子系統樹を推定した場合，この

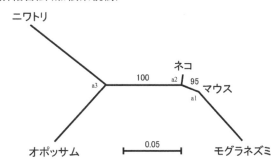
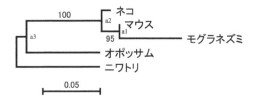

図2.7　αA-クリスタリンの分子系統樹
(a) 5種の脊椎動物のαA-クリスタリンの距離行列．進化距離の推定に用いたアミノ酸配列の座位数は172．(b) 近隣結合法（NJ法）による無根系統樹．枝の部分に示された数値はブートストラップ確率．(c) ニワトリを外群としたNJ法による無根系統樹．なお，最尤法（ML法）を用いて推定した最尤系統樹の樹形もNJ法の樹形と同じになった（図は示さない）．

配列アラインメントの N 個の座位からランダムに N 個の座位を復元抽出（オリジナルのアラインメント中の同じ座位が複数回出現することを許した抽出）した人工的な配列アラインメントを作成する．この復元抽出した配列アラインメントを用いてNJ法で分子系統樹を作成する．この操作を一定回数（一般には，1,000回程度）行い，分子系統樹の同じOTUからなる部分木の出現頻度（部分木の樹形は問わない）からブートストラップ確率の値を求める．例えば，図2.7bの場合，1,000回の復元抽出から1,000個の分子系統樹が得られたとする．図中の内部節点 a1 と a2 を結ぶ枝にふられた95は，この1,000個の分子系統樹中，マウスとモグラネズミをOTUとした部分木が950個の分子系統樹で観察された（950/1,000 × 100 = 95%）ことを表している．

G　分子系統樹から読み解く生物の系統関係および遺伝子の多様化

これまで個別の遺伝子などに基づいた分子系統解析が行われてきた．しかし，今世紀に入ってからさまざまなタイプの次世代シークエンサー[2]が開発され，高速かつ低コストでゲノムの全塩基配列を決定することが可能になった（5章参照）ことで，全ゲノム規模の配列情報を用いた分子進化研究（phylogenomics）が行われるようになってきた．また，蓄積された大量の配列データを用いることで，生物進化の新たな描像が明らかになってきている．以下に，近年の分子系統解析および分子系統樹を用いた遺伝子の多様化のパターンを探る試みの具体例を示す．

a　ゲノム配列情報を用いた新口動物の分子系統解析

2008年に頭索動物のナメクジウオのゲノム全塩基配列が報告され，ベイズ法を用いて推定した分子系統樹（図2.8）が同じ論文に掲載された．この分子系統樹は，1,090遺伝子のそれぞれについてオーソロガスなアミノ酸配列のアラインメントを行い，それらを連結して一つのアラインメントとしたデータを用いて推定されており，図中に■で示した節点についてはあらかじめ固定してベイズ法で解析を行っている（ML法の最尤系統樹の樹形も図2.8と同じ）．形態的特徴から，以前は頭索動物が脊椎動物に最も近縁だと考えられていた．近年の分子系統解析では，図2.8と同様の「尾索動物が脊椎動物に最も近縁」という結果が支持されている．

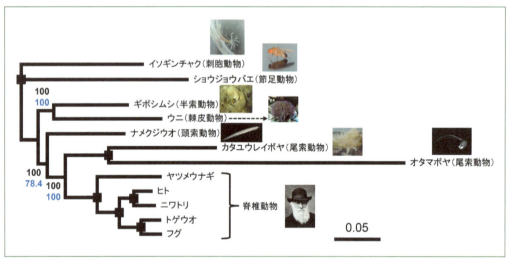

図2.8　新口動物の系統関係

ベイズ法を用いて推定した無根系統樹．この分子系統樹は，1,090遺伝子のアミノ酸配列のアラインメントをつないだデータ（連結データ）を用いて推定された．二胚葉性の動物であるイソギンチャク（刺胞動物）と旧口動物のショウジョウバエ（節足動物）を新口動物の外群としている（分子系統樹の根はイソギンチャクに至る枝上のどこかにあると考えられる）．枝の部分に示された数値はベイズ法（上：黒文字）の信頼度（事後確率）および最尤法（ML法）（下：青文字）のブートストラップ確率．N. Putnamほか（*Nature*, 453, 1064-1071 (2008)）の図を一部改変．詳しくは本文参照．写真提供：ギボシムシ（田川訓史，広島大学），ナメクジウオ（H. Hillewaert），その他（Wikipediaパブリックドメイン）

---

[2] シークエンサ，シーケンサー，シーケンサなどと表記されることがあるが，いずれも同じものを指す．

多くの遺伝子の塩基あるいはアミノ酸配列情報を用いて分子系統解析を行う場合には，オーソロガスな関係の遺伝子のみを用いること，ML法，ベイズ法およびNJ法などの複数の分子系統樹推定法を用いて検討することが重要である．なお，ML法やベイズ法で分子系統解析を行う際には，上記の解析のように複数遺伝子の配列をつないだ「連結データ」を用いる手法だけでなく，遺伝子ごとに分子系統解析を行った後にその結果を「総合判定による統計検定」により統合し，その結果を比較することも行われている．

b　分子系統樹を用いた遺伝子重複およびドメインシャフリングの時期推定

　図2.9にNJ法で推定した細胞質型チロシンキナーゼの分子系統樹（部分のみ）を示す．チロシンキナーゼはタンパク質のチロシン残基にリン酸を付加する機能をもつ酵素であり，この分子系統樹はキナーゼドメインのアミノ酸配列を用いて推定している．この分子系統樹には，動物〔ヒト（*Homo sapiens*），キイロショウジョウバエ（*Drosophila malanogaster*），2種の普通海綿（*Ephydatia fluviatilis*, *Amphimedon queenslandica*）〕，立襟鞭毛虫（*Monosiga*

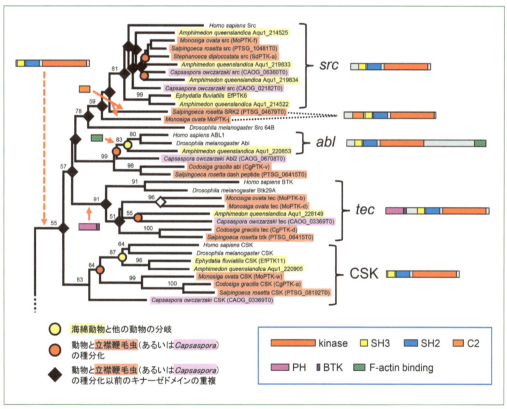

図2.9　チロシンキナーゼの分子系統樹
キナーゼドメインのアミノ酸配列を用いて推定した近隣結合法（NJ法）による分子系統樹（一部のみ示す）．海綿動物と他の動物の種分化と推定される節点を「黄色の○」，動物と立襟鞭毛虫（あるいは *C. owczarzaki*）の種分化と推定される節点を「●」で示しており，それ以外の種分化と推定される節点については何も印を付けていない．また，動物と立襟鞭毛虫（あるいは *C. owczarzaki*）の種分化以前に生じた遺伝子重複については◆，それ以外の遺伝子重複については◇で示している．ブートストラップ確率は50％以上の場合のみ記載．詳しくは本文参照．

ovata, *Codosiga gracilis*, *Salpingoeca rosetta*, *Stephanoeca diplocostata*）およびフィラステレア（*Capsaspora owczarzaki*）の種が含まれている．立襟鞭毛虫は動物に最も近縁な単細胞性の原生生物であり，*C. owczarzaki* も立襟鞭毛虫に次いで動物に近縁な原生生物だと考えられている．図 2.9 の分子系統樹に示された節点の中には，種分化もあれば遺伝子重複もあると考えられる．

　この分子系統樹から，これら細胞質型チロシンキナーゼ遺伝子の祖先となる遺伝子には SH3，SH2 およびキナーゼドメインが存在していたことがわかる（図中の点線の赤矢印）．また，これら 3 つのドメイン以外の PH，BTK，F-actin binding，C2 ドメインについては，進化のある時期にドメインシャフリングによって付加されたことが推定される（図中の赤矢印，ドメインシャフリングについては 2.2.2 参照）．さまざまな実験によって，動物の細胞質型チロシンキナーゼは細胞外のシグナルを細胞内に伝える役割を果たしていることが明らかになっている．このような分子の遺伝子重複とドメインシャフリングによる多様化の一部が動物と立襟鞭毛虫（あるいは *C. owczarzaki*）の種分化以前にも生じていたことは，進化の過程で動物の多細胞化がどのように起きたのかを考える上でも大変興味深い．

参考文献

1）木村資生（1983）分子進化の中立説，紀伊國屋書店
2）木村資生（1988）生物進化を考える，岩波新書
3）宮田隆（2014）分子からみた生物進化，講談社ブルーバックス
4）根井正利，S. クマー（2006）分子進化と分子系統学，培風館
5）Ziheng Yang（2009）分子系統学への統計的アプローチ，共立出版
6）宮田隆編（1998）分子進化，共立出版
7）宮田隆編（2010）新しい分子進化学入門，講談社
8）中島欽一ほか（1994）ヘビ毒腺アイソザイムは加速進化により新しい機能を獲得している，化学と生物 32, 702-711
9）長谷川政美，岸野洋久（1996）分子系統学，岩波書店
10）Hendriks, W. *et al.* (1987) The lens protein α A-crystallin of the blind mole rat, *Spalax ehrenbergi*: evolutionary change and functional constraints. *Proc. Natl. Acad. Sci. USA*, **84**, 5320-5324

参考ウェブサイト

PAML（同義置換・非同義置換，ω 比など）　http://abacus.gene.ucl.ac.uk/software/paml.html
MEGA（同義置換・非同義置換，最節約法，最尤法，距離行列法など）
　　　https://www.megasoftware.net/
　　　http://evolgen.biol.se.tmu.ac.jp/MEGA/
PHYLIP（最節約法，最尤法，距離行列法など）
　　　http://evolution.genetics.washington.edu/phylip.html
PhyML（最尤法）　　http://www.atgc-montpellier.fr/phyml/
RAxML（最尤法）　　https://sco.h-its.org/exelixis/software.html
　　　　　　　　　　https://sco.h-its.org/exelixis/web/software/raxml/index.html
IQ-TREE（最尤法）　http://www.iqtree.org/
MrBayes（ベイズ法）http://mrbayes.sourceforge.net/
BEAST（ベイズ法）　http://beast.community/
BEAST2（ベイズ法）http://www.beast2.org/

3 章 タンパク質の立体構造解析

3.1 タンパク質立体構造の成り立ち

3.1.1 タンパク質の立体構造解析とは

タンパク質は，アミノ酸が数珠つなぎに並んだ高分子であり，本来やわらかいひものような形のはずだ．しかし，天然の球状タンパク質は，そのアミノ酸配列によって決まる，固有の立体構造へ小さく折り畳まるようにできている．タンパク質の機能の多くはこうした固有の立体構造を基盤とするため，その機能を原理的に理解するには，立体構造の情報が必要だ．酵素反応やDNA認識などの機能の仕組みの詳細は，配列データだけからでは決して理解できない．しかし，立体構造データがあれば，アミノ酸や原子の空間的な位置関係から，その結合や触媒機能についてより深く理解できるだろう．また進化の過程で，配列が大きく変化しても，その立体構造は配列より変わりにくいことが知られているため，構造の情報はタンパク質の進化的な起源を考える上でも重要である．本章では，立体構造データを読み解くための基礎知識を中心に説明し，その上で，構造生物学に必要な情報科学的な技術について概説する．

3.1.2 立体構造の計測法とそのデータ形式

生体高分子の立体構造データは，主に，X線結晶解析，核磁気共鳴法（NMR），電子顕微鏡の三つの方法で決められている（参考文献1，2）．各手法の特徴を**表3.1**にまとめた．生成された立体構造データの登録受付と配布は，米国のRCSB-PDB，欧州のPDBe，日本のPDBj（大阪大学の蛋白質研究所）の三つの拠点による共同組織wwPDB（worldwide Protein Data Bank）が行っている．

次に，立体構造データがどういう形式でデータベースに格納されるのかを説明する．まず，各立体構造データには，"1mbd""4hhb"といった「1文字の数字＋3文字の英数字」の**PDB IDコード**がついている．各データは，立体構造が計測された一つのまとまりが単位であり，一つのタンパク質鎖が必ずしも一つのPDB IDに対応するわけではない．タンパク質の一部だけが入っている場合，複数のタンパク質が含まれている場合もある．DNAやRNAなどの高分子や，結合している低分子化合物の立体構造も含まれている．**図3.1a**にヒト・ヘモグロビンの立体構造（PDB ID：1bz1）をリボンモデルで示した．このデータには4つのタンパク質鎖と4つのヘム分子が入っている．**図3.1b**には最初の三つのアミノ酸の原子構造を示した．この立体構造に対応するデータを，**旧PDBフォーマット**（**図3.2**）と**mmCIFフォーマット**（**図**

表 3.1 生体高分子立体構造を決定する実験手法

実験手法	X 線結晶解析	核磁気共鳴（NMR）	電子顕微鏡
PDB データベースに占める割合※	89.5％	8.7％	1.6％
試料	結晶状態	同位体標識された高濃度の溶液状態	急速冷却によりグリッドに氷包埋された状態
データ測定	放射光などによる X 線回折実験	NMR 装置によるシグナル測定	電子顕微鏡による 2D 画像群の撮影
計算過程	フーリエ逆変換・位相解決・原子モデルの構築	シグナル帰属，原子間距離の推定，原子モデルの構築	単粒子解析やトモグラフィーによる 3D マップ再構築，原子モデルの構築.
特徴	解像度は比較的高く，大きな分子量でも解析可能．解像度が特に高い場合を除き，水素原子は観測できない.	分子量の小さな分子の解析に向く．帰属に用いるため，水素原子の座標も記載されている．複数の候補モデルが書かれていることが多い.	比較的大きな分子の解析に向く．現状では中程度の解像度（3-5 Å）のデータが多い.

※ 2018 年 7 月 4 日の PDB の 141842 データの統計に基づく.

3.3）の二つの形式で示した．どちらも，立体構造は，1 原子が 1 行に記載され，原子の中心点の XYZ 座標の値が書かれている．座標値の単位は Å（オングストローム）である（1 Å ＝ 0.1 nm ＝ 10^{-10} m）．また，各原子には原子番号，残基番号，3 文字以下の残基名（例えば，MET，ALA）と 4 文字以下の原子名（CA，N，C，O，CB など）が割り当てられている．3 文字の残基名は，アミノ酸以外の分子にも割り当てられている．例えば，ヘム分子は "HEM"，ATP 分子は "ATP"，カルシウムイオンは "CA"，イレッサは "IRE" などと決められている．一つのデータに複数の分子が入っている場合には，それぞれ，A，B，C といった鎖識別子（chain identifier）がついている．

　旧 PDB フォーマットと 2014 年から標準フォーマットとなった mmCIF フォーマットの違いについて簡単に説明しよう．1970 年代から使われていた旧 PDB フォーマットは，わかりやすい反面，1 行 80 文字の固定幅であるため，原子番号，残基番号，鎖識別子の文字数に制限が設定され，記載できる原子数，鎖数に明らかな上限がある．例えば，鎖識別子は 1 文字であるため，小文字や数字を使っても，タンパク質鎖数が 100 を超える巨大分子は記載できないことになる．そこで導入されたのが，mmCIF フォーマットである．このフォーマットは，スペースで区切られた形式を基本としているため，原子番号や鎖識別子の文字数に制限はない．また，登録者が入力する残基番号などの情報とデータベース管理者が入力する情報の両方を記載することで利便性と統一性を実現している．現在 PDB では，大部分のデータでは旧 PDB フォーマットでもダウンロードできるが，一部の巨大分子の立体構造（例えば，リボソーム：4v42，光化学系Ⅱ：4v62 など）は旧 PDB フォーマットでは記載できないため，mmCIF フォーマットだけで公開されている．

　こうしたフォーマットで記載された立体構造データの意味を理解するためには，分子構造を表示するプログラム（分子ビューア）を使いこなす必要がある．**表 3.2** に現在よく使われてい

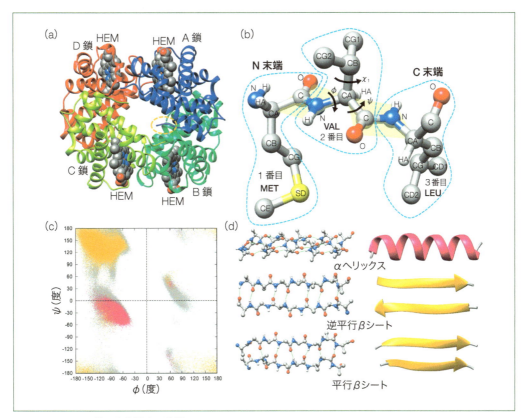

図3.1 タンパク質の立体構造の特徴
(a) ヒト・ヘモグロビンの立体構造（PDB ID：1bz1）．4つのタンパク質からなり，それぞれA鎖，B鎖，C鎖，D鎖となっている．A鎖とC鎖，B鎖とD鎖は同じ配列で，それぞれα鎖，β鎖とも呼ばれる．それぞれのタンパク質には一つずつヘム分子（HEM）が結合している．(b) A鎖の先頭の三つのアミノ酸メチオニン-バリン-ロイシンの原子構造．元のデータには水素原子は書かれていないので，水素原子は，UCSF Chimeraで生成している．各原子にPDBにおける原子名を示した．Cα原子はCA，CβはCB，Cγ1はCG1，Cγ2はCG2などとなっている．ペプチド結合で平面となる原子は，黄色の四角形で示されている．ϕは，C-N-CA-Cの二面角，ψはN-CA-C-Nの二面角である．この構造の2番目のアミノ酸のϕは-154.9°，ψは149.5°になる．また，CA-C-N-CAの二面角はω（オメガ）と呼ばれ，このアミノ酸では179.2°である．このようにωは通常約180°であるが，プロリンは例外的に$\omega = 0$°付近の値をとることができる（シス・プロリン）．(c) 主鎖の二面角ϕ，ψの分布図（ラマチャンドラン・プロット）．PDBの代表タンパク質2557個（PDB 2018/02/07のBLAST e-value = 0.0001の代表構造，解像度1.5 Å以下）を使用した．二次構造ごとに色分けしている．マゼンタはαヘリックス，黄色はβストランド．(d) 典型的な二次構造の例．ボール&スティックモデル（左）とリボンモデル（右）で示している．

る三つの分子ビューアの特徴をまとめた（参考文献3）．これらのソフトは，表示だけではなく，原子間の距離や結合角の計算，分子の重ね合わせ，簡単なモデリングなど多くの解析機能をもっている．本章の分子の絵のほとんどはUCSF Chimeraで作成した．図にはPDB IDも付記しているので，読者の皆さんもぜひ，実際に分子ビューアを駆使して観察してもらいたい．

```
HEADER      OXYGEN STORAGE/TRANSPORT                 05-NOV-98   1BZ1
TITLE       HEMOGLOBIN (ALPHA + MET) VARIANT
ATOM     1  N   MET A   1      15.774  28.408  41.946  1.00 87.06           N
ATOM     2  CA  MET A   1      17.105  28.442  42.578  1.00 83.35           C
ATOM     3  C   MET A   1      18.021  29.477  41.921  1.00 75.77           C
ATOM     4  O   MET A   1      17.695  30.170  40.943  1.00 76.91           O
ATOM     5  CB  MET A   1      17.757  27.078  42.696  1.00100.06           C
ATOM     6  CG  MET A   1      18.477  26.602  41.467  1.00108.30           C
ATOM     7  SD  MET A   1      19.741  25.379  41.972  1.00109.12           S
ATOM     8  CE  MET A   1      18.713  24.184  42.861  1.00108.71           C
ATOM     9  N   VAL A   2      19.204  29.547  42.527  1.00 63.43           N
ATOM    10  CA  VAL A   2      20.227  30.471  42.079  1.00 50.48           C
ATOM    11  C   VAL A   2      21.613  29.959  42.475  1.00 38.77           C
ATOM    12  O   VAL A   2      21.818  29.339  43.515  1.00 38.52           O
ATOM    13  CB  VAL A   2      20.035  31.893  42.648  1.00 63.49           C
ATOM    14  CG1 VAL A   2      19.346  32.821  41.668  1.00 73.69           C
ATOM    15  CG2 VAL A   2      19.390  31.866  44.024  1.00 72.47           C
ATOM    16  N   LEU A   3      22.494  30.366  41.578  1.00 29.38           N
ATOM    17  CA  LEU A   3      23.904  30.017  41.744  1.00 23.93           C
ATOM    18  C   LEU A   3      24.575  31.118  42.544  1.00 22.18           C
ATOM    19  O   LEU A   3      24.466  32.296  42.177  1.00 27.60           O
ATOM    20  CB  LEU A   3      24.472  29.842  40.323  1.00 23.67           C
ATOM    21  CG  LEU A   3      23.932  28.699  39.483  1.00 27.34           C
ATOM    22  CD1 LEU A   3      24.480  28.737  38.051  1.00 37.58           C
ATOM    23  CD2 LEU A   3      24.310  27.357  40.111  1.00 28.16           C
:
HETATM 4405 FE   HEM A 143     18.364  18.424  23.704  1.00 13.78          FE
HETATM 4406 CHA HEM A 143      18.729  18.645  20.255  1.00 12.22           C
HETATM 4407 CHB HEM A 143      21.007  20.618  24.060  1.00 16.53           C
```

: 原子番号 原子名 残基名 残基番号　Ｘ座標　Ｙ座標　Ｚ座標　占有率 温度因子　　　　元素名
　　　　　　　　　鎖識別子

図 3.2 旧 PDB フォーマットによる立体構造データの例

PDB ID：1bz1 の HEADER 行，TITLE 行と，ATOM 行，HETATM 行の一部を示す．1 行は 80 文字でなければならない．
原子番号は 5 文字，原子座標は 8 文字など，各項目の文字数が固定されている．

表 3.2　生体高分子表示ソフト（分子ビューア）

ソフト名	開発・配布グループ	配布形態	特徴
UCSF Chimera	UCSF T. Ferrin 研	アカデミックには無償でバイナリー配布	電顕の密度マップの操作に強い
PyMOL	Schrödinger 社	ソースコードは無料配布．実行バイナリーのライセンスは有料．使用期間限定版は無償ダウンロード可．	コマンドラインが使いやすい
VMD	イリノイ大学・理論計算生物物理グループ	アカデミックフリーで，実行バイナリーとソースコードを配布．	分子動力学法のプログラムVMD との親和性が高い

```
data_1BZ1
#
_entry.id   1BZ1
#
_pdbx_database_status.recvd_initial_deposition_date   1998-11-05
#
_struct.title                    'HEMOGLOBIN (ALPHA + MET) VARIANT'
_struct.pdbx_descriptor          'PROTEIN (HEMOGLOBIN) VARIANT (CHAIN A, C, ADDITIONAL NH2-TERMINAL MET)'
#
loop_
_atom_site.group_PDB
_atom_site.id
_atom_site.type_symbol
_atom_site.label_atom_id
_atom_site.label_alt_id
_atom_site.label_comp_id
_atom_site.label_asym_id
_atom_site.label_entity_id
_atom_site.label_seq_id
_atom_site.pdbx_PDB_ins_code
_atom_site.Cartn_x
_atom_site.Cartn_y
_atom_site.Cartn_z
_atom_site.occupancy
_atom_site.B_iso_or_equiv
_atom_site.pdbx_formal_charge
_atom_site.auth_seq_id
_atom_site.auth_comp_id
_atom_site.auth_asym_id
_atom_site.auth_atom_id
_atom_site.pdbx_PDB_model_num
ATOM   1    N  N   . MET A 1 1  ? 15.774  28.408  41.946 1.00 87.06  ? 1   MET A N   1
ATOM   2    C  CA  . MET A 1 1  ? 17.105  28.442  42.578 1.00 83.35  ? 1   MET A CA  1
ATOM   3    C  C   . MET A 1 1  ? 18.021  29.477  41.921 1.00 75.77  ? 1   MET A C   1
ATOM   4    O  O   . MET A 1 1  ? 17.695  30.170  40.943 1.00 76.91  ? 1   MET A O   1
ATOM   5    C  CB  . MET A 1 1  ? 17.757  27.078  42.696 1.00 100.06 ? 1   MET A CB  1
ATOM   6    C  CG  . MET A 1 1  ? 18.477  26.602  41.467 1.00 108.30 ? 1   MET A CG  1
ATOM   7    S  SD  . MET A 1 1  ? 19.741  25.379  41.972 1.00 109.12 ? 1   MET A SD  1
ATOM   8    C  CE  . MET A 1 1  ? 18.713  24.184  42.861 1.00 108.71 ? 1   MET A CE  1
ATOM   9    N  N   . VAL A 1 2  ? 19.204  29.547  42.527 1.00 63.43  ? 2   VAL A N   1
ATOM   10   C  CA  . VAL A 1 2  ? 20.227  30.471  42.079 1.00 50.48  ? 2   VAL A CA  1
:
HETATM 4401 C  CHA . HEM E 3 .  ? 18.729  18.645  20.255 1.00 12.22  ? 143 HEM A CHA 1
HETATM 4402 C  CHB . HEM E 3 .  ? 21.007  20.618  24.060 1.00 16.53  ? 143 HEM A CHB 1
HETATM 4403 C  CHC . HEM E 3 .  ? 18.570  17.704  27.086 1.00 11.28  ? 143 HEM A CHC 1
:
#
```

キー・バリュー形式

表形式

データベース管理者が入力する

原子座標

登録者が入力する

原子番号　元素名　原子名　残基名　asym_id　残基番号　X座標　Y座標　Z座標　占有率　温度因子　残基番号　asym_id(鎖識別子)　残基名　原子名

図 3.3　mmCIF フォーマットによる立体構造データの例

正式には PDBx/mmCIF フォーマットという．PDB ID：1bz1 の，いくつかの項目と，原子座標の一部を示す．このフォーマットは，項目名と値のペアを記述するシンプルな「キー・バリュー形式」（オレンジの点線枠内）と，項目名を最初に示しデータが行として多数並ぶ「表形式」（青色の点線枠内）のどちらかで記述されている．値の区切り文字はスペースで，値の長さは可変である．項目名はカテゴリ名とアイテム名がピリオド（.）で組み合わされている．例えば，_atom_site.Cartn_x では，atom_site がカテゴリ名，Cartn_x がアイテム名である．表形式の場合，カテゴリ名は表の名前，アイテム名は列の名前に相当する．atom_site の表が，旧 PDB フォーマットの ATOM 行と HETATM 行に相当する．残基番号（seq_id），残基名（comp_id），鎖識別子（asym_id），原子名（atom_id）は，データベース管理者が入力する label_ で始まる項目（緑色）と登録者が入力する auth_ で始まる項目（赤色）の両方が入っている．これらはまったく同一である場合も多いが，異なることも少なくない．この例では，HETATM 行の HEM の asym_id は，データベース入力の label_asym_id は E だが，登録者入力の auth_asym_id は A となっている．データベース管理者は，このヘム分子は 5 つ目の分子であるから E としたが，登録者はタンパク質の A 鎖に結合している分子だから A としたのだと考えられる．

3.2 タンパク質の化学構造と二次構造

3.2.1 タンパク質はアミノ酸が数珠つなぎとなった高分子

図 3.1 で示したように，タンパク質はたくさんのアミノ酸が数珠つなぎになったやわらかいひもである．図 1.3 や表 1.2 に示した 20 種のアミノ酸が，ある特定の順序で並んでいる．ア

ミノ酸原子の結合の様子を**図3.1b**に示した．20種のアミノ酸で共通の原子群のことを主鎖（main chain）と呼び，各アミノ酸で異なる部分を側鎖（side chain）と呼ぶ．主鎖の原子はH，N，CA，HA，C，O（PDBの原子名表記）の6つであり，その中心となるCA（Cα）原子の左右に二つの平面（CA，C，O，N，H，CAの面とCA，C，O，N，H，CAの面）が並ぶ．この二つの平面の角度（二面角）が実質的なタンパク質の主鎖の自由度となり，N末端方向の角度をϕ（ファイ），C末端方向の角度をψ（プサイ）と呼ぶ（参考文献2）．複雑なタンパク質の構造が，アミノ酸あたり二つの角度だけでおおまかに記述できることは，効率的な構造作成法として立体構造予測にも利用される（3.4.4参照）．

ϕとψの分布を描いた図をラマチャンドラン・プロット（Ramachandran plot）と呼ぶ．**図3.1c**にPDBデータベース内のタンパク質構造のラマチャンドラン図を示した．近接する原子との衝突で許されない領域は意外に広く，観察される二面角の分布はαヘリックスとβストランドのϕ，ψの領域に集中する（αヘリックスとβストランドについては3.2.2参照）．また，アミノ酸の種類によっても分布に違いが現れる．例えば，ϕが正の値をとる領域は特有のターン構造に対応し，一般にはあまり現れない構造だが，側鎖のないグリシンではごく普通に現れる．逆にプロリンは，主鎖が環状構造を作るため，ϕの値が負の狭い領域に限定される（参考文献2）．

3.2.2 主鎖原子の規則的な水素結合のパターンを二次構造と呼ぶ

主鎖原子のC＝O基とNH基が向かい合うと，水素結合を作ることができる．折り畳まった球状タンパク質では，周期的にこの水素結合が形成されることが多く，その構造パターンを二次構造と呼ぶ（**図3.1d**）．三つ先のアミノ酸と水素結合をくり返し形成するらせん構造をαヘリックス，配列上離れたアミノ酸と向かい合わせになって水素結合を形成する構造をβシートと呼ぶ．βシートには配列の向きによって逆平行βシートと平行βシートがある．βシートを構成する伸びたセグメント（つまり，リボンモデルの「矢印」1本）はβストランドと呼ばれる．立体構造からヘリックス，シートの構造を同定するために，DSSPというプログラムがよく用いられる．

主鎖の原子が互いに水素結合を形成することは，球状タンパク質がコンパクトに折り畳まるための必要条件である．主鎖の原子のC＝O基，NH基は，どちらも水分子H-O-Hと水素結合を形成できる．よって，変性して伸びた鎖の状態では，主鎖原子は水と水素結合を作る．しかし，タンパク質が折り畳まるとき，分子の内側に埋もれるアミノ酸では，水が解離し水素結合が切断されるはずだ．このとき，新たな水素結合ができなければ，折り畳まった状態はエネルギー的に著しく不安定になってしまう．これを解消するため，主鎖原子どうしが水素結合を作る必要があり，その結果生じる水素結合のパターンが二次構造である．

3.3 タンパク質立体構造の比較と分類

3.3.1 2次構造の組成による構造クラスの分類

天然の球状タンパク質の二次構造の組み合わせには，いくつかの典型的なパターンがあり，二次構造の組成による4つの構造クラスがよく知られている（**図3.4**）．それらは，All-alpha（αヘリックスが主；**図3.4a**），All-beta（βシートが主；**図3.4b**），alpha/beta（αとβが混在，平行βシートが主；**図3.4c**のようなシートが閉じたバレル型と**図3.4d**のようなシートが開いたオープン型がある），alpha+beta（αとβが混在，平行βシートが主ではない；**図3.4e**）の4つである．また，こうした構造の部品となる，数個の二次構造からなるパターン

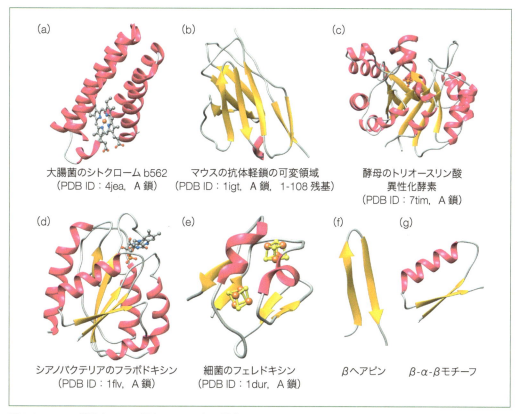

図3.4 4つの構造クラスの頻出フォールドの構造
分類はSCOPeに従っている．(a) all-αクラスのタンパク質の例．大腸菌のシトクロームb562（PDB ID：4jea，A鎖）．4本ヘリックス・アップダウン・バンドル（Four-helical up-and-down bundle）フォールドに属する．(b) all-βクラスのタンパク質の例．マウスの抗体軽鎖の可変領域（PDB ID：1igt，A鎖，1-108残基）．免疫グロブリン様βサンドイッチ（Immunoglobulin-like beta sandwich）フォールドに属する．(c) α/βクラスのタンパク質の例．酵母のトリオースリン酸異性化酵素（PDB ID：7tim，A鎖）．TIM β/αバレル（TIM beta/alpha barrel）フォールドに属する．(d) α/βクラスのタンパク質のもう一つの例．シアノバクテリアのフラボドキシン（PDB ID：1flv，A鎖）．フラボドキシン様（Flavodoxin-like）フォールドに属する．(e) α＋βクラスのタンパク質の例．細菌のフェレドキシン（PDB ID：1dur，A鎖）．フェレドキシン様（Ferredoxin-like）フォールドに属する．(f) βヘアピンと呼ばれる構造モチーフ．(g) β-α-βと呼ばれる構造モチーフ．

のことを，構造モチーフ（structural motif），あるいは超二次構造（super secondary structure）と呼ぶ．図 3.4f は β ヘアピンと呼ばれる構造モチーフであり，配列上連続した 2 本の β ストランドが逆平行の β シートを作る．これは，逆平行 β シートを作る最小のユニット構造であり，all-beta クラスや alpha＋beta クラスによく見られる．図 3.4g は，β-α-β と呼ばれるモチーフであり，平行 β シートを形成する 2 本の β ストランドが α ヘリックスでつながれた構造である．β-α-β は alpha/beta クラスで頻繁に見られる．このような天然の構造パターンを詳細に調べることは，人工タンパク質を設計する上でも大変重要である．

3.3.2 ┃ アミノ酸配列に比べて立体構造は進化的によく保存される

　球状タンパク質の立体構造はそのアミノ酸配列によって決定される．一方，タンパク質のアミノ酸配列は，その長い進化の歴史のなかで，大きく変化してきた．それでは，配列の変化に従い，タンパク質の立体構造はどれぐらい変化したのだろうか．

　ヒトのヘモグロビン α 鎖を例にとり，徐々に遠いタンパク質を選び，立体構造の変化を示したのが図 3.5 である．こうした進化的に関係がある相同なタンパク質の一群のことをファミリー（族）と呼ぶ（相同性については 1.1.3 参照）．図 3.5 に示した a 〜 d の 4 つのタンパク質は，どれもグロビン族に属している．ヘモグロビン α 鎖は，8 本の α ヘリックスからなり，ヘムという補欠分子を結合している（図 3.5a）．赤血球内ではヘモグロビン α 鎖と β 鎖が 2 本ずつ組み合わさった四量体で存在し，酸素の運搬の機能を担っている（図 3.1a 参照）．ヘモグロビン β 鎖もグロビン族であり，α 鎖とのアミノ酸配列の一致度は 43.5 ％である．また，筋肉内で酸素の貯蔵をするミオグロビンもグロビン族であり，アミノ酸の一致度は 26.2 ％である（図 3.5b）．配列の類似性は低いが，これらのタンパク質の立体構造はよく似ており，ヘム分子の結合位置もほとんど変わらない．半分以上のアミノ酸が異なるにも関わらず，立体構造がこれほど似ているのはよく考えると不思議なことだ．それではもっと遠縁のタンパク質ではどうだろうか．図 3.5c にアカガイのグロビン-1 というタンパク質の構造を示した．配列一致率は 18.8 ％まで下がる．大腸菌のタンパク質の中にも，フラボヘモプロテイン hmp というグロビン族のタンパク質がある（図 3.5d）．このタンパク質は三つの異なるドメイン（進化的・構造的な単位となるタンパク質の領域のこと）からなり，その一つが配列一致率 16.5 ％のグロビン族のドメインである．図 3.5abcd に示した 4 つのグロビン族のタンパク質は，配列の類似性が低くても，立体構造の概形は維持されており，ヘムの結合位置も保存されている．さらに遠縁の例として，シアノバクテリアのフィコシアニンという光合成の集光に関わるタンパク質がある（図 3.5e）．配列一致度は 9.6 ％であるが，立体構造の概形がヘモグロビンと似ていること，ヘムに相当する場所に，シアノビリン（ヘムが割れて鉄が抜けた分子）が結合していることから，ヘモグロビンと進化的に関係がある（相同である）といわれている．このように，立体構造の類似性は配列があまり似ていない遠縁のタンパク質の発見に役立つ．こうした通常の配列の類似性だけでは発見が難しい遠縁の相同なタンパク質のグループは，スーパーファミリーと呼ばれる．グ

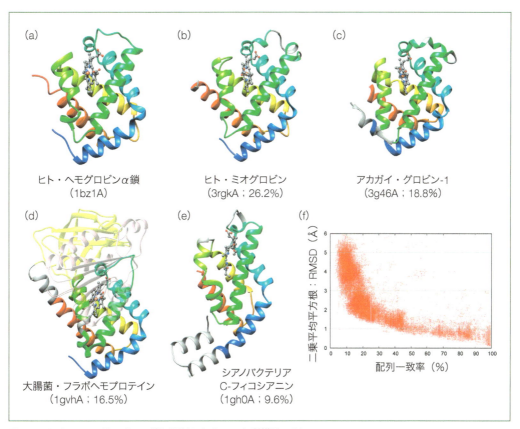

図3.5 ヒト・ヘモグロビンα鎖と類似したタンパク質構造の例
(a) ヒト・ヘモグロビンα鎖自身の構造（PDB ID：1bz1，A鎖）．(b) ヒト・ミオグロビンの構造（PDB ID：3rgk，A鎖）．配列一致率は26.2％．(c) アカガイ・グロビン-1の構造（PDB ID：3g46，A鎖）．配列一致率は18.8％．(d) 大腸菌・フラボヘモプロテインの構造（PDB ID：1gvh，A鎖）．三つのドメインからなり1-146がグロビン・ドメイン．配列一致率は16.5％．ヘムとFADを用いて一酸化炭素を無毒化する処理を行う．(e) シアノバクテリア・C-フィコシアニンの構造（PDB ID：1gh0，A鎖）．配列一致率は9.6％．ソーダ味氷菓の青色色素としても利用されている．(f) 配列一致率（％）と立体構造の違いRMSD（Å）のプロット．SCOPのグロビン様スーパーファミリーに属する682個のタンパク質（2018/02/14のPDB）のすべてのペアを総当たりで比較した．プログラムMATRASを用いてアライメントを求め，Cα原子のRMSDを計算した．

ロビン族とフィコシアニンは，ともにグロビン様 (Globin-like) スーパーファミリーに属する．

　配列と構造の類似性の関係をより多くのタンパク質について調べた結果が**図3.5f**である．配列一致率が30％以上であれば，その構造のずれは，だいたい2Å以下である．30％以下になると構造が大きく変わりはじめるが，それでもだいたい5Å以下のずれにとどまる．つまり，「アミノ酸配列に比べて立体構造は進化的に保存されやすい」という経験則がなりたつといえる．この保存性は，タンパク質の分子機能の発現に固有の立体構造が必須であることに由来する．立体構造を保存しない変異体は，機能も失うので，進化の過程で淘汰されてしまうのだ．立体構造の保存性は，後述するように立体構造予測にも利用される（3.4.5参照）．

　球状タンパク質の形のタイプのことを**フォールド**と呼ぶ．前述のグロビン様スーパーファミリーの形は，グロビン・フォールドと呼ばれる．こうしたファミリーやフォールドの関係をまとめた階層的構造分類データベースとして，SCOP，CATH，SCOPe，ECODなどが作成さ

れている．各フォールドは一つのスーパーファミリーだけに対応する場合が多いが，進化的な関係がなくても形が似ていると判断された場合は，一つのフォールドが複数のスーパーファミリーを含むことになる．特に多くのスーパーファミリーで現れる**頻出フォールド**（super fold）がいくつか存在する．例えば，図 3.4 に示した，4 本ヘリックスバンドル（図 3.4a），免疫グロブリン（図 3.4b），TIM バレル（図 3.4c），フラボドキシン（図 3.4d），フェレドキシン（図 3.4e）などは，いずれも頻出フォールドとして知られている．頻出フォールドに属するタンパク質には，形は似ているが配列も分子機能も大きく異なる例が数多く含まれている．

3.3.3　立体構造の比較プログラム

次に，立体構造の類似性を計算する方法を説明する．まず，アラインメント（アミノ酸の対応）がすでにある場合，構造の類似性をどのように評価すべきか考えてみよう．**RMSD**（Root Mean Square Deviation; 二乗平均平方根）と呼ばれる距離が最も広く使われている．RMSD とは，座標値のずれの二乗の平均のルートである（**図 3.6**）．PDB に登録されているタンパク質は，同一のタンパク質であっても，同じ向きにそろえてあるわけではない．まず，二つの原子群の重心が同じになるように並進させて重ね，そのあと最もよく重なるようにどちらかを回転させる必要がある（参考文献 2）．RMSD は比較した残基数が少ないほど小さな値になりやすいことに注意が必要だ．

次にアラインメントの問題である．十分類似しているタンパク質ペアであれば，配列でアラインメントした結果をそのまま使っても問題ない．しかし，先に述べたようなヘモグロビンとフィコシアニン（図 3.5a，e）のような類似性が低いタンパク質を比較する場合，構造の類似

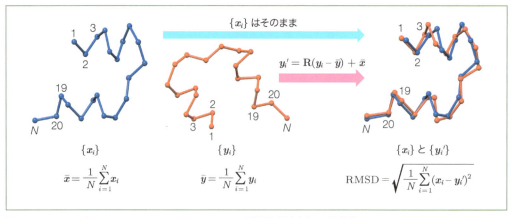

図 3.6　RMSD（Root Mean Square Deviation; 二乗平均平方根）の計算法
原子群 $\{x_i\}$ と $\{y_i\}$ があり，それぞれの原子数 N は同じで，かつ同じ添え字の原子対（例えば x_1 と y_1，x_2 と y_2）は対応しているとする．RMSD を計算するには，まず片方の原子群 $\{x_i\}$ はそのままで，もう片方の原子群 $\{y_i\}$ を，ずれが最小になるように座標変換する．すなわち，重心 $\bar{y}$ を中心として最適な回転行列 R で回転させ，$\bar{x}$ を加えて重心をそろえ，$\{y_i'\}$ とする（参考文献 2）．原子群 $\{x_i\}$ と $\{y_i'\}$ の，各対応する原子間の距離の二乗 $(x_i - y_i')^2$ の平均のルートが RMSD となる．ここでは二つのインスリンの立体構造 PDB ID : 9ins A 鎖と PDB ID : 5mam C 鎖を例とした．$N = 21$ 個の Cα 原子を比較すると，RMSD = 1.1 Å となる．

性を用いてアラインメントを計算する必要がある．配列によるアラインメントは「動的計画法」というアルゴリズムで完全解を現実時間内に求めることができる（1.3 節参照）．立体構造のアラインメントも似たような問題に見えるが，実はスコア関数が 2 体以上になるため，動的計画法では完全解を求められない．それぱかりか，いかなるアルゴリズムでも効率的に解けないことが証明されてしまっている．よって，すべての立体構造アラインメントのプログラムは，近似解を効率的に求めるアルゴリズムを採用している．現在，WEB を通じて実行できる立体構造比較サーバには，DALI，CE，MATRAS などがある．また，PyMOL や UCSF Chimera などの分子描画ソフトにも，立体構造アラインメントの機能が備わっている．

3.4 ▶ 立体構造予測

3.4.1 ┃ 立体構造予測とは

　アミノ酸配列からその立体構造を推定しようとする問題は「タンパク質の立体構造予測」と呼ばれ，1970 年代から，分子生物学者をはじめ，物理学者，情報科学者の関心を惹き続けてきた．しかし，配列と構造を結ぶルールは，当初予想されていたほど単純ではなく，そう一筋縄に予測はできない．現在でも，配列しかわかっていないタンパク質の数は，立体構造がわかっているタンパク質よりずっと多いため，立体構造予測の需要は依然として大きい．

　タンパク質の立体構造を予測するためには，タンパク質の折り畳み（フォールディング）という現象を理解する必要がある．フォールディングとは，ひもが大きく広がったさまざまな形の集合状態（変性状態）から，コンパクトに一つの形に折り畳まっている状態（天然状態）に自発的に移行する現象である．コンパクトな構造を安定にするためには，側鎖間の疎水性相互作用と主鎖の二次構造の二つが重要である．これら二つは，20 種類のアミノ酸ごとに特徴があるため，アミノ酸配列からある程度予測することができる．本節では，まず，疎水性と二次構造の性質を説明し，内外予測や二次構造予測について説明する．次に，3 次元の予測立体構造を組み上げる立体構造予測法として，デノボ法とホモロジー・モデリング法の二つについて述べる．

3.4.2 ┃ 疎水性指標と内外予測

　20 種類のアミノ酸は，水を嫌う疎水性と，水を好む親水性に，おおまかに分類できる（表3.3）．疎水性アミノ酸（非極性とも呼ばれる）は水中ではできるだけ互いに集合して水分子を排除しようとする．逆に，親水性アミノ酸（極性とも呼ばれる）はできるだけ水分子と接触しようとする．球状タンパク質（globular protein）は疎水性と親水性のアミノ酸の両方がバランスよく含まれているため，疎水性のアミノ酸が分子の内側，親水性のアミノ酸が分子の外側に

表3.3 20種のアミノ酸の性質

アミノ酸	三文字	1文字	疎水性指標[a]	αヘリックスの構造パラメータ[b]	βストランドの構造パラメータ[b]	側鎖の性質	
イソロイシン	Ile	I	4.5	1.10 (1.00)	1.65 (1.60)	非極性	Cβで分岐
バリン	Val	V	4.2	0.92 (1.14)	1.89 (1.65)	非極性	Cβで分岐
ロイシン	Leu	L	3.8	1.34 (1.34)	1.06 (1.22)	非極性	
フェニルアラニン	Phe	F	2.8	1.00 (1.12)	1.41 (1.28)	非極性	芳香族
システイン	Cys	C	2.5	0.81 (0.77)	1.24 (1.30)	非極性	硫黄を含む
メチオニン	Met	M	1.9	1.28 (1.20)	0.96 (1.67)	非極性	硫黄を含む
アラニン	Ala	A	1.8	1.37 (1.45)	0.76 (0.97)	非極性	
グリシン	Gly	G	−0.4	0.46 (0.53)	0.68 (0.81)	側鎖なし	
スレオニン	Thr	T	−0.7	0.77 (0.82)	1.25 (1.20)	極性	OH基
セリン	Ser	S	−0.8	0.79 (0.79)	0.84 (0.72)	極性	OH基
トリプトファン	Trp	W	−0.9	1.03 (1.14)	1.33 (1.19)	極性	芳香族　NH基
チロシン	Tyr	Y	−1.3	0.96 (0.61)	1.48 (1.29)	極性	芳香族　OH基
プロリン	Pro	P	−1.6	0.41 (0.59)	0.43 (0.62)	側鎖が主鎖原子と環を形成	
ヒスチジン	His	H	−3.2	0.86 (1.24)	1.01 (0.71)	正電荷	NとNHを含む複素環
アスパラギン	Asn	N	−3.5	0.75 (0.73)	0.63 (0.65)	極性	NH$_2$基　C=O基
アスパラギン酸	Asp	D	−3.5	0.81 (0.98)	0.56 (0.80)	負電荷	COOH基
グルタミン	Gln	Q	−3.5	1.27 (1.17)	0.77 (1.23)	極性	NH$_2$基　C=O基
グルタミン酸	Glu	E	−3.5	1.30 (1.53)	0.72 (0.26)	負電荷	COOH基
リジン	Lys	K	−3.9	1.14 (1.07)	0.81 (0.74)	正電荷	NH$_2$基
アルギニン	Arg	R	−4.5	1.18 (0.79)	0.93 (0.90)	正電荷	NH$_2$基とNH基

a：カイト-ドゥーリトルの疎水性指標（Kyte-Doolittle hydropathy index）．Kyte, J. & Doolittle, R.F. (1982) *J. Mol. Biol.* **157**, 105 の Table 2 から値を取得．

b：チョウ-ファスマンの構造パラメータ（Chou-Fasman conformational parameter）．立体構造データベースの統計から得られる．二次構造 s のアミノ酸 a の構造パラメータ $P_s(a)$ は頻度のオッズ $P_s(a) = f(s/a)/f(s)$ で定義される．$f(s)$ は二次構造 s の頻度，$f(s/a)$ はアミノ酸 a における二次構造 s の頻度である．値は PDB の代表タンパク質 14452 個（PDB 2018/02/07 の BLAST e-value=0.0001 の代表構造）を使用して求めた．カッコ内の値は Chou, P.Y. & Fasman, G.D. (1974) *Biochemistry* **13**, 222 の Table 1 から取得．原論文の値は，わずか 15 個のタンパク質の統計から算出している．

なるように折り畳まる．それぞれのアミノ酸がどのくらい疎水的であるか示す疎水性指標を表3.3 に示した．正に高いほど疎水的，負になるほど親水的であることを示す．**図 3.7a** に球状タンパク質の配列を，**図 3.8a，b，c** にその立体構造を，アミノ酸の種類ごとに色分けして示した．タンパク質内部には疎水性のアミノ酸が集まっていることがわかると思う．

　球状タンパク質（図 3.7a と図 3.8a, b, c）は，疎水性と親水性のアミノ酸がバランスよく含まれると説明したが，そうならないタンパク質も存在する．まず，膜タンパク質（membrane protein）は，疎水的な脂質でできた細胞膜に挿入されて機能するため，膜に面している領域は表面であっても疎水性のアミノ酸が並ぶ．**図 3.7b** と**図 3.8d，e，f** に膜タンパク質バクテリオロドプシンのアミノ酸配列と立体構造を示した．全体に疎水性アミノ酸が多く，それが分子内部だけでなく表面にも多く存在することがわかる．膜タンパク質の立体構造解析は依然として困難ではあるが，最近 20 年間の解析技術の進歩により，チャネル，GPCR など多くの膜タンパク質の立体構造が PDB に登録されるようになってきている．

図 3.7 アミノ酸の種類ごとに色分けしたアミノ酸配列
(a) 球状タンパク質であるフラボドキシン (PDB ID：1flv). (b) 膜タンパク質であるバクテリオロドプシン (PDB ID：2brd). (c) 天然変性タンパク質であるジンクフィンガータンパク質 428 (UniProt ID：ZN428_HUMAN). カイト・デューリトルの疎水性指標に従って，疎水性が高いアミノ酸を赤，ゼロ付近を灰色，最も低いアミノ酸を青で彩色した．配列下のシリンダーはαヘリックス，矢印はβストランドを示す．

また，逆に，疎水性アミノ酸が極端に少ないタンパク質も存在する．**天然変性タンパク質**（intrinsically disordered protein）と呼ばれるタンパク質は，球状タンパク質や膜タンパク質と異なり，生理条件下であっても自由に広がった変性状態のままで，一つの形に定まらない．それでも，非選択的結合，翻訳後修飾，ドメイン間のリンカーなどなんらかの機能をもつらしい．**図 3.7c** に天然変性タンパク質のアミノ酸配列を示した．親水性アミノ酸が多く，同じアミノ酸が連続して現れることも多い．当然ながら，形の定まらない天然変性タンパク質は PDB には登録されない．ただし，他の分子と結合することで一つの形に折り畳まる天然変性タンパク質では，複合体での立体構造が登録されている場合がある．図 3.7c では，全長のアミノ酸配列が天然変性となる例を示したが，実際は，球状タンパク質ドメインと**天然変性領域**（intrinsically disordered region）の両方をもつタンパク質が多い．

膜タンパク質に多く含まれる，**膜貫通ヘリックス**（transmembrane helix）は，1 本あたり 15 〜 21 アミノ酸ほどの長さがあり，疎水性アミノ酸が連続して現れやすい（図 3.7b）．疎水性指標をベースとしながら，さらに洗練された指標を導入した，膜貫通ヘリックスをアミノ酸配列から予測するプログラムも数多く開発されている．TMHMM, MEMSAT, Phobius, SOSUI などのプログラムがよく使われている．同様にアミノ酸配列の組成から，天然変性領域を予測

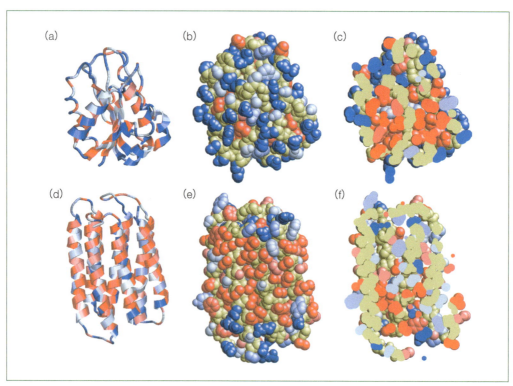

図3.8 アミノ酸の種類ごとに色分けしたタンパク質の立体構造の図
a, b, c は球状タンパク質であるフラボドキシン（PDB ID：1flv）の立体構造．d, e, f は膜タンパク質であるバクテリオロドプシン（PDB ID：2brd）の立体構造．a, d はリボンモデル，b, e は空間充填モデル，c, f は空間充填モデルの断面図を示す．カイト–デューリトルの疎水性指標に従って，疎水性が高いアミノ酸の側鎖原子を赤，ゼロ付近を白，最も低いアミノ酸を青で彩色した．また，主鎖原子はカーキ色で彩色している．この図は RasMol で作成した．

するプログラムも数多く開発されている．この場合は，親水性アミノ酸が多いこと，同じようなアミノ酸がくり返し現れる傾向が高いこと，類縁タンパク質での保存が悪いことなどの特徴が使われる（図3.7c）．PONDR，DISOPRED などの予測プログラムがある．

3.4.3 アミノ酸の二次構造パラメータと二次構造予測

　二次構造，すなわち，主鎖間の周期的な水素結合が，タンパク質がコンパクトに折り畳まるための必要条件であることは 3.2.2 でも述べた．それでは，各アミノ酸が，αヘリックスとβシートのどちらになるかはどうやって決まるのだろうか．1970 年代から，各アミノ酸の二次構造をアミノ酸配列から予測する二次構造予測法が数多く開発されてきた．αヘリックス，βシート，それ以外（コイル）の三状態を予測する場合が多い（図3.7）．重要な予測原理の一つが，アミノ酸ごとに二次構造の好みがあることである．チョウ–ファスマンの二次構造の構造パラメータを表 3.3 に示した．これは，データベースの統計から，それぞれのアミノ酸が，ヘリックス，シートをどれくらい好むかを示したものである．構造パラメータは親水性・疎水性とは別の独特の立体化学的な特徴が現れる．例えば，よく似た疎水性アミノ酸でも，Cβ で分岐

しているアミノ酸（バリン，イソロイシン）は β ストランドを好み，分岐していないロイシンは α ヘリックスを好む．また，親水性アミノ酸のうち，グルタミン酸とグルタミンは α ヘリックスを好むが，アスパラギン酸とアスパラギンはヘリックスを壊す傾向にある（側鎖と主鎖が水素結合を作るため）．チョウ−ファスマン法では，注目するアミノ酸の前後でこれらの構造パラメータの平均値を計算し，その値の大小によって予測する．また，ヘリックスの N 末端・C 末端で表れるアミノ酸組成に違いがあること，二次構造ごとに疎水基の分布に特徴があることを利用する予測法もある．さらに，近縁のタンパク質のマルチプル・アラインメントを入力として，ホモログの配列を平均して予測をすると，正答率が向上することが知られている．

　近年の二次構造予測法の多くは，こうしたさまざまな特徴をバランスよく考慮するためニューラルネットワーク法などの機械学習法を使用するのが普通である．三状態の予測精度が 80 ％を超える手法も報告されている．PSIPRED，PredictProtein などの予測サーバを利用することができる．

3.4.4 デノボ法による立体構造予測

　デノボ法とは，鋳型となる立体構造データを使わずに新規に立体構造を予測する手法のことで，次に説明するホモロジー・モデリング（比較モデリング）法と対比的に用いる言葉である．デノボ（*de novo*）とは「新規に」という意味のラテン語である．鋳型構造を仮定しない代わりに，膨大な数の構造を試す必要があるため，計算コストは高い．さまざまな方法があるが，その方向性は，大きく，分子力学と統計力学の二つのアプローチに分かれる．

　分子力学的なアプローチでは，分子の形によって値が決まる**ポテンシャル・エネルギー関数**（potential energy function）を導入し，その値が最も低い構造が，現実に観察される最安定の立体構造であると考える（参考文献 2，5，7）．構造予測に限らず，原子モデル構築手法の多くは，この考えに基づく．使用する原子モデル，エネルギー関数，探索法の設計はさまざまである．溶媒の水分子の座標は原子モデルに含めないことが多い．さらに自由度を減らして，水素原子を省いたり，アミノ酸を 1 つの球で表すモデルも使われる．いくつかの原子をまとめて自由度を減らした構造表現は，**粗視化モデル**（coarse-grained model）と呼ばれる．構造探索法としては，最急降下法，モンテカルロ法，疑似焼きなまし法，遺伝的アルゴリズムなどさまざまな手法が使われる．

　分子力学的なアプローチによるデノボ構造予測法で，最も有名なプログラムは，D. Baker のグループが開発した ROSETTA だろう．ROSETTA は，探索を容易にするため，側鎖の原子群を 1 つの球にまとめた粗視化モデルを用いる．ポテンシャル・エネルギー関数には，前述した各アミノ酸の疎水性傾向，二次構造傾向が取り込まれている．さらに，タンパク質らしい構造を効率的に探索するために，**フラグメント・アセンブリ法**を採用している．これは，モンテカルロ法で構造を変形させるときに，9 残基の連続したアミノ酸（フラグメント）の主鎖の二面角 ϕ，ψ，ω を，既知の立体構造の 9 残基フラグメントの二面角と入れ替えて，サンプリ

3 章　タンパク質の立体構造解析　**47**

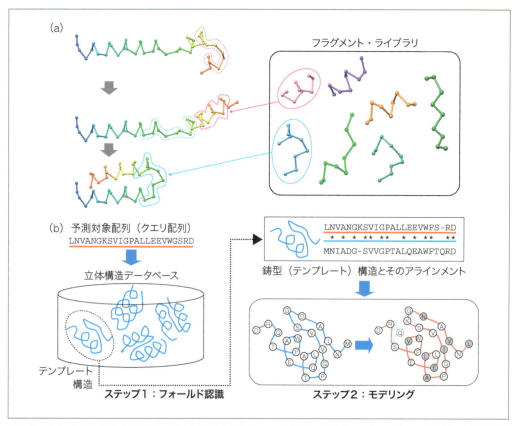

図3.9 (a) 分子力学的なアプローチによるデノボ法の一つである，フラグメント・アセンブリ法による構造探索の概要．(b) ホモロジー・モデリング法による立体構造予測の概要．

ングする方法である（**図3.9a**）．フラグメントの選択にはアミノ酸頻度や二次構造予測を用いる．この方法を用いると，粗視化モデルでは表現が難しい，タンパク質特有の局所構造・構造モチーフを，うまく取り込むことができる．その後，水分子の自由度を考慮しない陰溶媒の全原子モデルに移行して精密化を行う（参考文献2）．ROSETTAは1990年代に構造予測コンテストCASPでよい成績を上げて以来，改良が続けられ，適用分野を拡大している．近年は，NMRや電子顕微鏡のデータによるモデリングや，人工タンパク質の設計に軸足を移している．ROSETTAのプログラムは無料公開されており，ROBETTAというWEBサーバを利用することもできる．

もう一方の，統計力学的なアプローチでは，現実に観察されるのは1つの構造だけではなく，温度ゆらぎをもった構造集団（アンサンブル）であると考え，生成された構造集団の中で，最もよく現れる典型的な構造を予測構造とみなす．構造集団の生成には，ポテンシャル・エネルギー関数を基にした分子動力学法やメトロポリスのモンテカルロ法を用いる（参考文献5, 6, 7）．分子動力学法では，ポテンシャル・エネルギー関数に従ってニュートンの運動方程式を解くことで，タンパク質分子の時間変化（トラジェクトリ）を計算していく．ポテンシャル・エネルギー関数を下げる方向に力がかかるわけだが，速度と質量による慣性が働くので，エネ

ギー最小の構造にたどりついても静止せず，位置エネルギー（ポテンシャル・エネルギー）と運動エネルギー（温度に関係する量）の和が一定になるように構造が変化し続ける．自由度の大きな，水分子を粒子として扱う陽溶媒モデルを用いることが多い．必要な計算量は莫大であるため，各種の並列計算技術による高速化が必須である．よりサンプリング効率を高めた，レプリカ交換法，マルチカノニカル法などの算法も提案されている．よく使われる分子動力学法のプログラムとして，AMBER，CHARMM，GROMACS の三つを挙げておく．

　分子動力学法をデノボ構造予測の手法として初めて本格的に使ったのは，D. E. Shaw のグループである．それまでは，分子動力学法は，1 マイクロ秒ほどのサンプルで計算可能な，天然構造周辺の動的なゆらぎの計算に用いる場合が多く，折り畳みや結合にはあまり用いられていなかった．彼らは，2011 年の *Science* 誌に，分子動力学法専用の計算機 Anton を使って 100 ～ 1000 マイクロ秒の計算を行い，12 個の 80 残基以下のタンパク質のフォールディングとアンフォールディングのイベントを再現できたと報告した．この結果に世界は驚愕したが，どんなタンパク質についても成功するわけではなく，高速な計算機で十分なサンプリングが得られると，今度は，逆にポテンシャル・エネルギー関数の限界が明らかになったと報告している．

3.4.5 ホモロジー・モデリング法による立体構造予測

　立体構造予測のもう一つのアプローチはホモロジー・モデリング法である．この方法では，まず，予測対象のアミノ酸配列と配列が似ているタンパク質を PDB データベース内に探す．もし，配列が有意に似ているタンパク質が見つかれば，立体構造もそれに近いだろうと考え，その構造を鋳型（テンプレート）構造としてモデル構造を作成する．これは，構造比較の節で説明した「立体構造は配列よりも保存しやすい」という経験則を構造予測に応用した方法であるといえる．なお，必ずしも相同でなくてもデータベース内の類似した構造を発見できれば予測は成立するので，比較モデリング（comparative modeling）法とも呼ばれる．

　この方法は大きく二つのステップからなると考えられる（**図 3.9b**）．第一のステップ「フォールド認識」は，立体構造データベース内の構造群から，予測対象配列に適合するテンプレート構造を探し，予測対象配列とテンプレート構造とのアラインメントを得る過程である．最も簡便には，BLAST 等の標準的な配列相同性検索プログラムを，構造既知のタンパク質の配列データベースに対して実行すればよい．前述したように，BLAST（1.2 節参照）で認識できないような弱い配列相同性でも，立体構造は十分に似ている場合があるため，より感度の高い「プロフィール法」を利用した配列解析法（PSI-BLAST，HMMer など）が有効なことも多い．さらに弱い相同性や相似性までを検出することを目指し，プロフィールどうしを比較する方法，スレディング法（配列と立体構造の適合性の関数を用いる方法）も開発されている．第二のステップ「モデリング」では，テンプレート構造に従って，全原子のモデルを構築していく計算である．似ているタンパク質といっても，アミノ酸が置換されている部位の側鎖の原子位置は作り直す必要があり，アラインメントに挿入・欠失がある場合は，主鎖の構造も作り直す必要

3 章　タンパク質の立体構造解析　**49**

がある．ModellerやI-TASSERなどのソフトウエアが広く使われている．

ホモロジー・モデリング法の予測精度は，標的配列と鋳型構造がどのくらい似ているかに強く依存する．図3.5fに示した配列一致率と構造のずれは，そのままホモロジー・モデリングの予測エラーだと読むこともできる．置換した側鎖原子はさらに大きくずれる．実際にグロビン族についてモデリングを行った結果を，**図3.10a，b，c，d** に示した．一般に鋳型との配列一致率が50％以上の場合は，原子構造の詳細まで正確に予測が可能できることが多い．しかし，配列一致率が30％を下回ってくると，主鎖のおおまかな位置は予測できるが，側鎖の原子構造の詳細までは正確には予測できない．しかし，こうした遠縁のタンパク質を鋳型にした予測であっても，アミノ酸単位の議論（例えばあるアミノ酸が分子表面にあるのか，活性部位に近いかなど）には十分使用することができる．また，鋳型との配列一致率に関わらず，鋳型と対応しない挿入された配列の部分（ループ）は，デノボ的にモデリングせざるを得ないため，予測精度は著しく悪くなる（**図3.10e**）．

ホモロジー・モデリング法は，適当な鋳型構造が見つかれば，少ない計算コストで予測構造を生成できるため，大変実用的な方法である．欠点は，鋳型が見つからなければ，まったく予

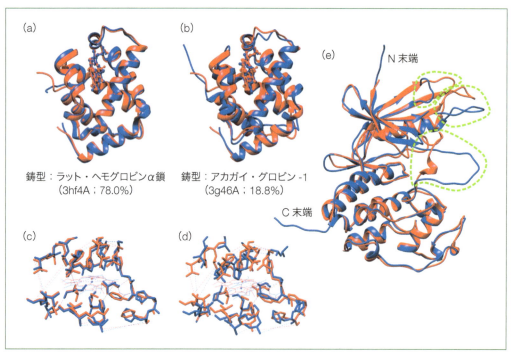

図3.10　ホモロジー・モデリングによる予測構造（青）と正解構造（赤）
Modellerを使用した．(a)～(d) ヒトのヘモグロビンα鎖のアミノ酸配列をホモロジー・モデリングした構造の例．赤が正解となるヒト・ヘモグロビンα鎖の構造（PDB ID：3hf4，A鎖）．
(a)(c) ラットのヘモグロビンα鎖（3hf4，A鎖）を鋳型とした場合．(b)(d) アカガイ・グロビン-1（PDB ID：3g46，A鎖）を鋳型とした場合．(e) ヒトのサイクリン依存キナーゼCDK4（CDK4_HUMAN；3g33，A鎖）のアミノ酸配列をヒトのCDK6（5l2s，A鎖）を鋳型としてモデリングした構造（青）と正解となる構造（赤：3g33，A鎖）．配列一致率は72.6％だが，鋳型構造に欠損部分が多い．点線で囲んだ部分は挿入アミノ酸で，Modellerが鋳型なしで構造を生成した領域であり，正解構造とのずれが大きい．

測できないことである．実際に，ゲノムにコードされているタンパク質のうち，どのくらいの数をモデリングできるのだろうか．大腸菌とヒトについて調査した値を，図3.11のグラフにまとめた．タンパク質単位の統計では，約3割のタンパク質の立体構造は既知であることがわかる．BLASTを使って立体構造既知のホモログを探すと，約4割のタンパク質はホモロジー・モデリング可能で，全体として約7割のタンパク質については，なんらかの立体構造の情報が得られることになる．残りの約3割のタンパク質は，現状のPDBには，一切ホモログがなく，ホモロジー・モデリングは不可能である．これらのタンパク質を調べてみると，そもそもホモログが少なく機能未知であるタンパク質が多い．また，膜貫通ヘリックスをもつ構造未知の膜タンパク質は6-10％はあり，今後の構造解析が待たれる．ヒトの場合は，天然変性領域をもつタンパク質も多い．天然変性領域は，多細胞の真核生物に多く，細菌には少ないことが知られている．アミノ酸単位で計算すると，モデリング不可能なアミノ酸の割合は，大腸菌ではやはり30％ほどであるが，ヒトでは56％にまで増えてしまう．これは，ヒトはマルチ・ドメインタンパク質を多くもち，ドメイン間の領域が構造未知や天然変性領域になる場合が多いからである．

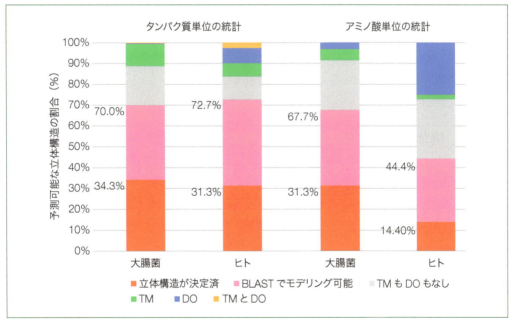

図3.11　大腸菌とヒトの全タンパク質のうち，立体構造が同定・予測できる割合
プログラムBLASTを用いて，大腸菌・ヒトのタンパク質と類似しているPDBに登録されている立体構造既知のタンパク質のアミノ酸配列を比較した．アミノ酸配列はUniProt 2018_03に登録されている4,443個の大腸菌のタンパク質，20,316個のヒトのタンパク質を用いた．PDBは2018/04/18の版を用いた．赤は，配列一致率95％以上の構造既知のタンパク質が見つかった場合，すなわち，ほぼそのタンパク質そのものの立体構造が入手可能な場合の割合を表す．ピンクは，配列一致率は95％未満だが，統計有意に類似した立体構造既知のタンパク質が見つかった場合，すなわちホモロジー・モデリングが可能な場合の割合を示す．残りの部分は，現状では立体構造未知でホモロジー・モデリングも不可能な場合の割合を示す．緑は膜貫通ヘリックス（TM）領域をもつタンパク質，青は天然変性領域（DO）をもつタンパク質である．タンパク質単位とアミノ酸単位の両方で割合を計算した．タンパク質単位の統計では，1部分でも立体構造とアラインメントされた場合は，そのタンパク質はモデリング可能と見なした．膜貫通ヘリックス領域はUniProtの注釈を，天然変性領域はDISOPRED3.16による予測を用いた．

3.5 分子間相互作用の解析

　選択的な分子の結合は，代謝，シグナル伝達などさまざまな生物の機能の基盤である．複数の分子が結合している状態の立体構造が入手できれば，結合に関与するアミノ酸，結合に重要な相互作用などを知ることができる．しかし，残念ながら，PDB に登録されている複合体の立体構造の数は，報告されている相互作用する分子ペアのごく一部であるため，これらを計算機科学的に予測する試みに大きな期待が寄せられている．

3.5.1 鋳型ベースの複合体の構造予測

　複合体の立体構造を予測するために，前述のホモロジー・モデリングのアイデアをそのまま適用することもできる．例えば，二つのタンパク質の二量体の構造を予測したい場合，それぞれに類似したタンパク質（ホモログ，1.1.3 参照）の複合体の立体構造が PDB に登録されていれば，それを鋳型として，配列を入れ替えれば，複合体の構造を予測することができる．同様のことは，低分子─タンパク質の複合体，核酸─タンパク質の複合体にも適用できる．こうした複合体の鋳型の検索やモデリングには HOMCOS という WEB サーバが便利である．低分子─タンパク質の複合体のモデリング用に，標的低分子化合物を鋳型化合物に合わせて変形するためのプログラム（fkcombu など）も開発されている．

3.5.2 低分子─タンパク質の複合体の構造予測

　低分子化合物とタンパク質の複合体の予測法は，創薬と密接な関係があるため，多くの試みがなされてきた．分子ドッキング法と呼ばれる分子力学的な方法がよく用いられる（参考文献 5,7）．この手法では，まず，低分子とタンパク質の単体の立体構造を用意し，設計された相互作用のポテンシャル・エネルギー関数が最も低くなるような低分子とタンパク質の相対位置を探索する．化合物の形は変形させるが，タンパク質の形は固定し剛体として扱う場合が多い．無償のソフトでは，DOCK，AutoDock Vina，sievgene など，有償のソフトでは，Gold，Glide などがある．これらのソフトでは，あらかじめタンパク質の結合部位をユーザーが指定して，探索領域を制限する．低分子化合物の結合部位は，結合分子を覆い囲むように凹んだポケット型をしていることが多く，このことを利用して結合部位を予測するプログラムも作成されている（図3.12a）．創薬においては，ある標的タンパク質に選択的に結合する化合物を見つけ出す必要があり，化合物ライブラリの中の各化合物について，標的タンパク質の結合構造と結合エネルギーの推定をくり返し行い，最も強く結合する化合物を見つけ出す探索計算（バーチャル・スクリーニング）が行われている．

3.5.3 高分子—タンパク質の複合体の構造予測

他のタンパク質や核酸などの高分子とタンパク質の複合体構造を予測する分子ドッキング法も開発されている．タンパク質の形は多種多様であり，その相互作用面もさまざまな形状をしているが，一般に，形状と静電相互作用が相補的であるといわれる．つまり，片方が凸型であれば，もう片方は凹型の形状をしており（**図 3.12c**），片方が負の電荷を帯びていればもう片方は正の電荷を帯びているとされる（**図 3.12d**）．例えば，核酸は負に帯電しているため，核酸結合タンパク質は正に帯電していることが多い（**図 3.12b**）．このことから，形状と静電ポテンシャルの相補性だけを用いた簡易なポテンシャル・エネルギーによる分子力学法がよく用いられる．また，各分子の形を剛体として固定し，それらの相対配置だけを探索する場合が多い．二つの分子の相対配置の自由度はわずか 6 つ（並進ベクトルで 3 つ，回転角度が 3 つ）となる．さらに，分子を 3 次元格子で近似表現し高速フーリエ変換（FFT）を用いて，並進の探

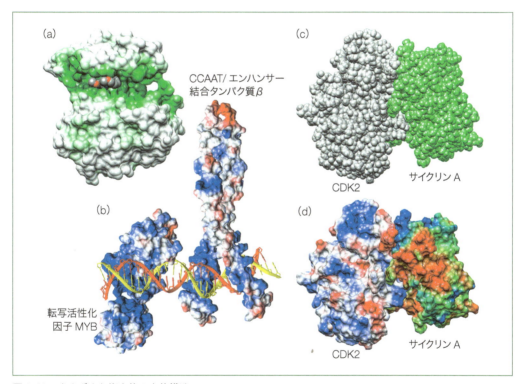

図 3.12　さまざまな複合体の立体構造
（a）ヒトのチロシンキナーゼ受容体 EGFR に結合した ATP 阻害剤イレッサ（PDB ID：2ito）．プログラム ghecom で計算されたポケット度が高い分子表面を緑色で彩色した．イレッサ分子は空間充填モデルで表示している．（b）DNA 二重鎖に結合した CCAAT/エンハンサー結合タンパク質βと転写活性化因子 MYB の複合体構造（PDB ID：1h88）．静電ポテンシャルが正の部分を青，負の部分を赤に彩色している．核酸はリン酸基の部分が強く負に帯電しているため，結合するタンパク質は，正に帯電したアミノ酸が多い．また，MYB の結合部位は凹型だが，CCAAT/エンハンサー結合タンパク質βは突き出たαヘリックスが DNA の溝に挟まっている．（c）ヒトのサイクリン依存キナーゼ CDK2（白）とサイクリン A（緑）の複合体構造（PDB ID：1fin，A 鎖，B 鎖）の空間充填モデル．片方が凸型であれば，もう片方は凹型の形状をしている．（d）同じ CDK2 とサイクリン A の分子表面モデル．静電ポテンシャルが正の部分を青，負の部分を赤に彩色している．片方が負の電荷を帯びていればもう片方は正の電荷を帯びている傾向がある．

索を効率的に行うアルゴリズムがよく使われている．ZDOCK, MEGADOCK などのソフトウエアが利用可能である．本来やわらかな高分子を剛体として固定して計算するため，その精度には限界があり，多数の候補構造を出力させ，その中からユーザーが妥当な構造を選択することが推奨されている．

3.6 結論

　1970 年代に創設された PDB データベースは着実に増大を続け，主要なタンパク質の立体構造は一通り明らかになってきている．しかし，現在でもなお，実験情報に基づく低解像度の構造モデリング，分子間相互作用の解析，天然変性タンパク質の挙動，アミノ酸変異の影響の予測，人工タンパク質の設計など挑戦的で重要なテーマが残されている．これらは，実験データと理論的な解析をうまく組み合わせた研究が必要であり，構造バイオインフォマティクスがこうした研究の進展に貢献できることを願う．

参考文献
1) 神田大輔（2011）いきなりはじめる構造生物学，学研メディカル秀潤社
2) 藤 博幸編（2008）タンパク質の立体構造入門——基礎から構造バイオインフォマティクスへ，講談社
3) 中村春木編（2014）見てわかる構造生命科学：生命科学研究へのタンパク質構造の利用，化学同人
4) Alberts, B ほか（中村桂子，松原謙一監訳）(2016) Essential 細胞生物学　原書第 4 版，南江堂，第 2 章　細胞の化学成分，第 4 章　タンパク質の構造と機能
5) 神谷成敏，肥後順一，福西快文，中村春木（2009）タンパク質計算科学―基礎と創薬への応用―，共立出版
6) 岡崎 進，吉井範行（2011）コンピュータ・シミュレーションの基礎（第 2 版）：分子のミクロな性質を解明するために，化学同人
7) A.R. リーチ（江崎俊之訳）(2004) 分子モデリング概説―量子力学からタンパク質構造予測まで―，地人書館

† Molecular graphics in Fig 3.1, 3.4, 3.5, 3.6, 3.9, 3.10 and 3.12 were performed with the UCSF Chimera package. Chimera is developed by the Resource for Biocomputing, Visualization, and Informatics at the University of California, San Francisco (supported by NIGMS P41-GM103311; Pettersen EF, Goddard TD, Huang CC, Couch GS, Greenblatt DM, Meng EC, Ferrin TE. J Comput Chem. 2004 Oct; 25(13):1605-12)

4章 ncRNA 解析

4.1 ノンコーディング RNA

　分子生物学の中心原理であるセントラルドグマにおいては，tRNA や rRNA などの一部の例外を除き，RNA は DNA にコードされた遺伝情報をタンパク質に伝える運び手，すなわちメッセンジャー RNA（mRNA）であると考えられてきた（**図 4.1**）．つまり大部分の RNA はタンパク質に翻訳されるための中間産物であり，細胞内ではタンパク質がさまざまな機能（活性）を有するため，従来の生物学研究においては個々のタンパク質の機能の解明が主要な研究テーマであった（3 章および 10 章を参照）．そのためヒトなどの高等真核生物においてはタンパク質コード遺伝子は他の生物よりも多いことが予想されていたが，2003 年に終了したヒトゲノム配列解読の結果，ヒトのタンパク質コード遺伝子の数は 2 万程度であることがわかり，この数はショウジョウバエや線虫と大きな違いがなかったため，多くの研究者を驚かせた．

　一方で，近年の次世代シークエンサー（5 章）を用いたトランスクリプトーム（転写産物全体を指す；7 章を参照）研究によって，タンパク質には翻訳されずに RNA それ自身が生体内で機能を有する**ノンコーディング RNA**（noncoding RNA; ncRNA）が多数見つかってきた[1]．さらにこの ncRNA はヒトなどの複雑な体制を実現した生物に多数存在していることが明らかとなり，ncRNA がタンパク質コード遺伝子数のみでは説明できないさまざまな制御（転写・翻訳・エピゲノム制御）を担っている可能性が示唆されている（図 4.1）．一般的に ncRNA は，mRNA に比べると，発現量が少ない・時期や細胞種特異的に発現するものが多い・核局在のものが多い・種間の保存性が低い（種特異的に存在している），

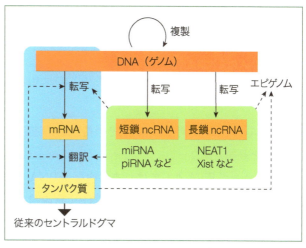

図 4.1　セントラルドグマとノンコーディング RNA
図の実線矢印は遺伝情報の流れを，点線矢印は制御関係を表している．従来のセントラルドグマ（分子生物学の中心原理）が，近年のノンコーディング RNA（ncRNA）の大量発見によりその見方が大きく変化してきている．ncRNA はタンパク質に翻訳されずにそれ自身が転写・翻訳・エピゲノム等の細胞内制御に深く関わっており，ヒトなどの高等生物の複雑性に寄与していると考えられている．

---

[1] 非コード RNA あるいは機能性 RNA（functional RNA, fRNA）と呼ばれることもある．

という特徴を有しているものが多い[2]．さらに，これら ncRNA の一部は，がんなどの重篤な疾患に関連があることも知られており，タンパク質に代わる新たな創薬ターゲットとしての期待も高い．本章では，この ncRNA の解析に必要となる技術についての解説を行う．

ncRNA は配列だけでなくその 2 次構造や立体構造などの高次構造が機能と密接に関連していることが知られている．この中でも，本章でたびたび出現する RNA 2 次構造（RNA secondary structure）とは，抽象化された立体構造の一つで，いくつかの条件[3]を満たす塩基対（base-pair）の集合である（図 4.2）．ここで塩基対とは水素結合によって対になった塩基のペアであり，通常は Watson-Crick 塩基対の G≡C（3 本の水素結合）および A=U（2 本の水素結合）塩基対と Wobble 塩基対の G-U 塩基対（1 本の水素結合）を考える[4]．4.3.1 および 12.2.4 で説明するとおり，2 次構造は情報科学的に取り扱いやすく，立体構造に折れ畳まれる前段階とも考えることができるため，ncRNA 解析においてはしばしば利用される．

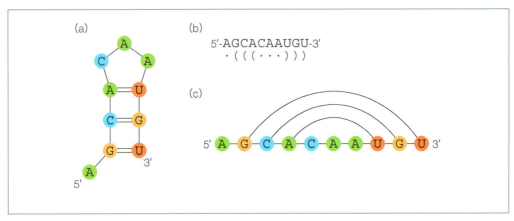

図 4.2　RNA の 2 次構造の例
(a) グラフによる表現，(b) テキストによる表現，(c) 配列に対して塩基対を弧として表記する表現．いずれも同一の 2 次構造（塩基対の集合）を表している．

ncRNA は以下で説明する通り，その長さから短鎖ノンコーディング RNA（short noncoding RNA）と長鎖ノンコーディング RNA（long noncoding RNA; lncRNA）に大別される[5]．ノンコーディング RNA としては，古典的な ncRNA である tRNA や rRNA なども含まれるが，本章ではこれらの古典的な ncRNA に関しては説明を省くので興味のある読者は標準的な分子生物学の教科書（例えば参考文献 1）を参照していただきたい．

2　これらの特徴が，mRNA に比べた場合に，ncRNA 解析の難しさの要因となっている．
3　1 つの塩基は複数の塩基とは塩基対を形成できない，かつ，シュードノットの関係にある塩基対は許さない（図 4.2c のような表現をした場合に，塩基対を表す弧が互いにクロスしない）という条件．
4　RNA の塩基対形成は，配列特異的に他の RNA 配列を認識する際にも重要な役割をもつ（4.1.1）．
5　一般的には，長さが 200 塩基以上の場合に長鎖ノンコーディング RNA と呼ばれることが多いが，この 200 塩基という数字に本質的な意味はない．

4.1.1 短鎖ノンコーディング RNA

本項では配列依存的に標的遺伝子の発現制御を行う 20 から 30 塩基前後の短い ncRNA である miRNA および piRNA を説明する．この 2 つの ncRNA はともに，4.1 節で説明した塩基対形成を利用した標的配列への「ガイド」の役目を果たしている．例えば，5′-AUGC-3′ という配列は，3′-UACG-5′ という配列と塩基対形成により特異的に結合（ガイド）することができる；図 4.3）．

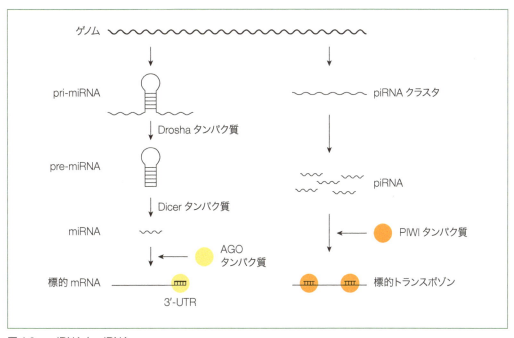

図 4.3　miRNA と piRNA
ともに 20 塩基〜30 塩基程度の短い ncRNA であり，配列相補性を利用して標的配列を特異的に認識する「ガイド」の役割を果たす．

A. miRNA

マイクロ RNA（miRNA）はさまざまなタンパク質と複合体を形成し mRNA の非翻訳領域（untranslated region; UTR）に結合することにより，翻訳の抑制を行う．ゲノムにコードされた miRNA は，RNA ポリメラーゼ II によって前駆体 pri-miRNA として転写され，その後プロセッシングおよび核外へ輸送されヘアピン構造をもつ pre-miRNA となる．pre-miRNA はさらに 23 塩基程度の成熟 miRNA となり，Argonaute（AGO）などのタンパク質と複合体を形成し標的 mRNA と相補鎖を利用した特異的結合を行うことにより翻訳を制御する．すなわち miRNA は RNA の配列相補性を利用して標的に対するガイドの役割を担う ncRNA である．本章執筆時点（2018 年 7 月）において，miRNA のデータベースである miRBase（4.4.1）には，2588 のヒトの miRNA が登録されている[6]．一つの miRNA が複数の mRNA の UTR に結合

し発現制御をすることが可能であるため，実に6割以上のヒトmRNAがなんらかのmiRNAにより制御されているとの報告もある．また，miRNAの多くは時期や疾患特異的に発現をし，遺伝子発現制御に深く関わっていることが知られており，ncRNA解析においてmiRNAは重要な解析対象になっている．

B. piRNA

ヒトゲノムにはゲノム中の位置を移動（転移）することが可能な塩基配列であるトランスポゾン（transposon）が数多く含まれており，その一部は現在においても転移活性を有している[7]．このようなトランスポゾンの，生殖細胞における転移は子孫に継承され，それらの中には有害となるものが多い．そのため，生殖細胞においては，トランスポゾンの転移を抑制する仕組みが備わっており，その中心的な役割を果たすのがPIWI-interacting RNA（piRNA）である．piRNAは2006年にマウスの精巣から同定された23から30塩基程度の長さの短いncRNAであり，トランスポゾン配列に由来する．また，その機能の実現にはmiRNAとは異なるタンパク質群（PIWI等）が利用されている（図4.3）．piRNAは生殖細胞特異的に発現をしていることが知られており，昆虫からヒトにわたるさまざまな生物種でpiRNAが存在し，その数はヒトで10万種を超えるともいわれている．またpiRNAはpiRNAクラスタと呼ばれるクラスタとして転写され，その後プロセシングを受けるものが多い（図4.3）．miRNAと同様に，piRNAそれ自身にはトランスポゾンの転移を抑制するための活性はなく，抑制対象となるトランスポゾンに対するガイドとしての役割を担っている．さらに最近では，piRNAがヒストン修飾などのエピゲノム制御（8章）にも関連しているとの報告もあり，miRNAと並び注目されている短鎖ncRNAである．

4.1.2 | 長鎖ノンコーディングRNA

近年のRNA-seqなどのプローブを必要としない発現解析実験（4.2.1参照）により，多数の長鎖ノンコーディングRNAが発見されてきている．これらlncRNAの大部分は，mRNAと同様にRNAポリメラーゼIIによって転写され，キャップ構造やポリA鎖が付加され，スプラインシングを受ける[8]．驚くべきことに，近年の研究により，ヒトなどの高等真核生物においては，タンパク質をコードするRNA（mRNA）より多くのlncRNAが存在していることが示唆されている．例えば，GENCODEデータベースでは，本章執筆時点において15,778のヒトlncRNA遺伝子（転写産物としては約28,000）が登録されている．またMitranscriptomeデータベースには，58,648ものヒトlncRNA遺伝子（転写産物としては約170,000）が登録さ

6　さらに全体では28,645のmiRNAが登録されている．
7　ヒトゲノムの実に40％以上がトランスポゾン由来の配列である．
8　そのため以前はmRNA様ncRNA（mRNA-like noncoding RNA）とも呼ばれていたが，現在ではlncRNAという呼び方が標準的に使われている．

れている（4.4 節を参照）．これらの lncRNA の一部には，転写ノイズであったり短いペプチドをコードするコーディング RNA が含まれている可能性も否定しきれないが，一部の lncRNA はタンパク質に翻訳されずに確実に ncRNA として機能を有することが判明している．機能が明らかになっている lncRNA の中には，がんや神経変性疾患などの重篤な疾患に関連しているものも複数見つかってきており，タンパク質に代わる創薬ターゲットとしても期待されている．また，一部はさまざまな分子と相互作用を行うことで複合体形成の足場になるものや，核内構造体の形成に必要となりうるものなどが見つかってきているが，機能がわかっている lncRNA はヒトの場合全体の 1％程度であり大部分の lncRNA の機能はまったくわかっていない．したがって，これらの機能未知の lncRNA の機能を明らかにしていくことが重要な研究課題となっており，世界中で活発に研究が行われている．lncRNA の機能を解明するにあたって問題となるのが，lncRNA に対してはタンパク質のように（機能）ドメイン（3.3.2 参照）のようなものがほとんどわかっていないことである．多数存在する lncRNA の機能を同定し，さらにタンパク質のように体系的に分類を行うためには，機能ドメイン（エレメント）の同定が重要となってくる．現時点において機能と関連があると考えられているエレメントとしては以下のものがある（**図 4.4**）．

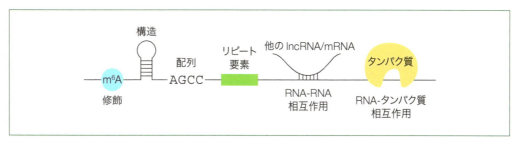

図 4.4　長鎖ノンコーディング RNA（lncRNA）の機能と関連性がある機能エレメント

- （局所的な）配列／構造モチーフ：タンパク質配列と同様に特定の配列モチーフ（1 章）はその機能と関連がある場合が多い．また，高次構造がその機能と密接に関連をしている lncRNA の場合には，配列だけではなく 2 次構造などの構造モチーフ[9]も重要であると考えられている．
- リピート要素（トランスポゾンなど）：mRNA の配列にはほとんどトランスポゾンは含まれていないが，lncRNA には多くのトランスポゾン由来配列が含まれていることが知られている．このようなリピート要素が，lncRNA の局在や発現に関わっている可能性が示唆されている（例えば 4.5.3）．
- RNA 修飾：DNA においては，塩基のさまざまな修飾により配列情報を変えないまま制御を行うエピゲノムが注目を集めている（8 章で詳述）．一方，RNA においても DNA の修

9　例えば，特定のステムループ構造など．

飾の種類をはるかに超える 140 種類以上の RNA 修飾が見つかってきており，このような RNA 修飾部位が機能エレメントとなっている可能性が示唆されている（RNA 修飾の機能としては，立体構造の安定化／不安定化や他の生体高分子との相互作用の制御などが知られている）．特に近年注目されている RNA 修飾としては，N^6-メチルアデノシン（m^6A），5-メチルシトシン（m^5C），イノシン（I），シュードウリジン（Ψ），N^1-メチルアデノシン（m^1A），5-ヒドロキシメチル化シトシン（hm^5C）などがある．

・他の生体高分子との相互作用：lncRNA は単体ではなく他の生体高分子と複合体を形成して機能することが多いため，RNA-RNA 相互作用，RNA-タンパク質相互作用，RNA-クロマチン相互作用など，lncRNA の相互作用パートナーやその相互作用部位を明らかにしていくことは，lncRNA の機能部位の解明に重要となる．

4.2 ncRNA 解析のための大規模実験技術

　5 章で説明するとおり，近年大規模シークエンス技術がコンピュータの性能向上をはるかに凌ぐ勢いで発展してきている．この急速に発展している大規模シークエンス技術を応用した，ncRNA 解析のための網羅的実験解析手法が複数提案されている．これらの実験から得られる大規模な実験データを，情報技術を用いて効果的に解析することにより，ncRNA に関するさまざまな有用な知見が得られることが期待される．本節では，現在比較的広く用いられている ncRNA 解析のための大規模実験技術について説明を行う．

4.2.1 発現解析

　RNA-seq（7 章参照）や CAGE（Cap Analysis of Gene Expression）-seq を用いることにより，ncRNA を含むトランスクリプトーム全体の発現解析を行うことが可能である．7 章で詳しく説明する RNA-seq は，現在主流となっている発現解析の方法であり，解析対象となる細胞から RNA を抽出し，断片化およびランダムプライマーを用いた逆転写反応により cDNA 配列を合成し NGS により配列決定を行うことにより発現量を定量する．また，CAGE-seq 法は理化学研究所により開発された RNA の転写開始点を決定する方法である．従来発現解析のために用いられていたマイクロアレイ（microarray）とは異なり，RNA/CAGE-seq はプローブを必要としないため未知の転写産物の発現解析も可能となる．そのため，マイクロアレイを利用していた場合に見つからなかった多数の転写産物が同定され，lncRNA の大量発見につながった（4.5.2 参照）．

4.2.2 相互作用解析

前述の通り，ncRNA は単体で機能を発揮することは稀であり，他の生体高分子と相互作用（複合体を形成）することが重要となる．RNA と相互作用をする他の生体高分子を同定する実験技術も存在している．いずれの技術も最終的にはシークエンサーのリード情報として結合する RNA が測定される．

まず，CLIP-seq[10] と呼ばれる実験技術を用いることにより，解析対象となる **RNA 結合タンパク質**（RBP）に結合する RNA の配列情報の網羅的な同定が可能である（**図 4.5a**）．CLIP-seq では，UV 照射により数 Å の距離に存在する核酸とアミノ酸を強固に架橋（クロスリンク）することにより，RBP が結合する RNA の塩基を 1 塩基解像度で同定する．また，miRNA が mRNA に相補鎖を利用した RNA-RNA 相互作用により特異的に結合するのと同様に，ncRNA の中にも相補鎖を利用して特異的に他の RNA に結合することが知られている（例えば TINCR lncRNA）．構造的に近接した塩基間に結合を導入する **近接ライゲーション（Proximity**

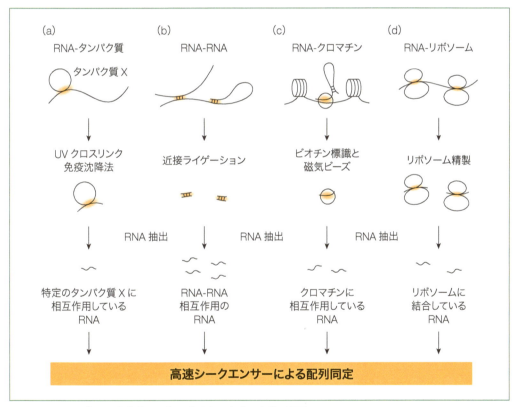

図 4.5　RNA と他の生体高分子の相互作用を同定する方法の概要
(a) RNA-タンパク質，(b) RNA-RNA，(c) RNA-クロマチン，(d) RNA-リボソームの相互作用を同定する．いずれの方法も相互作用部位を含む RNA 配列を抗体などの技術を用いて回収し，シークエンサーを使って配列決定を行う方法である．

10　HITS-CLIP，PAR-CLIP，iCLIP，eCLIP などさまざまなプロトコルが存在する．

Ligation）と NGS を組み合わせることにより RNA-RNA 相互作用を網羅的に同定するための技術[11] も提案されている（**図 4.5b**）．さらに lncRNA はエピゲノム修飾（8 章参照）に重要な役割を果たすと考えられているが（図 4.1），特定の RNA が結合するゲノム中の領域（クロマチン領域）を同定するための実験技術として，例えば ChIRP（Chromatin Isolation by RNA purification）が存在する（**図 4.5c**）．また，Ribo-seq（Ribosomal Profiling とも呼ばれる）を用いることにより，lncRNA を含む転写産物のリボソーム結合領域を網羅的に同定することが可能となる（**図 4.5d**）．これを応用することにより，lncRNA が短いペプチドやタンパク質をコードする可能性を評価することが可能である．

4.2.3 　構造解析

トランスクリプトームワイドに RNA の 2 次構造を同定するための手法が存在している．例えば，DMS-seq では，ジメチル硫酸（DMS）による化学修飾を，塩基対を形成しない A と C に導入することにより，塩基対を組まない A と C を一塩基解像度で同定可能である（**図 4.6**）[12]．ただし，これは完全な 2 次構造を同定することはできないため，計算機による構造予測手法と組み合わせて 2 次構造を決定することが行われている[13]．

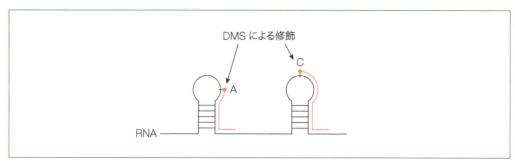

図 4.6　トランスクリプトームワイドに構造情報を決定するための技術
ジメチル硫酸（DMS）による化学修飾は，塩基対を形成しない A または C に導入される．NGS で RNA 配列を同定する際には，修飾の入った A または C で逆転写反応が停止することを利用して，RNA 構造を 1 塩基解像度で同定する（リードマッピングを行った際に，塩基対を形成しない A または C の部分が配列の末端になることを利用する）．上記の例では，赤線の部分が逆転写されたリード配列のフラグメント部位を表している．

4.2.4 　RNA 修飾

RNA 修飾をトランスクリプトームワイドに実験的に同定する技術も存在している．例えば，図 4.5 の技術と同様に，N^6-メチルアデノシン（m⁶A）に対する抗体とシークエンサーを用い

11　RPL, PARIS, LIGR-seq, SPLASH, MARIO などさまざまなプロトコルが存在する．
12　これ以外にも，SHAPE-seq, PARS-seq, Frag-seq などの一連の技術が存在する．
13　DMS-seq によって得られる情報を一種のエネルギー（シュードエネルギー）に変換し 2 次構造エネルギー（4.3.1）の計算に組み入れる方法がしばしば利用されている．

ることにより，トランスクリプトームワイドに m^6A の同定を行える．このようなトランスクリプトームワイドの修飾データの蓄積とともに**エピトランスクリプトーム**（epitranscriptome）と呼ばれる新しい研究分野も出現している．例えば，大規模に RNA 修飾 m^6A を解析した結果，m^6A は遺伝子の終止コドン付近にエンリッチする（頻繁に出現する）ことが明らかとなった．また修飾を受ける塩基のモチーフ配列として「DRACH」（D は C 以外，R はプリン（A または G），H は G 以外を表す）が同定されている．

4.3　ncRNA 解析のためのバイオインフォマティクス技術

　前節では ncRNA 解析に有用と考えられる，NGS を応用した網羅的実験技術を紹介した．このような網羅的実験技術の出現によって，バイオインフォマティクスの必要性がなくなるのではないかと考える読者もいるかもしれないがまったく逆である．まず第 1 に，網羅的実験技術から得られるデータは質の異なる大量データであり，それらから生物学的な知見を得るためには，機械学習や人工知能などの最先端の情報技術（12 章）が必須となる．また，第 2 に前述の網羅的実験測定技術においては，特に「感度」が一つ大きな問題となる．なぜなら，ncRNA 特に lncRNA の発現量は，mRNA に比べるとひとけた以上小さいものが多く，さらに，時期／組織特異的に発現をするためである．よって ncRNA 研究においては，網羅的な予測が可能となる情報技術と大規模実験技術を補間的に利用していくことが重要となる．そこで本節では，ncRNA 解析に有用となるバイオインフォマティクス技術について説明を行う．

4.3.1　構造予測

　ncRNA に対するバイオインフォマティクス技術で最も古くかつ広範な研究がなされているものが構造予測である．構造予測は近年の ncRNA 研究において重要性が増している．なぜならば ncRNA の機能と構造が密接に関連している一方で，RNA の構造を X 線結晶構造解析や NMR などを用いて実験的に決定することは大変な時間と労力が要求され，配列情報からコンピュータを用いた構造の予測はそれらのコストを軽減するための技術として重要な意味をもつからである．

　構造予測アルゴリズムは，その予測対象となる構造の種類により分類ができる．まず，RNA 配列からその 2 次構造を予測する**2 次構造予測**（RNA secondary structure prediction）を説明する．2 次構造は情報学的に取り扱いやすくコンピュータとの相性が良いため（例えば 12.2.4 参照），予測手法に関する多くの研究がなされている[14]．2 次構造予測には，エネルギーモデルに基づくものと機械学習（確率モデル）に基づくものが存在する．2 次構造のエネルギーモデルでは，分光光度実験により測定されるエネルギーパラメータにより，最近傍モデルに基づいて 2 次構造のエネルギーが計算される[15]．2 次構造予測ツール RNAfold/Mfold は，**最小自由**

4 章　ncRNA 解析　**63**

エネルギーの構造（Minimum Free Energy structure; MFE 構造）を予測する．一方で，2 次構造の確率モデルとしては，確率文脈自由文法（SCFG）が用いられる（12.2.4 参照）．この際，モデルのパラメータは，既知の構造データから学習を行うことにより決定する[16]．2 次構造予測では，自由エネルギーが最小となる 2 次構造（MFE 構造）や確率が最大となる構造（最尤構造）を予測することが行われるが，ある RNA 配列が形成しうる 2 次構造の数は膨大になるため，予測構造の確率が極めて低くなる場合が多い．そのため，代替手法として，2 次構造の確率分布に基づいて，塩基対の予測の期待値を高くする方法（期待精度最大化推定）も提案されている（詳細は参考文献 2 を参照）．また，数キロ塩基を超える lncRNA の全長に対して構造予測を行うことは現実的ではないため，最大塩基対長を制約として導入することがしばしば行われる．

さらに，2 次構造より高次の構造予測に関しても多くの研究がなされている．ただし，立体構造予測には非常に多大な計算量が必要になるため，2 次構造情報は与えられたもとで立体構造予測を行うなどが行われている（例えば RNAcomposer）．いずれの方法も現状では短い RNA に関してのみ適用が可能である．RNA の多重アラインメントに共通する（保存されている）2 次構造を予測する（共通 2 次構造予測）ツールも複数存在する（RNAalifold など）．RNA の構造が機能と密接に関連している場合，その構造は進化的に保存されるはずであり，共通 2 次構造予測はこのような構造を発見するのに有用である．また，RNAalifold は後で述べる ncRNA 遺伝子の *de novo* 予測においても利用されている．共通 2 次構造予測の際に用いる ncRNA の（ペアワイズ・多重）アラインメントに関しても，通常の配列のみを考慮した方法ではなく，構造情報を考慮することが望ましいが，配列情報と構造情報を共に考慮した厳密なアラインメント手法の計算量は莫大になることが知られており[17]，短い RNA に対しての適用にとどまる．

4.3.2 | 構造モチーフ解析

類似の機能を有する生物配列群からの配列モチーフ（1.3.3 参照）を同定することは，機能エレメントの同定に広く用いられている．一方で，配列よりも高次構造が機能と関連のある ncRNA の場合には，通常の配列モチーフの探索では不十分なことが多く，保存された高次構造のモチーフを同定することが必要となる．一例として CMfinder と呼ばれるツールは，RNA

14　この際には計算量の観点から，2 次構造としてはシュードノット構造は許さない場合が多い．シュードノットを許さない通常の 2 次構造予測の計算量に比べて，シュードノットを許した場合にはより大きい計算量が必要となるためである．ただし，近年では，実用的に使えるシュードノットを許す 2 次構造予測ツールも出現している（例えば IPKnot）．

15　最近傍モデルでは，実験により決定したエネルギーパラメータ（ループと呼ばれる局所的な構造に対する自由エネルギー）を用いて，ループの自由エネルギーの和として 2 次構造の自由エネルギーを計算する．これに関しては例えば参考文献 2 が詳しい．

16　そのため，エネルギーモデルのように実験的に決めたパラメータは必要ない．

17　Sankoff のアルゴリズムと呼ばれる．

の配列と 2 次構造を同時に考慮したモチーフの確率モデルである「共分散モデル」（12.2.4 参照）を用いた構造モチーフ探索ソフトウェアである．しかしながら，一般的には配列と構造を同時に考慮したモチーフの同定には大きな計算量が必要となる．

4.3.3 │ 相互作用予測

ncRNA はそれ自身が単独で機能をすることはまれであり，他の生体分子と相互作用をすることによりさまざまな機能を発揮する．したがって，ncRNA と他の生体分子との相互作用を予測することは，ncRNA の機能の解明につながると考えられる．RNA-タンパク質の相互作用に関しては，前述の CLIP-seq などの超並列シークエンサーと抗体の技術を組み合わせた方法により同定が可能となっているが，CLIP-seq は対象となる RBP ごとに相互作用相手を同定する技術であり，すべての RBP を対象とした網羅的な予測は難しい．これを補完する方法として，情報技術による RNA- タンパク質相互作用予測が有用になると考えられる．例えば，RNA とタンパク質の配列情報から，k-mer などの特徴量を抽出し，サポートベクターマシンやランダムフォレストなどの識別器（12.3 節）を用いて相互作用予測を行う方法がいくつか提案されている．また，CatRapid では，2 次構造，水素結合，ファンデルワールス半径などの物理化学的な性質を考慮した RNA-タンパク質相互作用予測を行っている．しかしながら，RNA-タンパク質相互作用は，情報技術による予測が難しく，正解データも少ないため精度の評価自体も注意深く行う必要がある．一方で，RNA-RNA 相互作用予測は，相補塩基対が重要となるため情報技術による予測との相性がよい．RIblast では，Blast に似たアルゴリズムで高速・高精度に外部塩基対形成，内部塩基対形成を同時に考慮した相互作用予測を可能とする [18]．また miRNA のターゲット予測にも基本的には RNA-RNA（miRNA-mRNA）の相互作用予測であるが，TargetScan などの miRNA のターゲット予測に特化した（miRNA-mRNA 相互作用に関する様々な知見を組み入れた）予測手法が開発されている．

4.3.4 │ 既知の ncRNA のゲノムからの検索

既知の ncRNA をゲノムから探索する方法も存在している．例えば，Infernal（http://eddylab. org/infernal/）を用いることにより，Rfam（4.4.1 参照）に登録されている既知の ncRNA（例えば，tRNA や miRNA）の検索を行うことが可能である．Infernal は 12.2.4 で説明を行う（RNA の多重アライメントから構築される）RNA モチーフの確率モデルである共分散モデルを用いた検索を行う．

---

18 RNA–RNA 相互作用は内部で塩基対を形成しにくい領域同士が相互作用を行う必要がある．

4.3.5 | その他の解析技術

　ncRNA 解析で典型的なものの一つは，研究者が興味をもっているサンプルに対する RNA-seq（7章）などの発現データを用いた ncRNA の解析である[19]．まず，解析にあたって必要となるのは，ケース（興味のある疾患の組織など）とコントロール（正常組織）の RNA-seq のリードファイル（FASTQ ファイル）[20]，リファレンスゲノム[21]，ncRNA のアノテーションファイル[22]，マッピングツール[23] である．これらを入力として，Tophat などのスプライシングを考慮したマッピングソフトウェアでマッピングを行った後に，Cufflinks（http://cole-trapnell-lab.github.io/cufflinks/）等で発現量の定量[24] およびケース・コントロール間の発現変動遺伝子（Differentially expressed gene; DEG）[25] の同定を行うことがしばしば行われる[26]．この DEG の同定にあたっては，偽陽性を防ぐために多重検定補正を行うことが必要となる[27]．発現変動遺伝子に生物学的な機能的なかたよりがあるかを調べる方法として GO（Gene Ontlogy）enrichment 解析[28] やパスウェイ解析[29] などがある．ただし，大部分が機能未知である lncRNA に対しては mRNA やタンパク質に関して標準的に利用できるこれらの方法を直接的に利用することができないため，ゲノム上で近傍にある mRNA や共発現する mRNA のセットに対してこれらの解析を行うことがしばしば行われる．さらに，他のオミクス情報（例えば RNA-RNA/ タンパク質の相互作用）を合わせてみることにより，さらなる機能の解明につながるものと考えられる．

　4.2 節で説明した大規模実験技術の 1 次（生）データは，シークエンサーより得られる大量のリード配列である．このリードを解析するためのマッピングツールとしては上述の Tophat のほか bowtie や BWA が広く用いられている．PAR-CLIP などの実験により得られるリード

19　RNA-seq に関しては，実験プロトコルも確立しており比較的安価にできるようになってきているためである．

20　リード配列とともに，各塩基のクオリティ情報を含むファイル．

21　その生物種の代表的なゲノム配列．例えば，人の場合には，ヒトゲノム計画で配列解読されたヒトゲノムがリファレンスゲノムとして用いられる．

22　リファレンスゲノム中のどの領域が ncRNA/mRNA であるかを記録したファイル．

23　リード配列がリファレンス配列のどの位置に対応するかをアラインメントにより計算するプログラム．

24　各転写産物がどれくらい発現しているかを定量する．

25　ケースとコントロールの間で発現の差がある遺伝子．例えば，ある病気のときだけ発現量が上がっている lncRNA は発現変動遺伝子である．このような RNA はその病気に関連がある可能性がある．

26　後継のソフトウェア HISAT2, StringTie, Ballgrown が発表されており，今後はこれらを利用することが推奨されている．

27　何度も検定を行う場合に偽陽性の問題を緩和するための手法である．具体的な手順に関しては，参考文献 3 の Level 2 が参考になる．

28　遺伝子オントロジーとは，遺伝子の機能アノテーションである．特定の機能が例えば発現変動遺伝子群に現れやすい／にくいなどを統計的に判定する方法が GO enrichment 解析である．

29　遺伝子オントロジーとは異なり，パスウェイには遺伝子間の相互関係の情報が含まれる．特定の遺伝子群が特定のパスウェイに偏っているかを統計的に判断するのがパスウェイ解析である．

30　例えば，PAR-CLIP のリードデータでは，RBP 結合領域において T から C への置換が高確率で起こることを利用して 1 塩基解像度で結合部位の同定を行う．

配列には特別な置換や欠失等が入るため[30]，これらを考慮したアラインメントパラメータを用いたマッピングを行うことが望まれる．従来の研究の多くはアドホックな（その場限りの）パラメータが用いられていたが，データから自動的にマッピングのパラメータの学習を行ってくれる last-train（http://last.cbrc.jp/）なども有効であると考えられる（12.2.2 参照）．

4.4 ncRNA 研究のためのデータベース

本節では，ncRNA 研究に有用となるデータベースを紹介する（**表 4.1**）．

表 4.1　ncRNA 研究に有用となるデータベース（DB）

データベース	説明
Rfam	主に 500 塩基以下の短いノンコーディング RNA ファミリーの DB
miRBase	pre-miRNA と成熟 miRNA を含む miRNA の DB
piRNAdb	piRNA の DB
GENCODE	ヒトとマウスの短鎖 ncRNA/lncRNA の DB
Mitranscriptome	ヒト lncRNA の DB
BigTranscriptome	ヒト lncRNA の DB
FANTOM CAT	CAGE-seq による網羅的転写開始点同定に基づくヒト lncRNA の DB
NONCODE v4	病気や SNP と関連のある lncRNA の統合知識 DB
Expression Atlas	さまざまな生物種と組織における発現情報の DB
LncATLAS	lncRNA の局在 DB
LncRRIdb	発現情報と細胞内局在を統合したヒト lncRNA-RNA 相互作用 DB

4.4.1 短鎖 ncRNA のデータベース

短い ncRNA のデータベースとしては，**Rfam データベース**（http://rfam.xfam.org/）がデファクトスタンダードとなっている．Rfam には ncRNA のファミリーの情報が多重アラインメント，共分散モデル（12.2.4 参照）により表現された保存された 2 次構造に基づき分類されている．**miRBase**（http://www.mirbase.org/）は，miRNA データベースのデファクトスタンダードになっている．また，piRNA のデータベースは miRBase ほど確立したものは存在していないが，**piRNAdb**（https://www.bioinfo.mochsl.org.br/~rpiuco/pirna/）などいくつかのデータベースが存在している．

4.4.2 長鎖 ncRNA のデータベース

lncRNA 研究でまず重要となるのが，ゲノム中のどの位置が lncRNA 遺伝子であるかを示す lncRNA の配列アノテーション情報（カタログ）である．**表 4.1** に示したとおり，ヒトを中心とした lncRNA の配列アノテーションデータベースが存在する．これらの研究では RNA-seq

4 章　ncRNA 解析　**67**

などの大規模発現解析実験から転写産物を再構築し，その後さまざまなフィルタを通すことによって lncRNA の配列カタログを得ている（4.5.2 参照）．

GENCODE（https://www.gencodegenes.org/）

標準的に利用されている転写産物のデータベースであり，ヒトとマウスの短い ncRNA および lncRNA が登録されている．2018 年 7 月現在，ヒトでは 15,778 の lncRNA 遺伝子と 7,549 の短い ncRNA 遺伝子が，マウスでは 12,374 の lncRNA 遺伝子と 6,109 の短い ncRNA 遺伝子が登録されている．

MiTranscriptome（http://mitranscriptome.org/）

ヒトの lncRNA のデータベースであり 58,648 のヒト lncRNA 遺伝子（転写産物としては約 170,000）が登録されている．登録されている lncRNA はがん特異的（cancer-specific）と細胞系譜特異的（lineage-specific）なものに分類されている．

FANTOM CAT（http://fantom.gsc.riken.jp/cat/）

網羅的転写開始点同定（CAGE-seq，4.2.1 参照）に基づいたヒト lncRNA のデータベースであり，日本の理化学研究所が中心となっている大規模プロジェクトの成果である．27,919 のヒト lncRNA が登録されており，1,829 組織／細胞種の発現データが提供されている．

4.4.3 その他のデータベース

NONCODE（http://www.noncode.org/）は ncRNA の統合知識データベースであり，2018 年 7 月現在，17 の生物種のデータが利用可能である．ExpressionATLAS（https://www.ebi. ac.uk/gxa/home）は，さまざまな組織ごとの lncRNA を含む転写産物全体の発現データベースである．lncATLAS（http://lncatlas.crg.eu/）は lncRNA の局在に関するデータベースであり，各転写産物が核に局在するか細胞質に局在するかの情報が得られる．LncRRIdb（http://rtools. cbrc.jp/LncRRIdb/）は RIblast（4.3.3）によって予測されたヒト lncRNA-RNA（lncRNA-lncRNA または lncRNA-mRNA）相互作用を格納した相互作用のデータベースである．このデータベースにおいては ExpressionAtlas の発現情報に基づく組織特異的発現に関する情報や lncATLAS から得られる細胞内局在の情報を用いたしぼり込みが行えるようになっている．

4.5 解析事例

4.5.1 肺がんの薬剤耐性に関連する lncRNA の同定

特定疾患を対象にした，RNA-seq などの発現データを用いた lncRNA 解析の例として，肺がんの薬剤耐性に関連する lncRNA の同定に関する研究を紹介する（参考文献 4）[31]．この研究においては，抗がん剤に対して薬剤耐性を獲得した細胞とコントロール細胞間の発現量比較解

析を行っている．具体的には下記の解析を行った．

- 薬剤耐性細胞の発現変動遺伝子（DEG，4.3.5 参照）を同定することにより，薬剤耐性関連 mRNA と lncRNA を決定した．結果，34 個の lncRNA と 103 個の mRNA が薬剤耐性細胞株において共通して発現変動をすることがわかった．
- lncRNA と mRNA の共発現解析（Co-expression 解析）を行った．具体的には，共発現している mRNA の情報を用いて，共発現している mRNA に機能的な偏りがあるかどうかを統計的に判定する「GO enrichment 解析」や代謝パスウェイのデータベース KEGG を用いた「パスウェイ解析」を行い（4.3.5 参照），有意に関連のある機能として免疫経路，代謝経路，がん関連経路を同定した．
- 生存時間解析（survival analysis）[32] を行った結果，8 つの lncRNA と 7 つの mRNA が予後に影響を与えていることが判明した．

このように，ケースとコントロールの間の RNA-seq データの比較解析は，今後幅広く行われるものと考えられ，共通パイプライン・プロトコルの確立が望まれる．

4.5.2 | lncRNA のカタログの作成と統計解析

この項では，lncRNA の網羅的なアノテーション付けとその統計解析に関する Cabili らの研究を紹介する（参考文献 5）．この研究においては，第一に，40 億本のリード配列を含む 24 組織／細胞種の RNA-seq データから Cufflinks などを用いて転写産物を再構築し，その後，タンパク質コードポテンシャル[33] やタンパク質ドメインの有無，転写産物の長さなどのフィルタを用いることにより lncRNA 候補カタログを同定した（厳しい条件でフィルタした場合，4662 の lncRNA 遺伝子を同定）．次に，同定した lncRNA カタログに関して，さまざまな統計的な解析を行い以下の知見を得た．

- lncRNA は mRNA に比べて，組織特異的な発現パターンを示すものが多い．lncRNA の 80％が組織特的な発現パターンを示す一方で，mRNA では 20％程度にとどまる．
- lncRNA はゲノム座標の近傍の mRNA と共発現をする傾向がある．これは，lncRNA の多くが近傍の mRNA の発現を制御していることを示唆している．
- 多くの（24％ ～40％の）lncRNA は K4–K36 ドメインによって特徴づけられる．K4–K36 ドメインとは，プロモーター領域に H3K4me3，その後の転写領域に H3K36me3 が存在するような領域である．

4.4.2 で紹介した MiTranscriptome データベースも，さらに大規模の RNA-seq データから

---

31 この研究では，マイクロアレイによる発現データが用いられているが，RNA-seq により得られる発現データに対しても同様の解析が可能である．
32 あるイベント（再発，死亡等）までの時間に関する統計解析手法．例えば，特定の遺伝子が高発現していることが予後に関連するか（短くなる，または，長くなる）などの検定を行うことができる．
33 特定の転写産物がタンパク質をコードするか否かの定量的指標．

転写産物再構築により得られた配列情報に基づいた lncRNA カタログである.

4.5.3 | lncRNA の組織特異的発現に寄与するトランスポゾンの網羅的解析

lncRNA の機能エレメントに関する解析例として, 組織特異的発現に寄与するトランスポゾンの網羅的解析に関する研究を紹介する（参考文献 6）. この研究においては, lncRNA の組織特異的発現に関連する組織 – トランスポゾンのペアを Fisher の正確確率検定[34] を用いて網羅的に同定をした. その結果, 数多くの組織 – トランスポゾンペアが lncRNA の組織特異的発現に関連していることが判明し, トランスポゾンが lncRNA の機能エレメントになっている可能性が強く示唆された（図 4.4 参照）.

4.6 ▶ 結論

ncRNA 研究はタンパク質研究に比べるとその歴史がはるかに短く, 解析のための典型的な情報解析のプロトコルやツールが確立していない. 特に, lncRNA に関しては, 現在世界中で精力的に研究が行われている段階であり, 解析のための実験および情報解析手法も含めてさらなる技術開発が必要である. lncRNA に対する情報解析手法を開発する際には, 実験技術は感度が低いため ncRNA の配列情報のみを用いた予測手法を開発することに加えて, 4.2 節で述べた大規模実験情報と 12 章で説明する人工知能技術を有機的に結びつけた解析手法の開発も重要となるだろう. 本章では, 教科書の性質上, 多くの研究者に支持されている情報を中心に説明したが, ncRNA の研究が近年急速に進歩しているため比較的新しい情報についても説明した. さらに今後の進展に関してはぜひ最新の論文を参照してもらいたい.

参考文献
1) Alberts, B. *et al.*（2017）細胞の分子生物学 第 6 版, ニュートンプレス
2) 瀬々潤, 浜田道昭（2015）生命情報処理における機械学習 多重検定と推定量設計, 講談社
3) 清水厚志, 坊農秀雅 編（2015）次世代シークエンサー DRY 解析教本, 学研メディカル秀潤社
4) Xue, W. *et al.*(2017) Integrated analysis proles of long non-coding RNAs reveal potential biomarkers of drug resistance in lung cancer. *Oncotarget*, 8(38), 62868-62879
5) Cabili, M. N. *et al.*(2011) Integrative annotation of human large intergenic noncoding RNAs reveals global properties and specific subclasses. *Genes Dev.*, 25(18), 1915-1927
6) Chishima, T. *et al.*(2018) Identification of Transposable Elements Contributing to Tissue-Specic Expression of Long Non-Coding RNAs. *Genes (Basel)*, 9(1)

---

[34] 2 つのカテゴリーに分類されたデータの分析を行うための統計的手法. ここでは, 特定のトランスポゾンを含む lncRNA と含まない lncRNA で, 組織特異的な発現を示すものの数に統計的な差があるかどうかを検定している.

5章 NGS データ概論

5.1 NGS とは

NGS とは，次世代シークエンサー（Next-Generation Sequencer）と呼ばれる一度に大量の塩基配列を決定することができる次世代型の塩基配列決定機器の略語である．次世代シークエンシング（Next-Generation Sequencing）の略でもあり，この場合は次世代型の機器を用いて配列決定することを指す．シークエンサーは「塩基配列を決定するもの」であり，シークエンシングは「塩基配列を決定すること」である．

NGS は 2007 年に誕生しており，それ以前までよく用いられてきたサンガー法と呼ばれる塩基配列決定法を旧世代とすることで，次世代型の機器である NGS と対比させている．NGS の誕生から 10 年以上が経過し，すでに販売およびサポートが終了している NGS 機器も存在する．旧世代型と次世代型の大きな違いは，同時処理可能な DNA 断片数，つまり並列化の度合いにある．旧世代型も百個程度の同時処理が可能であったが，次世代型は数億以上の同時処理が可能であり，文字通り桁違いである．これが，超並列シークエンサー（High-Throughput Sequencing）とも呼ばれ，生命科学分野で急速に普及した理由である．

NGS を用いて塩基配列を決定する手順は，旧世代型と基本的に同じである．つまり，①解析サンプルの DNA を抽出して断片化し，②サイズ選択によって断片化された塩基配列（断片配列）の長さを揃え，③それを NGS 機器にかける．このようにして得られた大量の塩基配列データが NGS データであり，データ解析の出発点である（図 5.1）．解析する断片配列の長さは，インサートサイズ（またはフラグメントサイズ）と呼ばれる．用いる NGS 機器などによって異なるが，おおむね数百塩基である．もちろん指定した配列長とまったく同じ長さの断片のみを回収できているわけではなく，回収後の断片配列長は一定の分布をもつ．具体的には，たとえインサートサイズを 350 bp と指定しても，実際に③で NGS にかけられる断片配列には，例えば 298 bp のものや 407 bp のものが含まれるということである．

また，NGS 機器への入力として与える断片配列の塩基配列情報すべてが，出力結果として得られるわけではない点にも注意しなければならない．図 5.1 の例では，赤枠で示したインサートサイズ 350 bp の断片配列群が NGS にかけられるが，基本的にこの末端部分のみが読み取られる（図 5.2）．末端の片側のみを読むシングルエンドと，両方の末端を読むペアエンド（ペアードエンドとも呼ばれる）の 2 種類のシークエンス法があり，用途に応じて使い分けられる．読み取られた塩基配列はリードと呼ばれる．読み取られた塩基配列の長さはリード長と呼ばれ，矢印の長さに相当する．リード長は使用する NGS 機器によって異なる．例えば，イルミナ（illumina）社の NovaSeq システムという NGS 機器の場合は，3 種類のリード長（50 bp,

5章 NGS データ概論 **71**

100 bp，150 bp）のいずれかを指定可能である．

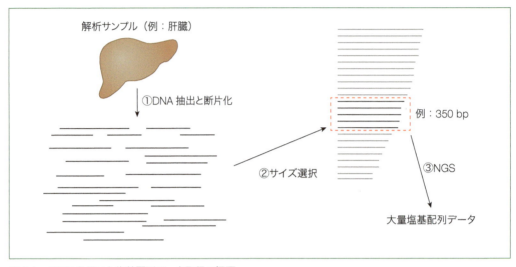

図 5.1　NGS を用いた塩基配列データ取得の概要
①データを得たいサンプル（例：肝臓サンプル）の DNA を抽出して断片化，②断片化した配列群の中から，指定した配列長周辺のもののみ回収し（例：350 bp 周辺の黒色の断片配列），③NGS 機器にかけることで目的サンプルの大量塩基配列データが得られる．

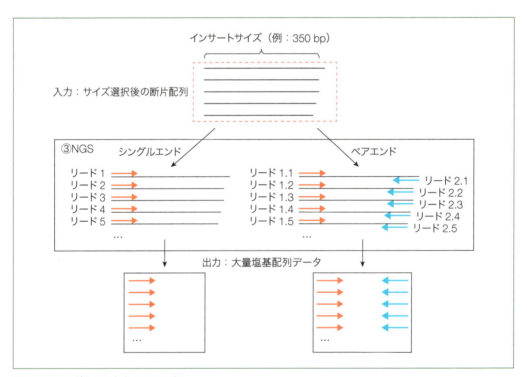

図 5.2　シングルエンドとペアエンド
図 5.1 で示された③ NGS を用いた塩基配列決定手順の詳細．断片配列末端の片側のみを読むシングルエンドと，両末端を読むペアエンド（ペアードエンド）の 2 種類が存在する．ペアエンドデータは，片方を forward 側，そしてもう片方を reverse 側などと呼ぶ場合が多い．

5.2 さまざまな NGS 機器

パソコンには据え置き型・ノート型・タブレット型といったいくつかの種類が存在し，用途に応じて使い分けられている．NGS メーカーもまた，さまざまな特徴をもつ NGS 機器を販売している．これまで述べてきた NGS データの特徴は，NGS メーカーの老舗でありシェアトップのイルミナ社が販売する機器についてのものであった．他の代表的な NGS 機器メーカーである Pacific Biosciences 社（PacBio Sequel システムなど）は，リード長が平均約 10,000 bp に達するほどの**ロングリード**データを出力する．対するイルミナ社の NGS 機器から得られるリード長は数百 bp 程度と**ショートリード**データであることから，文字通り桁違いであることがわかる．オックスフォード・ナノポア社が提供する機器（MinION システムなど）もまた，ロングリードデータを出力可能である．

産出するデータ量やコストなど，リード長以外の面ではイルミナ社が他を圧倒している．例えば，NovaSeq システムの**リード数**は数億以上であるが，ロングリードデータの方は〜百万程度である．イルミナはリード長が短いものの，一度に出力可能な総塩基数（＝リード長×リード数）が非常に多く，その分だけ塩基あたりの解読コストを下げられるのである．**反復配列**（**リピート配列**とも呼ばれる）を多く含む生物種のゲノム配列決定を目的とする場合には，ロングリードデータのほうが有利であり，PacBio Sequel システムが実績を積み重ねている．

Sequel システムと同じくロングリードデータを出力する MinION システムは，USB メモリ程度の大きさのポータブル型 NGS 機器である．2017 年 8 月に名古屋議定書が発効し，海外の生物サンプルを国外に持ち出す（日本に送付する）ハードルが上がった．しかし，MinION システムを用いることで，海外にある生物サンプルをその場でシークエンスし NGS データを取得（電子データ化）すれば問題ない．このように利用機器の選定には，単純にコストやパフォーマンスのみではなく，利便性やコンプライアンス（法令遵守），そして解析目的などさまざまな要素が絡んでくる．

5.3 NGS の利用例 1（デノボアセンブリ）

NGS の主な利用目的は，さまざまな生物種のゲノム配列決定である．**図 5.3** は，②反復配列領域を含む①仮想ゲノム配列を，③ 16 本の仮想ショートリードデータを用いて組み立てるイメージを示したものである．リードデータのみを用いて元の配列を組み立てる作業を**デノボアセンブリ**（*de novo* assembly）という．**デノボ**が「リードデータのみを用いて」の部分に，そして**アセンブリ**が「組み立てる作業」に相当する．簡単な例で示すと，1-6 塩基目の領域由来のリード 1 と 5-10 塩基目の領域由来のリード 2 は，リード 1 の最後の 2 塩基とリード 2 の最初の 2 塩基が一致する．これを<u>のりしろ</u>として合体させることで，TAAC<u>GC</u>ATCG という元

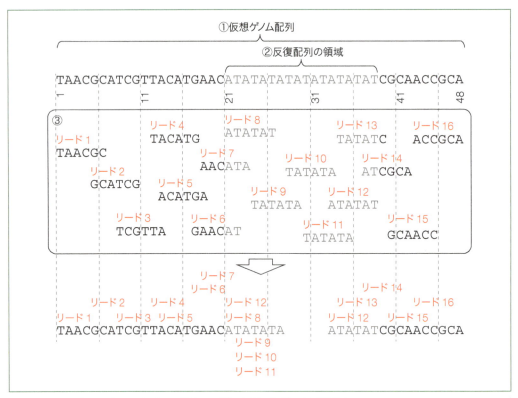

図 5.3　ショートリードデータ（シングルエンド）を用いたゲノム配列決定
① 48 塩基長からなる仮想ゲノム配列（TAACG…CCGCA）と，灰色で示された② 21-38 番目の領域の仮想反復配列．③ 16 本の仮想ショートリードデータ（リード長は 6 bp）．リードがゲノム上のどの位置由来であるかを横軸上の違いで表している（縦軸上の違いに意味はない）．例えばリード 7 は，仮想ゲノム配列上の 18-23 塩基目の領域由来であり，後半の 3 塩基分が反復配列領域由来である．反復配列領域由来のリード 9, 10, 11 は，ゲノム配列上の由来する位置は異なるが同一配列である．

のリード長よりも長い連続配列を得ることができる．このデノボアセンブリ結果として得られる塩基配列は，**コンティグ**（contig）と呼ばれる．

この仮想ゲノム配列の理想的なアセンブリ結果は，②の反復配列領域を含む①とまったく同じ 48 塩基からなる 1 つのコンティグのみになることである．しかしながらこの例では，2 つのコンティグがアセンブリ結果として得られている．主な理由は，**反復配列領域の長さよりもリード長のほうが短い**からである．完全に反復配列領域由来のリードは 5 つ（リード 8, 9, 10, 11, 12）であるが，アセンブリ結果として反復配列領域の長さを一意に決めることができない．例えばリード 9, 10, 11 は完全に同一配列であるが，リード 9 と 10 をつなげる可能性だけでも 3 パターン（リードの全長がのりしろに相当する TATATA，4 塩基がのりしろとなる TATATATA，そして 2 塩基がのりしろとなる TATATATATA）存在する．この組み合わせの数は，リード数が増えると劇的に増加する．一般的なアセンブリを行うプログラム（**アセンブラ**と呼ばれる）は，このような曖昧さを回避するために反復配列領域で分断を行う．この例で示すように，本当は 1 つにつながるべきものであったとしても，リード長よりも長い反復配列領域の数が増えるほど得られるコンティグ数も増える傾向となる．デノボアセンブリ実行結果

74

として得たいものは，コンティグ数が少なく，コンティグあたりの配列長が長い結果である．

図 5.3 ではシングルエンドデータでデノボアセンブリを行う概要を示したが，通常この作業はペアエンドデータが用いられる．インサートサイズはリード長よりも長いこと，**ペアのリードは同一断片配列由来**であることを利用する．インサートサイズよりも長い反復配列領域でコンティグが分断されるが，インサートサイズよりも短い反復配列領域を乗り越えて 1 本のコン

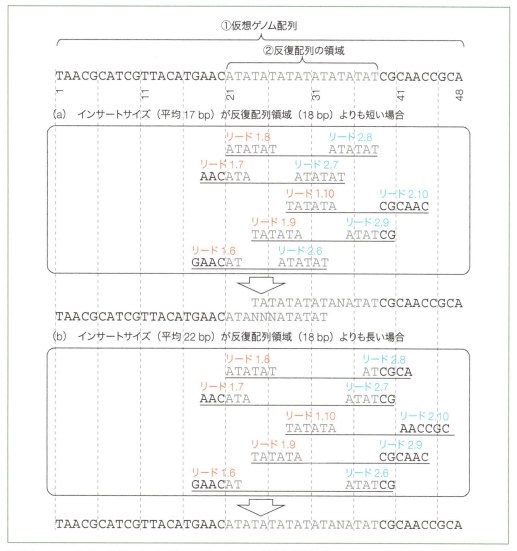

図 5.4　ショートリードデータ（ペアエンド）を用いたゲノム配列決定

反復配列領域近傍のペアエンドリードのみ表示．リードがゲノム上のどの位置由来であるかを横軸上の位置の違いで表し，同一断片由来のリードを縦軸上の同じ位置で表している．例えば，リード 1.7 と 2.7 は同一断片由来である．（a）インサートサイズ（平均 17 bp）が反復配列領域（18 bp）よりも短い場合は，原理的にアセンブリ結果として 1 本のコンティグにはならない．しかし，（b）インサートサイズが反復配列領域よりも長く，反復配列領域を内包するリードペアが一定数存在する場合（この例ではリードペア 1.6 と 2.6，およびリードペア 1.7 と 2.7）は 1 本のコンティグになりうる．なお，（b）で得られたアセンブリ結果は（a）で得られた 2 つのコンティグ同士を連結させたものであり，ACGT 以外に N（任意の塩基，表 1.1 参照）を含む．そのため，厳密にはコンティグではなくスキャフォールド（scaffold）と呼ぶ．また，アセンブリではリード 1.10 の位置を厳密には定めることができない．図ではリード 1.9 の末端 2 塩基と重ねているので N が 1 つだけになっているが，リード 1.10 の右側 4 塩基分に相当する位置も N になりうる．

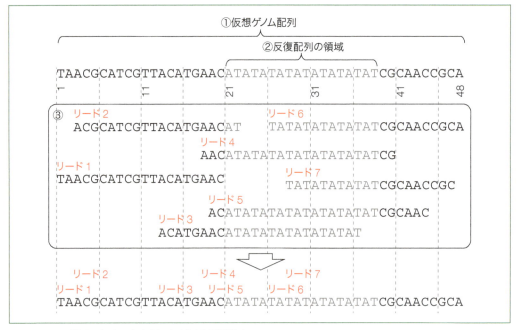

図 5.5　ロングリードデータを用いたゲノム配列決定
基本構成は図 5.3 と同じ．③ 7 本の仮想ロングリードデータ（リード長はバラバラで，平均約 23 bp），リード 4 と 5 が灰色で示した②反復配列領域をリード内部に含んでいる．このおかげで反復配列の長さが定まり，反復配列領域を乗り越えたアセンブリが可能となる．

ティグにすることが可能だからである（**図 5.4**）．また，インサートサイズは図 5.1 の②で示すようにサイズ選択を実行する際に変更可能である．実際の解析局面では，複数種類のインサートサイズ（例えば 350 bp と 550 bp）からなる NGS データをあらかじめ取得しておき，それらを併用したデノボアセンブリが行われることもある．

Sequel システムや MinION システムの大きな特徴は，反復配列領域を乗り越えられるほどのロングリードデータを出力可能な点である．**図 5.5** は，仮想ロングリードデータが反復配列領域を乗り越えられた例を示している．これは，計 7 リード（平均約 23 bp）のうち，リード 4 と 5 が②反復配列領域（①仮想ゲノム配列の 21-38 塩基目）を完全に内包しているためである．もちろんリード長よりも長い反復配列領域を乗り越えることはできない．しかし，ロングリードのおかげで，ペアエンドを含むショートリードデータのデノボアセンブリ結果よりもコンティグ数がより少なく，そしてより長くなるという報告が多数なされている．

5.4　NGS の利用例 2（リシークエンス／変異解析）

全ゲノム配列決定が完了した生物種についても，その**生物種内でのさまざまな塩基配列の違い**を調べる目的で配列決定がなされている．この作業は，解読完了後の配列を再びシークエンスするという意味で**リシークエンス**（re-sequence）と呼ばれ，主にヒトが対象である．具体的

には，特定のがん細胞と正常細胞の状態間の違いや，黄色と白色の人種間の違いの解析などである．この種の解析は，解読済みのゲノム配列を比較対象として用いる．このような比較対象として参照する配列のことを**リファレンス配列**といい，リファレンス配列と異なる箇所を**変異**（variation）として同定する．

図5.6は，①計48塩基からなる仮想ゲノム配列をリファレンス配列として，②正常サンプルと③腫瘍サンプルの比較解析例を示している．図5.3同様，リードが仮想ゲノム上のどの位置由来であるかを横軸上の違いで表している．また，リファレンス配列上の塩基と異なる塩基（**変異塩基**）を水色で表している．ここで示す4つの変異箇所（上向きの黒矢印）のうち，第一候補は④仮想ゲノム上の17番目の塩基である．理由は，該当塩基上のリード数が多く，正常サンプル由来の3リードの当該塩基がリファレンスと同じG，そして腫瘍サンプル由来の3つがAになっているからである．対照的に，⑤仮想ゲノム上の4番目の塩基は腫瘍サンプル中でGに変わっているが，正常と腫瘍の両サンプルともに1リードしかない．現実の解析結果には⑥や⑦のようなものも含まれるため，変異候補塩基の妥当性を評価する上で当該箇所のリード

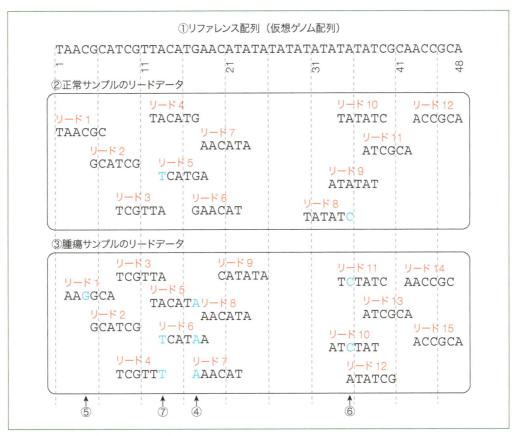

図5.6　変異解析（リシークエンス）例
①で示したリファレンス配列と異なるリード上の塩基を水色で示した．②正常サンプルの総塩基数は，6（bp）×12（リード）＝72塩基．③腫瘍サンプルの総塩基数は6×15＝90塩基．それぞれのカバレッジは72/48＝1.5×，90/48＝1.875×である．

数は重要である．この種の解析は変異解析とも呼ばれ，豊富なリード数を出力可能なショートリードデータが利用される．

5.5 解析に必要なデータ量（カバレッジ）

NGS に限らず，データの産出にはコストがかかる．また，解析の種類に応じて必要なデータ量に関する大まかな指針も存在する．例えばデノボアセンブリや変異解析といったゲノム解析の場合は，利用するデータ解析プログラムや NGS データの質にも依存するが，ゲノムサイズの数十倍程度のデータ量が必要である．当然ながら，ゲノムサイズは生物種によって異なる．このため，解析に必要なデータ量（あるいは解析に用いたデータ量）は，リード数や総塩基数ではなく上述のようにゲノムサイズの何倍分か（1.5 倍の場合は 1.5 ×など）で表現する場合が多い．

例えば，図 5.6 の①仮想ゲノム配列のゲノムサイズは 48 bp である．②正常サンプルのリード長は 6 bp，リード数は 12 であるため，総塩基数は $6 \times 12 = 72$ bp と計算できる．この場合は，ゲノムサイズの $72/48 = 1.5$ 倍程度のデータ量があることを意味するため，1.5 ×と表現する．1.5 ×はゲノム上の塩基あたり 1.5 個のリードがカバーする程度のデータ量を意味するため，「カバレッジ（coverage）が 1.5 ×」といった表現もなされる．デノボアセンブリにはのりしろが必要であり，〜 2 ×程度のカバレッジではその後の解析に必要な長さのコンティグが得られない．また，変異解析においても，〜 2 ×程度では結果の信頼性を担保できないので注意が必要である．

5.6 塩基配列決定精度とクオリティコントロール

塩基配列を決定する作業のことをベースコールという．これは塩基（ベース；base）ごとに A，C，G，T のどれであるかを決める作業であるが，例えば本当は C とすべきところを T としてしまうこともある．このエラー率 p は，NGS 機器によっても異なるが 0.1 〜 15 ％程度である．例えば 10 ％のエラー率は，10 回に 1 回程度正しくないベースコールをしてしまうことを意味する（$p = 0.1$）．また，0.1 ％のエラー率は，1,000 回に 1 回程度しか間違わないことを意味する（$p = 0.001$）．このエラー率に関する情報は塩基ごとにつけられており，NGS の出力ファイルにも含まれている．

歴史的経緯により，NGS 分野ではエラー率 p そのものではなく，$Q = -10 \times \log_{10}(p)$ で変換したクオリティスコア Q の値に基づいてベースコール精度が議論される．例えば $p = 0.01$ の場合は，

$$Q = -10 \times \log_{10}(0.01) = -10 \times \log_{10}(10^{-2}) = -10 \times (-2) = 20$$

となる．また $p = 0.001$ の場合は，

$$Q = -10 \times \log_{10}(0.001) = -10 \times \log_{10}(10^{-3}) = -10 \times (-3) = 30$$

となる．エラー率 p は低ければ低いほどよい（ベースコール精度が高い）が，クオリティスコア Q は高ければ高いほどよいことを意味する．例えば，イルミナ社の NovaSeq システムを用いてリード長 150 bp のペアエンド（150 bp × 2）でシークエンスを行ったときのカタログ値は，出力される全リードの 75 % 以上がクオリティスコア 30（Q30）以上である．

　実際の解析現場では，リード全体のクオリティスコア分布などを眺める**クオリティチェック**や，全体的に Q 値の低いリードそのものの除去を行う**クオリティフィルタリング**，リード中の Q 値が低い一部塩基のみの**トリミング**，そしてトリミング後に一定の長さ未満となったリードの除去などが<u>前処理</u>として行われる．クオリティチェックや前処理全体を**クオリティコントロール**（QC）といい，QC を経たデータがその後の解析に用いられる．

5.7　実データ概観（DDBJ SRA）

　NGS から出力された生データの多くは，日米欧の三極で運用されている公共データベース（DB）に送付される．日本では，日本 DNA データバンク（**DDBJ**）が DDBJ Sequence Read Archive（通称 **DRA**）という名前で運用しており，誰でも自由に NGS データをダウンロードして解析することができるようになっている（DDBJ については 11.4 節参照）．**図 5.7** は，DRA に ① DRR000001 という ID で登録された ② 10,148,174 リードからなる NGS データを，③ クオリティ情報つきで ④ 最初の 10 リード分表示させた結果の一部である．画面上の情報のみからは読み取れないが，これはペアエンドのデータである．リード長は forward 側 reverse 側それぞれ 36 bp であるが，画面上では 36 × 2 = 72 bp 分の長さの塩基配列として合体された（⑤ joined）状態で表示されている．

　一般に，NGS 機器は読み進めていくにつれて配列決定精度が下がる傾向にある．ここでは 2 番目のリード（⑥ ID が DRR000001.2）について，forward 側の情報（塩基配列および ⑦ Q 値）を赤矢印，reverse 側の情報を水色矢印で示した．実際，画面上の計 3 リードともに forward 側 reverse 側の両方で矢印方向に読み進めていくにつれて Q 値が低下していることがわかる．なお，⑦ のクオリティスコア情報は，ヒトが判読しやすいように DRA によってスペース区切りで表示されたものである．スペースも 1 文字分の情報を含むため，スペースの数だけファイルサイズが増加する．それゆえ公共 DB は，クオリティスコア情報をスペースで区切られた**整数**として保持していない．

5.8　NGS データのファイル形式

　NGS データの出力ファイルサイズは膨大であり，塩基配列情報のみでも数百ギガバイト

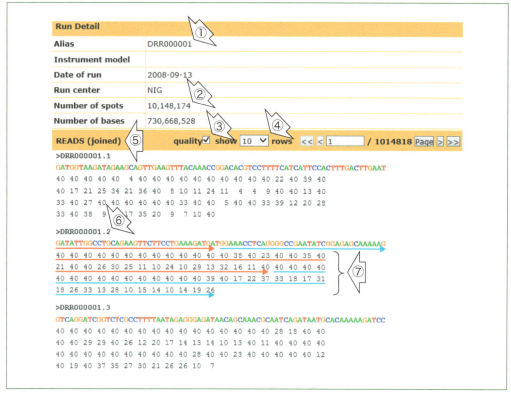

図 5.7　NGS データの実例
公共 DB である DDBJ SRA 上で，① DRR000001 という ID の NGS データを表示させた画面の一部（最初の 3 リード分のみ）を表示．詳細については本文を参照のこと．
（出典：DNA Data Bank of Japan　http://trace.ddbj.nig.ac.jp/DRASearch/run?acc=DRR000001）

（Gb）レベルに達する．これにリード ID や塩基ごとのクオリティスコア情報が加わると，そのファイルサイズは塩基配列情報のみの場合と比べて 2 倍以上となる．それゆえ，公共 DB 中の多くの NGS データは，SRA 形式（拡張子 .sra）と FASTQ 形式（拡張子 .fastq または .fq）という NGS データ専用のファイル形式で保管されている．ともに塩基配列とクオリティスコアの両方の情報を保持している．SRA は，コンピュータが処理しやすいように 0 または 1 のみで必要な情報を圧縮状態で保持するバイナリ形式である．FASTQ は，人間が判読できる ACGT などの文字情報からなるテキスト形式である．

　公共 DB 上で提供されている FASTQ ファイルは，SRA ファイルから作成されている．また，データによっては FASTQ ファイルの提供（公共 DB 内での作成）が大幅に遅れることもある．それゆえ，FASTQ ファイルが提供されていない場合には，SRA ファイルを手元にダウンロードしてから Linux 環境で動作する変換プログラムを実行して FASTQ ファイルを作成する．これは，ほとんどのデータ解析用プログラムが SRA ではなく FASTQ ファイルを入力として受けつけるためである．

　図 5.8 は，FASTQ 形式の実例である．これは，図 5.7 で示した NGS データ（DRR000001）の forward 側部分に相当する．FASTQ は，4 行で 1 つのリードを表現するというルールがあ

る．ここでは 12 行分の情報を表示しているので，①が 1 番目のリード，②が 2 番目のリード，③が 3 番目のリード情報に相当する．1 つのリードを表現する計 4 行のうち，1 行目と 3 行目がリードの ID 情報など任意の情報を書く部分であり，それぞれ **@ および + から始まる**というルールが定められている．②2 番目のリードにおいて，2 行目の下線部分に示した右向き赤矢印の塩基配列情報が，forward 側の 36 bp からなるリード 2（DRR000001.2）の GATA ～ TGAT に相当する．

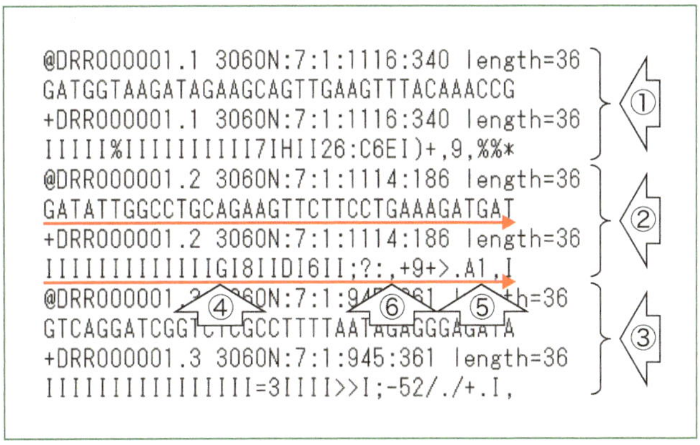

図 5.8　FASTQ ファイルの実例

図 5.7 で示した NGS データ（DRR000001）の forward 側のファイルを表示．DRR000001 の SRA ファイル（DRR000001.sra）をダウンロードし，専用のプログラム（fastq-dump）を実行して FASTQ ファイルを作成（forward 側が DRR000001_1.fastq，reverse 側が DRR000001_2.fastq）したのち，DRR000001_1.fastq ファイルの最初の 12 行分をテキストエディタで表示したものである．①-③がそれぞれ 1-3 番目のリードの情報を表す．上の赤矢印が 2 番目のリードの塩基配列情報，下の赤矢印が 2 番目のリードの 1 文字表記のクオリティスコア情報を表す．

②の 4 行目の下線部分に示した右向き赤矢印が 1 文字表記のクオリティスコア情報（IIIIIIIIIIIIGI8IIDI6II;?:,+9+>.A1,I）である．これは，図 5.7 の⑦（40 40 40 40 ～ 32 16 11 40）に相当する．クオリティスコア Q = 40 が I，④ Q = 38 が G，⑤ Q = 16 が 1，そして⑥ Q = 11 が，（コンマ）で表されている．大まかには，アルファベット（I や G），数字（1），特殊文字（,）の順でクオリティスコアが低くなる．I（Q = 40）と G（Q = 38），および他の 1 文字表記情報と Q 値の関係性から，F が Q = 37 であり H が Q = 39 であることもわかる．

5.9　他のファイル形式

NGS 解析分野では，公共 DB からのダウンロード時に取り扱う SRA，データ解析の入力として取り扱う FASTQ 以外にも多くのファイル形式が存在する．デノボアセンブリ実行結果は，基本的に塩基配列情報のみが重要であるため，クオリティスコア情報を含まない FASTA 形式で出力される．これは，図 5.7 の⑤より下の行以降を，クオリティスコア情報部分のみを除いたような形式である．例えば，図 5.3 では 2 つのコンティグがアセンブリ結果として得られている．実際の FASTA ファイルの中身は，コンティグ名を contig1 および contig2 とすれば以下のようになる：

>contig1

TAACGCATCGTTACATGAACATATATA

>contig2

ATATATCGCAACCGCA

ほかにも，図5.6の①リファレンス配列と②や③のサンプルから得られたリードの比較結果を格納するための形式として，SAMやそのバイナリ版であるBAMが利用される．この中身には，基本的に以下のような情報が含まれる：

・リード2は，①リファレンス配列の5番目から10番目の領域（座標）由来である
・リード5は1塩基の不一致（ミスマッチ）があるが13番目から18番目の領域由来である
・リード14はどこにも一致しない

変異解析の場合は，主な興味の対象がリファレンス配列と異なる塩基の箇所となる．図5.6の場合は，例えばリファレンス配列の「④17番目の塩基が3個Aになっている」などの情報さえあればよい．このような情報を格納する形式として，VCFが利用される．

ヒトやマウスなどのモデル生物においては，リファレンスゲノム配列のどこに遺伝子領域が存在するかなどの豊富な付随情報を利用したデータ解析もしばしば行われる．この付随情報のことをアノテーション情報といい，GFFやGTFという形式のファイルがよく利用される．実用上は，いずれの形式もどの行やどの列にどのような情報が含まれているかなどを把握する必要はなく，拡張子と含まれている情報の概要の関係が理解できていればよいが，11.7.4から11.7.9にこれらの形式の説明があるのでそちらも参照されたい．

5.10 結論

本章では，NGSの簡単な原理，NGSデータの特徴，利用例，そしてさまざまなファイル形式についてその概要を述べた．NGS機器の詳細な原理は，メーカーによる動画での解説がYoutubeなどで見られる．本章で触れたさまざまな用語やファイル形式の詳細情報についても，ウェブサイト上でキーワード検索をすればよい．NGSデータ解析はLinux環境での作業が基本となるため，本格的な解析を行う場合はLinuxの勉強も必要である．下記に挙げた文献情報が参考になるであろう．

参考文献
・坊農秀雅（2017）Dr. Bonoの生命科学データ解析，メディカル・サイエンス・インターナショナル
・清水厚志，坊農秀雅 編（2015）次世代シークエンサー DRY解析教本，学研メディカル秀潤社
・イルミナ iSchool：
https://jp.illumina.com/events/ilmn_support_program/ilmn-ischool.html（2018年5月24日アクセス）
・バイオインフォマティクス人材育成のための講習会：
https://biosciencedbc.jp/human/human-resources/workshop（2018年5月24日アクセス）
・日本乳酸菌学会誌のNGS解析手法の連載：
http://www.iu.a.u-tokyo.ac.jp/~kadota/r_seq.html#about_book_JSLAB（2018年5月24日アクセス）

6章 ゲノム解析

6.1 はじめに

ゲノム（genome）とは，遺伝子（gene）と総体を表すオーム（-ome）を合わせた造語であり，「ある生物に必要なすべての遺伝情報」として定義される．遺伝子と染色体（chromos**ome**）を合わせた造語ともいわれているが，その意味するところは同じである．ゲノムという言葉は遺伝物質の本体が DNA であることが解明される以前に，このように定義されたが，その後，DNA が遺伝物質の本体であることがわかってからは，「全染色体を構成する DNA 塩基配列の総体」という意味で主に使われるようになった．

全ゲノム配列が解読された生物はインフルエンザ菌（*Haemophilus influenzae*）で，それは1995 年のことであった．そのゲノム配列は 1.8 Mb（180 万塩基）であり，1,657 個の遺伝子がコードされていた．その後，国際共同研究として「ヒトゲノム計画（Human Genome Project）」により 2003 年にヒトゲノム解読完了が発表された．ヒトのゲノムは約 3 Gb（30 億塩基）であり，その解読には 13 年を要した．シークエンシング技術の急速な発達もあり（5 章参照），現在はさまざまな生物のゲノムが解読されている．

さまざまな生物種のゲノムを比較することで，機能的に重要な部位とそうでない部位を浮かび上がらせることができる．たとえば，遺伝子領域や転写因子結合部位は機能的に重要であるため生物種間で進化的に保存する傾向にある．また，ゲノム配列は，他の章で述べるトランスクリプトーム（7 章参照）やエピゲノム解析（8 章参照），またメタゲノム解析（9 章参照）において，その足場を提供する重要なものでもある．

6.2 ゲノム解析からわかること

6.2.1 ゲノムの特徴

A. ゲノムサイズと遺伝子数

ゲノムについての最も基本的なパラメータはその長さである．**ゲノムサイズ**（genome size）とも呼ばれる．大腸菌のゲノムサイズは約 4 Mb（400 万塩基）である．一方，前述のようにヒトのゲノムサイズは約 3 Gb（30 億塩基）であり，これは大腸菌の 700 倍以上の長さに相当する．ヒトのような二倍体（ディプロイド）の生物，すなわち両親から伝わった 2 本ずつの相同染色体をもつものでは，通常半数体（ハプロイド）の長さをゲノムサイズとする．遺伝子数

表 6.1　さまざまな生物種のゲノムサイズと遺伝子数

生物種	ゲノムサイズ（Mb）	遺伝子数
ヒト	3,200	23,000
マウス	2,800	20,000
ニワトリ	1,200	19,000
ショウジョウバエ	140	16,000
線虫	100	20,000
出芽酵母	12	6,600
大腸菌	4.6	4,100

表 6.2　ヒトゲノム中にあるものの量比

要素	数	長さ（Mb）	割合（%）
ゲノム		3,200	100
遺伝子	23,000	1,100	34
エクソン	210,000	61	1.9
UTR（untranslated region）		28	0.9
CDS（coding sequence）		33	1.0
イントロン		1,040	32
リピート配列			〜 50

は，大腸菌では約 4,000 個である一方，ヒトでは 23,000 個ほどである（ただしタンパク質を
コードする遺伝子のみカウント）．さまざまな生物種のゲノムサイズと遺伝子数を**表 6.1** に示す．
また，特にヒトゲノムについて，さまざまな要素の数と割合を**表 6.2** に示す．

B.　GC 含量（GC content）

　ゲノムサイズの次に基本的なパラメータは塩基組成である．DNA はアデニン（A），シト
シン（C），グアニン（G），チミン（T）の 4 種類の塩基から成り立っており，ゲノム配列に
ついてこれら 4 種類の塩基の割合を示したものが塩基組成である．ただし，二本鎖 DNA では，
A は T と，C は G と，それぞれペアを作るので，相補鎖も合わせて考えると，A と T の割合，
および，C と G の割合は，それぞれ等しくなる．そこで，よく C と G の割合を合わせて GC
含量（GC content）というパラメータが用いられる．それは次の式で定義される：

$$GC \text{ content} = (G + C) / (A + C + G + T)$$

GC 含量が定まれば自ずと AT 含量も決まるので，GC 含量のみでゲノムの塩基組成を表すこ
とができる．大腸菌を含むバクテリアでは，生物種ごとに GC 含量が大きく異なることが知ら
れている（**表 6.3**）．これは，生育環境，ゲノムサイズ，コドンの頻度，など複数の要因が関
わっているといわれている．表 6.3 に示したように，哺乳類では GC 含量に大きな差は見られ
ない．ただし，哺乳類のゲノムには，遺伝子が密な領域（gene rich region）や，反対に遺伝
子が少ない領域（gene desert）があり，前者で GC 含量が高く，後者では低くなっている．

表 6.3 さまざまな生物種のゲノム配列の GC 含量

生物種	GC 含量（%）
哺乳類	
ヒト	約 41
マウス	約 42
バクテリア	
大腸菌	50.8
Candidatus Zinderia insecticola	13.5
Anaeromyxobacter dehalogenans	74.9

※哺乳類ゲノムには未読の領域があるので，正確な GC 含量はわからない．
※上に挙げた大腸菌以外のバクテリアは，現在知られている中で，GC 含量が最小と最大のものである．

C. GC skew

上記のように，二本鎖 DNA の塩基組成は GC 含量で表すことができると述べたが，片側の DNA 鎖で C と G は等しい数だけ現れるのだろうか？ このような塩基組成の偏りを表す指標として **GC skew**（歪み）というものがあり，次の式で定義される：

$$\text{GC skew} = (G - C) / (G + C)$$

この式からわかるとおり，ある DNA 鎖の断片において G が C よりも多ければ GC skew は正の値をとり，C が G よりも多ければ GC skew は負の値となる．特に，多くの真正細菌と一部の古細菌においては，リーディング鎖（leading strand）とラギング鎖（lagging strand）に顕著な塩基組成の偏りがあるため，特徴的な GC skew を示すことが知られている．**図 6.1** は大腸菌の GC skew のプロットである．実際にプロットを作成するには，まずゲノム配列をある一定

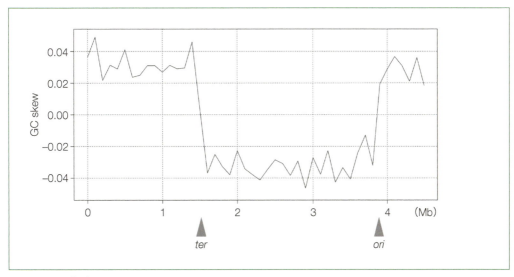

図 6.1 大腸菌ゲノムの GC skew
複製開始点を *ori*，複製終結点を *ter* で，それぞれ示している．

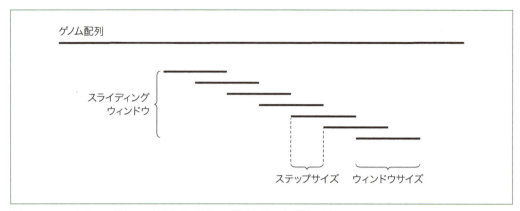

図 6.2　スライディングウィンドウによるゲノム配列に沿った特徴の計算

の長さ毎に分け（図 6.1 では 100 kb），次にそれぞれの断片についての GC skew の値を計算し，その値をプロットする．このような方法はスライディングウィンドウ（sliding window）とも呼ばれ，バイオインフォマティクス，特に配列解析全般においてよく用いられる方法である．その際，断片のサイズはウィンドウサイズ（window size），それをずらす大きさはステップサイズ（step size）と呼ばれる（図 6.2）．図 6.1 の GC skew のプロットでは，ゲノムを 100 kb の断片に分け，断片間の重なりがないので，ウィンドウサイズは 100 kb，ステップサイズも 100 kb である．ウィンドウサイズやステップサイズを変えることで，局所的な特徴や大局的な特徴を強調することができる．

　なぜ，多くの真正細菌のゲノム配列に GC skew のような特徴的な塩基の偏りが見られるのであろうか？　図 6.1 に示した大腸菌の GC skew のプロットで，複製開始点を "*ori*"，複製終結点を "*ter*" で示している．GC skew が大きく変わるところが，それぞれ複製開始点と複製終結点に対応していることがわかる．このことから GC skew が見られる原因として 2 つの理由が考えられている．一つは，DNA の複製時にはリーディング鎖とラギング鎖では異なる形で娘鎖（daughter strand）の合成が進む．この DNA 合成様式の違いが GC skew として現れるのではないかと考えられている．もう一つ考えられる理由は，遺伝子の分布の偏りによる塩基組成の偏りである．一般に，遺伝子はリーディング鎖側にコードされる傾向にあることが知られている．そうなるとコドンの制約から，リーディング鎖とラギング鎖で塩基の組成が対称ではなくなり，それが GC skew として現れているとも考えられている．

6.2.2　2 つのゲノムの比較

　これまで，ゲノムの特徴としてゲノムサイズや遺伝子数，GC 含量などについて述べてきた．ここからは，ゲノム配列同士の比較について解説する．

　2 本のゲノム配列の比較においてよく用いられる方法にドットプロット（dot plot）がある．これは 2 本の配列中で類似した部分を視覚的に捉えるための作図法である．図 6.3 にその基本

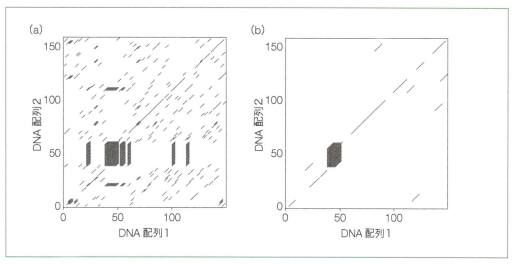

図 6.3 ドットプロットによる DNA 配列の比較
(a) 連続した 3 塩基が一致しているところに線を引いたもの．(b) 連続した 6 塩基が一致しているところに線を引いたもの．それぞれの配列の 50 塩基目付近にチミン（T）が連続している領域があるため，多くの線が密接して引かれている．

的な例を示す．まず，縦軸と横軸にそれぞれ比較したいゲノム配列を置く．ここではヒトゲノム配列の一部と，それに対応したマウスのゲノム配列部分を用いた．次に，それぞれのゲノムで同一の塩基が 3 塩基連続しているところに線を引くことで得られたのが**図 6.3a** である．これだと細かい線が多く，そこから類似した部分を捉えるのは難しい．3 塩基の連続して一致することは，かなりの頻度で起こるからである．そこで，より厳しい条件，すなわち同一の塩基が 6 塩基連続しているところに線を引くことで，互いの配列で似ている部分が対角線として視覚的に捉えやすくなる（**図 6.3b**）．非常に長いゲノム配列の場合，このような条件でドットを付与するには膨大な量の比較が必要となる．そこで，ゲノム同士の比較の場合，BLAST のような配列比較プログラムを用いることで互いに相同な部分を高速に検索し，その結果を 2 次元のプロットで表すことで，類似した配列部分の位置を視覚的に捉えることが可能になる．

また，DNA の場合は，相補鎖も考慮する必要がある．すなわち，単純に与えられた 2 本の DNA 配列を比較するだけではなく，一方の DNA 配列に類似した部分が他方の相補鎖にもないかを探す必要がある．ただし，BLAST（1.2 節参照）を用いる場合は，自動的に相補鎖も類似性の検索対象となるのでこの点について注意する必要はない．相補鎖との類似性が認められた場合，それを別の色で表したのが**図 6.4** になる．ここでは，与えられた 2 本の配列が順方向で類似していた場合を青色で，一方の配列が他方の相補鎖と類似していた場合を赤色で示している．もし，まったく同じ 2 本の配列を比べた場合には，単純に対角線上に線が引かれることになる．比較しようとする 2 本のゲノム配列の一方に逆位（inversion）や挿入・欠失（insertion, deletion），重複（duplication）などのゲノム再編成（genome rearrangement）が起こると，それぞれ特有のパターンを示すことになる（図 6.4）．

逆位が起こるとその部分が反転したプロットとなる．ここで注意したいのは，このパターン

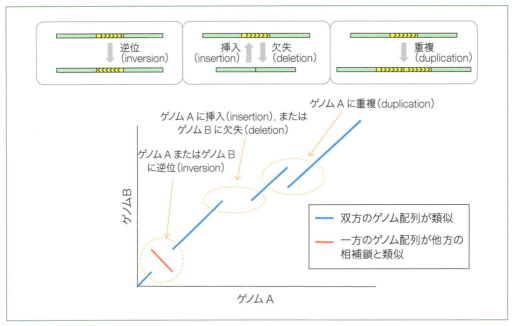

図6.4 逆位，挿入・欠失，重複などのゲノム再編成のドットプロットによる可視化

からわかるのは，逆位が起きたこととその位置だけで，比較している2本のゲノム配列のうちのどちらで逆位が起こったかはわからない，ということである．比較している2つの生物種（A, B）よりも進化的に少し遠い関係にあるもう1つの生物種（C）を加え，A対B，A対C，B対Cの3通りの比較をすることで，生物種AとBのどちらで逆位が起こったのかを明らかにすることができる（**図6.5**）．すなわち，まずA対Bの比較で逆位が見られたが，次にA対Cの比較で逆位が見られず，B対Cの比較でA対Bの比較の時と同じような逆位が見られた場合は，生物種Bが確立される過程でそのゲノムに逆位が起こったと考えることができる．もし，反対に，A対Cの比較で逆位が見られ，B対Cの比較では逆位が見られなかった場合は，

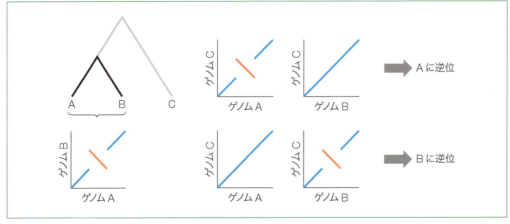

図6.5 外群によるゲノム再編成が起きた生物種の決定

生物種 A が確立される過程でそのゲノムに逆位が起こったと考えることができる．このような比較に用いる生物種 C を外群（outgroup）と呼ぶ．外群はゲノムの再編成に限らず，塩基置換が起こった生物種を決めたり，系統樹の根（root）を決めることにも一般によく用いられる（2.3.5D 参照）．

　次に挿入・欠失について説明する．挿入や欠失が起こると類似性を示す線が分断されたプロットとなる（図 6.4）．ここで注意したいのは，やはりその方向性，すなわちどちらのゲノムで起きた事象であるか，である．この図の場合，類似性を示す線が水平に分断されている．これは，水平に配置した生物種 A のゲノムのこの部分に相当する配列が，垂直に配置した生物種 B のゲノムに見当たらないことを示している．この場合，生物種 A と B の共通祖先には存在したこの配列部分が，生物種 B で欠失したのか，あるいは，生物種 A と B の共通祖先にはもともとこのような配列が存在せず，生物種 A に新たに挿入されたものか，を区別することは難しい．このような場合にも，生物種 A と B よりも進化的に少し遠い生物種 C を外群として比較対象に加えることで，A, B どちらの生物種で起こった事象であるのかを判別することができる．

　次に重複について説明する．重複が起こるとその部分がくり返しパターンとなったプロットが得られる（図 6.4）．この場合，垂直に配置した生物種 B のゲノムの部分配列が，水平に配置した生物種 A のゲノム中に 2 つのコピーとなって存在していることがわかる．類似性を示す線が分断されているところから，それぞれの軸に垂線を引くとわかりやすい．ゲノム中のある部分が重複することのほうが，もともと 2 コピーが並んでいるもののうち正確にどちらか 1 つを欠失させるよりも一般に起こりやすいと考えられるため，この場合の方向性は，生物種 A で重複が起こったと考えるのが自然である．しかし，遺伝子クラスターが存在するような領域では，減数分裂時に不等交叉（unequal crossing over）が起こりやすく，コピー数の増加だけでなく減少も起こることが知られている．したがって，そのような領域では単純に重複が起こったと捉えるよりも，他のゲノム再配置で見てきたように，外群を使うことで変異がどちらの生物種で起こったのか，すなわち一方での重複なのか，他方でのコピー数の減少なのか，を見極める必要がある．

　実際に，異なる生物種の間でゲノムはどの程度似ているのだろうか？　現存する生物種でヒトに一番近いものはチンパンジーであり，約 600 万年前に共通祖先から分岐したといわれている．これら 2 つの生物種のゲノムサイズはほとんど同じで，ともに約 30 億塩基である．ゲノム DNA 配列間の違いも 1.2％でしかない．ちなみにヒトの個人間のゲノム DNA 配列の違いが平均約 0.1％，すなわち 1000 塩基に 1 塩基の違いなので，ヒトとチンパンジーの違いは，その高々 10 倍程度の違いにすぎない．にもかかわらず，体毛や歩行様式，言語や知能といった形質には大きな差が見られるのは驚きである．ドットプロットを作成してみても，逆位や挿入・欠失も少なく，大きな転座が一つ見られる程度である．この転座はヒト特異的に起きたもので，他の霊長類で独立した 2 本の染色体が，ヒトにおいては融合し 2 番染色体となっている．では，ヒトのゲノムは実験動物としてよく使われているマウスのゲノムとどの程度似ているのだろうか？　マウスとヒトはおよそ 7500 万～9000 万年前にその共通祖先から分岐したといわれてい

る．表 6.1 で示したように，ヒトとマウスのゲノムサイズは大きくは違わない．ただし多くのゲノム再配置が起きており，ヒトとマウスの共通祖先由来の一続きのゲノム断片が**シンテニー**（synteny）[1] な領域として観察される．

6.2.3 複数のゲノムの比較

A. ゲノムアラインメント

2003 年のヒトゲノム解読完了以降，マウス，ラットやチンパンジーをはじめとする他の哺乳類のゲノムも数多く解読されてきた．現在でも，哺乳類に限らず，多くの生物種のゲノム解読が引き続き行われている．これは，それぞれの生物種に固有な表現型をゲノム上の差異として捉える目的があることはもちろんであるが，ヒトを特徴づける原因をゲノムの中に見出そうという目的も大きい．

このように，ゲノム配列を比較することで，生物学的な特徴を説明しようとすることを，一般に**比較ゲノム**（comparative genomics）解析と呼ぶ．2 種あるいはそれ以上の生物種のゲノムのマルチプルシークエンスアラインメントからは，ゲノム変異における進化的制約，すなわち生物種間で機能的に保存している部分についての情報を得ることができる．ここで，まずあるタンパク質をコードしている遺伝子について考えてみよう（**図 6.6**）．これは，後で述べる UCSC ゲノムブラウザを用いて，ヒトの MYC 遺伝子座とその近傍のゲノム領域を示したものである．この図において，太い線がエクソン，細い線がイントロンを表している．太い線にも 2 種類あり，より太い線はエクソンの中でもタンパク質をコードしている部分（coding sequence; CDS），両端の中程度に太い線は非翻訳領域（untranslated region; UTR）を表している．遺伝子構造の下には，対応する領域における脊椎動物ゲノムのアラインメントをもとにした生物種間での保存の強さを表している．このように，通常，イントロンでは進化的な制約が弱い一方，

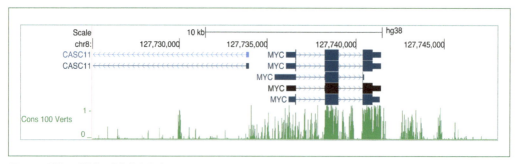

図 6.6　遺伝子領域の進化的な保存

---

[1] 二つの生物種のゲノムの間で，オーソロガスな遺伝子（1 章参照）の並びが非常に類似する領域をシンテニーな領域であるという．その領域はそれら二つの生物種の共通祖先からそのまま受け継がれていると考えられる．進化的な時間が経つにつれて，ゲノム内に転座や逆位が蓄積するので，進化的関係が遠い生物種間ではシンテニーな領域は短くなる傾向がある．

エクソンの中でもタンパク質をコードしている部分は進化的な制約が強く，ゲノム配列が生物種間で強く保存されていることがわかる．このような情報は，多数の哺乳類ゲノムを決定することで初めて明らかにすることができるものである．図6.6をよく見ると，エクソンやイントロン部分以外にも局所的に保存が見られる領域があることがわかる．このような領域は，エンハンサーなどの遺伝子発現制御領域となっている可能性が考えられる．エンハンサーとは転写因子（transcription factor）と結合することでターゲットとなる遺伝子の発現を調節するゲノム領域のことで，その結合配列を特に転写因子結合部位（transcription factor binding site）と呼ぶ．転写因子結合部位は，機能的に重要であることから，変異が許容されず，生物種間で配列が保存される傾向にある（1.1.3参照）．そのため，配列の保存の度合いからこのような制御領域を推測することが可能である．

B. 配列ロゴ表記

ゲノム上の配列パターンを視覚的に表す方法に配列ロゴ（sequence logo）と呼ばれるものがある．配列ロゴは，各サイトでの塩基の現れやすさを情報量を用いて表したものである．例えば，ヒトゲノム中におけるある転写因子の結合部位（transcription factor binding site; TFBS）の配列を集め，配列ロゴで表すと，その転写因子結合部位に特徴的なモチーフを明らかにすることができる（**図6.7**）．アラインメント中のi番目のサイトが有する情報量C_iは，次に示す式によって計算される：

$$C_i = 2 + \sum_b p_{b,i} \log_2 p_{b,i}$$

ここで，$p_{b,i}$は，i番目のサイトにおける塩基bの割合を表す．ただし，ここで$p_{b,i} = 0$のとき$p_{b,i} \log_2 p_{b,i} = 0$とみなす．この式からわかるように，あるサイトが1種類の塩基のみで占められている場合，すなわち強く保存しており他の塩基への置換が見られない場合，そのサイトの

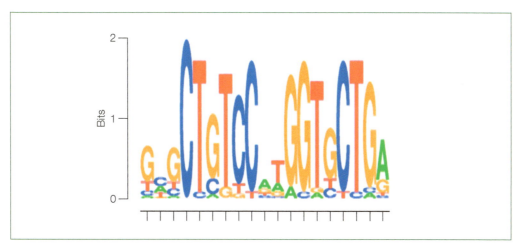

図6.7 配列ロゴの例
転写因子であるNRSFの結合配列をゲノム中から集めて作成したもの．

情報量は 2 ビットとなる．これは，4 種類ある塩基からある 1 つの塩基を選ぶ際の情報量に等しい．また，あるサイトに 2 種類の塩基が等量見られ，他の 2 種類の塩基がまったく現れない場合，そのサイトの情報量は 1 ビットとなる．たとえば，$p_A = p_G = 0.5$，$p_C = p_T = 0$ の場合である．これは，そのサイトを占める塩基を 1/2 の確率で言い当てることができるので，そのサイトがもつ情報量は 1 ビットであると考えることもできる．さらに，もし，あるサイトに 4 種類の塩基が等量現れる場合，すなわち塩基の現れ方にまったく傾向がない場合，そのサイトの情報量は 0 ビットとなる．配列ロゴは，転写因子結合部位やスプライス部位などの配列モチーフを視覚的に捉えるのによく用いられる．

6.3 ゲノムブラウザによる解析

6.3.1 ゲノムブラウザ

これまで，ゲノム配列の特徴や，ゲノム配列間の比較について述べてきたが，実際にゲノムのデータに触れてみないと，その大きさや複雑さが実感できない．たとえば，ヒトゲノム配列の中に「どのような形で遺伝子が存在するのか？」や「どの部分が生物種間で保存している部位なのか？」「どこに一塩基多型などの個人間でのゲノム配列上の差異が見られるのか？」といった付加情報，すなわちアノテーション（annotation）[2] があることで初めてゲノムデータを有効に活用できる．このようなアノテーションも含めたゲノムデータに容易にアクセスするためのゲノムブラウザと呼ばれる高度な検索機能を備えたデータベースがすでに存在する．代表的なものは次の 2 つ，UCSC ゲノムブラウザ（http://genome.ucsc.edu）と Ensembl （http://www.ensembl.org）である．これら 2 つのゲノムブラウザを介して，ヒトに限らず，代表的なモデル生物のゲノムデータにアクセスすることが可能である．これら 2 つのゲノムブラウザはデータや検索機能で共通している部分も多いため，ここでは UCSC ゲノムブラウザについて簡単に説明する（**図 6.8**）．まず，UCSC ゲノムブラウザのホームページ（図 6.8）で，上のバーの "Genomes" をクリックすると，ゲノム情報が利用可能なさまざまな生物種のリストが得られる（**図 6.9**）．ここで，生物種とそのゲノムアセンブリのバージョン（コラム参照）を指定し，"Position/Search Term" でゲノム座標か遺伝子名などのキーワードを入力すると，ゲノム上での詳細なアノテーション情報が得られる（**図 6.10**）．ゲノムブラウザ画面では，それぞれのアノテーションは「トラック」と呼ばれる行ごとに表示される．たとえば，上方には

---

2 アノテーションとは，一般に，あるデータに対してそれに関連する情報を付与することを意味する．特にゲノムのアノテーションといった場合は，ゲノムの生データ，すなわち ACGT の塩基の並びに対し，たとえば，どこにどのような遺伝子があるかなどの付加情報のことを指す．ゲノムの生データだけでは，そこから意味を見出すのに多大な労力が必要であるが，さまざまなアノテーションがあることで，ゲノムデータを有効に活用できるようになる．

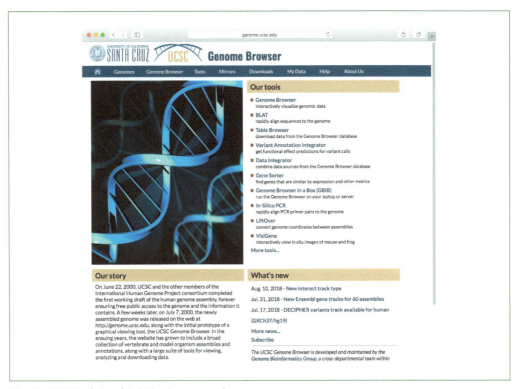

図 6.8　UCSC ゲノムブラウザのホームページ

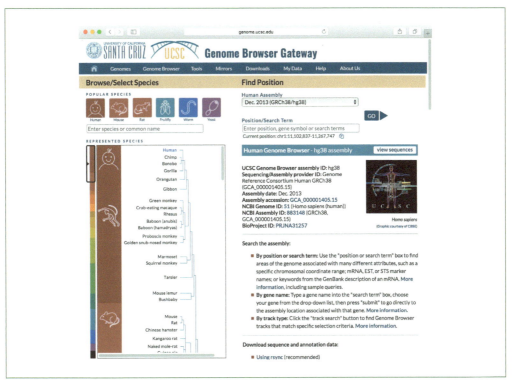

図 6.9　UCSC ゲノムブラウザの生物種の選択やキーワードの入力画面

6 章　ゲノム解析　93

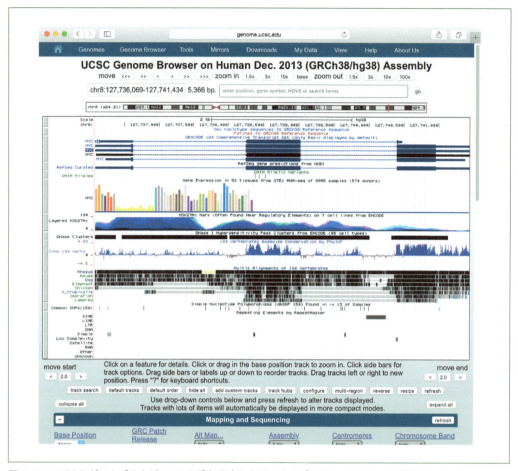

図 6.10　UCSC ゲノムブラウザの MYC 遺伝子座におけるさまざまなアノテーション情報

遺伝子のトラックがあり，ゲノム上での遺伝子の構造が示されている．表示あるいは非表示させたいアノテーションは，ゲノムブラウザ画面の下方にある，アノテーションの選択リストから指定できる．各アノテーションの意味は，アノテーション名をクリックすることで得られる．表示させるアノテーションを変えることで，図 6.6 に示したような画面を得ることが可能になる．

このゲノムブラウザで可能な解析は多岐にわたるため，ここで紹介したのはごく一部である．実際に自分でゲノムブラウザにアクセスし，さまざまな機能を試してみることをお勧めする．

6.4　結論

2003 年にヒトゲノム解読完了が発表されて以来，ゲノムをもとにした生命科学研究が劇的に進展した．現在もゲノム情報に立脚したさまざまな応用的研究が進んでいる．特にパーソナルゲノムといわれる，個人のゲノムの違いに関する研究から，個人間の一塩基多型は約 1000 塩基に一つ存在することなどが明らかにされてきた．さらに医科学分野における疾患ゲノム解析

COLUMN　ゲノムアセンブリのバージョンについて

シークエンサーから読まれたゲノムの断片を元の形に組み上げることをアセンブリ（assembly）という．ヒトゲノムの場合は2003年にアセンブリが完了したが，その後も解読エラーの修正や難解読領域であったところの解消が継続されている．ただし，そのような修正や更新を行ったゲノムをその都度公開していては，研究者が共通に用いる参照ゲノム（reference genome）とはならない．たとえば，ある染色体の始めの方に新たに1塩基が挿入されただけで，その後方の座標は一つずれてしまい，ゲノム上の同じ部位を指していても座標が異なってしまう．そのようなことを避けるため，修正や更新がある程度蓄積されてから新しいバージョンが公開される．これはちょうど，本でいうところの「第2版」，「第3版」の「版」のようなものである．ゲノムのバージョンはビルド（build）とも呼ばれる．ヒトゲノムに限らず，ある生物種についての全ゲノムシークエンシングが論文に発表された後も，そのゲノム配列に対し，細かな修正が施されることが多い．ヒトのゲノムも2003年に解読完了の発表があったが，その後も継続的にバージョンの更新，すなわち改訂版が出されている．その変遷を**表6.4**に示す．各バージョンについて，UCSC（University California Santa Cruz）とNCBI（National Center for Biotechnology Information）という二つの名称が用いられており，同一のゲノム配列であるにも関わらず，NCBIとUCSCで異なる番号が用いられてきた．これは研究者にとって大変不都合が多く，ある論文では「リファレンスゲノムにhg19を用いた」という記述がある一方，別の論文では「GRCh37を用いた」と書かれる場合があり，そこで議論されているゲノムの座標が同一のものなのか混乱することがあった．これを解消するために2013年12月に発表されたアセンブリからは共に38という番号を用いることでこの不都合が解消された．

先に述べたとおり，アセンブリが異なると，当然ゲノム上での遺伝子の座標が変わってくる．これは辞書においてある単語が載っているページ数が，改訂版では異なるページになってしまうこともあることから，容易に理解できるであろう．そこで，ゲノム上での座標で議論する場合，どのアセンブリであるかを常に明確にしておくことが必須となる．たとえば，「1番染色体の12,222,222-12,222,228にある転写因子結合部位が…」という場合には，「hg38のリファレンスゲノム上で」と明記するべきである．

一見，最新版を使うのが一番であるように思われるが，実際は，その一つ前のバージョンの方がアノテーションが豊富であったり，他の研究がそのバージョンで行われているため比較しやすいなどの理由から，古いバージョンが使われることがよくある．

表6.4　ヒトのゲノムアセンブリのバージョンの変遷

UCSCにおけるバージョン名	NCBIにおけるリリース名	Date
hg38	GRCh38	Dec. 2013
hg19	GRCh37	Feb. 2009
hg18	NCBI Build 36.1	Mar. 2006
hg17	NCBI Build 35	May. 2004
hg16	NCBI Build 34	Jul. 2003

も急速に進展している．特に，日本人の死因の第1位であるがんは，突き詰めればゲノムの異常にほかならない．がんに見られるゲノムの異常を詳細に解析するため，国際共同研究としてのがんゲノムプロジェクトも進行しており，がんに見られるゲノムの異常に関する知見が急激な勢いで蓄積している．さらに，研究だけではなく，医療の現場においてもクリニカルシーク

エンシングと呼ばれる診断を目的としたゲノムシークエンシングが行われるようになってきている．このような状況の中で，研究者に限らず多くの人々が，ゲノムに関しての基本的な事柄を理解し実生活において役立てるような，いわゆる「ゲノムリテラシー」を身につけることが必要な時代になっている．

参考文献
・アーサー M. レスク著，坊農秀雅監訳，三枝小夜子訳（2009）ゲノミクス──配列解析から見える種の進化と生命システム，メディカル・サイエンス・インターナショナル
・榊 佳之（2007）ゲノムサイエンス─ゲノム解読から生命システムの解明へ，講談社
・GC skew: Lobry, J. R. (1996) Asymmetric substitution patterns in the two DNA strands of bacteria. *Molecular Biology and Evolution*, **13**, 660-665
・UCSC Genome Browser：http://genome.ucsc.edu（2018 年 8 月 28 日アクセス）
・1000 Genomes Project：http://www.internationalgenome.org（2018 年 8 月 28 日アクセス）
・International Cancer Genome Consortium：https://icgc.org（2018 年 8 月 28 日アクセス）

7章 トランスクリプトーム解析

7.1 背景

　セントラルドグマは，ゲノム（DNA）上の特定の位置に遺伝子領域があり，その領域が転写されてメッセンジャー RNA（mRNA）ができ，その翻訳産物であるタンパク質が機能するというものであった．細胞内で転写される RNA は，この mRNA と ncRNA（翻訳されずに RNA のままで機能するノンコーディング RNA）から構成される．ゲノム上の特定の領域から転写される RNA のことを転写物（トランスクリプト；transcript）といい，転写物全体のことをトランスクリプトーム（transcriptome）という．したがって，トランスクリプトーム解析は，広義では転写物全体を解析することを意味する．ncRNA については 4 章で述べられているため，本章では主に mRNA について解説する．

　トランスクリプトーム解析は，NGS と密接に関連している．ゲノム解析は DNA を取り扱うが，トランスクリプトーム解析の場合は，RNA を逆転写して cDNA 配列として取り扱う．次世代シークエンサーによるトランスクリプトーム解析は RNA-seq とも呼ばれるが，これは RNA をシークエンスする解析だからである．RNA-seq の目的は，調べたいサンプル中に存在する RNA 配列（逆転写して断片化した後は cDNA 配列断片）の全体像を知ることである．ヒトを含む哺乳動物は，脳・心臓・肺・肝臓などさまざまな器官や細胞から構成されている．働いている RNA の種類や量は，器官や細胞ごとに異なる．器官（例えば肝臓）は同じでも，正常と腫瘍といった状態間で RNA の種類または量が異なるかもしれない．RNA-seq では，人種や地域差，抗がん剤の種類や投与量，そして投与後の経時変化などさまざまな解析が可能である．実際の研究現場では，多様な実験デザインから得られたさまざまな生物種のトランスクリプトームデータが取得・解析されている．

　セントラルドグマにおいて，遺伝子領域から転写および翻訳の過程を経てタンパク質が合成されることを遺伝子発現または単に発現という．RNA の場合は，転写が発現に，そして転写される量が発現量（または発現レベル）に相当する．したがって，（遺伝子）発現解析とは，対象となるサンプル中でどのような RNA（遺伝子）がどの程度発現しているのかを調べることである．RNA-seq の長所は，発現している RNA の塩基配列も知ることができる点にある．図 7.1 は，あるサンプル（イラストは肝臓）内のある遺伝子領域で起こっている発現状態を模式的に示したものである．この中には 3 つのエクソン領域があり，以下に示す 2 つの転写物（スプライスバリアント）が既知であったとする：

①エクソン 1（黒色）とエクソン 2（赤色）からなる既知転写物 1
②エクソン 1（黒色）とエクソン 3（水色）からなる既知転写物 2

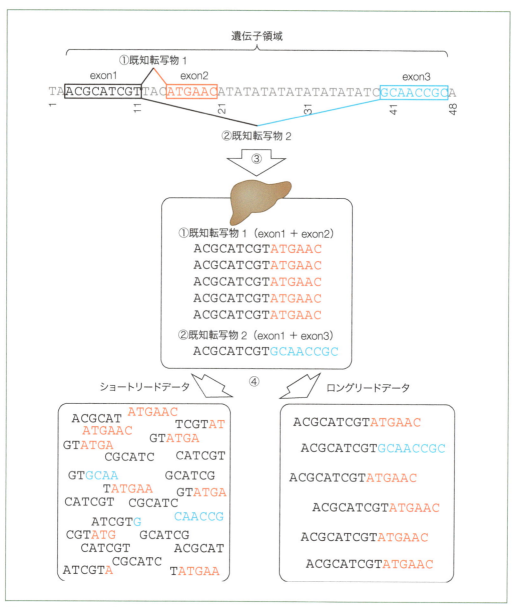

図 7.1 RNA-seq で取得するデータのイメージ
エクソン 1 を共有する①と②の既知転写物からなる，ある遺伝子領域の模式図．この遺伝子領域内における③ mRNA 発現の模式図．

図中のサンプル内では，③で示すように 2 つの転写物ともに発現しており，①既知転写物 1（5 つの mRNA）のほうが②既知転写物 2（1 つの mRNA）よりも高発現であることがわかる．RNA-seq の目的は，③で示すような解析サンプルの状態を知ることである．④は，ロングリード用（右）とショートリード用（左）の NGS 機器の出力イメージである．ロングリードデータは，原理的に転写物の塩基配列を全長にわたって一気にシークエンス可能であるが，歴史がまだ浅く評価が完全には定まっていない．ショートリードデータは，豊富なリード数のおかげ

でさまざまな解析目的に利用されている（5.2節参照）.

　もちろん④のシークエンス結果は，③で示した真実の状態を理解しやすいように示したものである. 例えば，④のロングリードデータは計6リードであり，③と同じ配列数となっているのでわかりやすい. しかしながら実際の作業は，④のデータを入力として，③のような状態を推測した結果を出力として得ることである. もし得られたロングリードデータが4リードしかなければ，②既知転写物2の配列は含まれないかもしれない. もし10リードであれば，①既知転写物1由来と②既知転写物2由来のリード数が7：3になるかもしれない. もし100万リード得られたならば，5：1に近い結果が得られるであろう. ①と②由来ではない残りのリード群の中には，シークエンス（ベースコール）エラーを含むものや，このサンプル中では稀にしか発現していない新規転写物の配列も含まれているかもしれない.

　以降は，主にショートリードを用いたmRNAのRNA-seq（mRNA-seq）データ解析について，データの前処理，そしてマッピングの基礎について述べる. 次に，リードを分割してゲノム配列にマップする必要性や，その際に重要となるリード長の感覚を確率・統計の観点から述べる. 最後に，マッピング結果を用いた新規転写物の同定，取り扱うデータが塩基配列情報から数値情報に切り替わる部分について述べ，発現解析の代表例であるサンプル間比較の基本的な流れについて解説する.

7.2　クオリティコントロール（QC）

　mRNA-seqでは，選択的スプライシングおよびポリアデニル化（ポリA付加）後の成熟mRNAを取り扱う. mRNAを逆転写してcDNA配列を得た後は，図5.1と同じような手順で行われる. 多くのNGSシステムは，サイズ選択後のcDNA断片配列の両末端に，アダプター配列と呼ばれる既知の塩基配列が付加された状態でシークエンスされる. この既知配列は，PCR増幅の際のプライマー配列としてや，複数サンプルを同時に解析する際の目印として利用される. しかしその副作用として，例えば全長が30 bp程度しかないsmall RNAのRNA-seqをリード長75 bpのシングルエンド（5.3節参照）で実行すると，得られたほぼ全リードの3′側（読み始めの始端側ではなく読み終わりの終端側）に，$75 - 30 = 45$ bp程度の長さのアダプター配列が含まれることになる. mRNA-seqの場合は，割合はそこまで多くはないものの，得られたリード中にアダプター配列が含まれることがある. また，ゲノム配列上にはないポリA配列（poly-A tail）もリード内に含まれることがある.

　これらのゲノム由来ではない塩基配列がリード中にどの程度含まれているかの調査は，クオリティチェック（5.6節参照）の一環として行われる. NGSデータ取得の際に，用いたNGS機器，試薬，そして手順などは既知である場合が多い. 用いられるアダプター配列の種類もそれほど多くはないため，リードに対してアダプター配列群を検索することで，リードの塩基配列をアダプター配列がどの程度部分的に占めているかがわかる. 図7.2は，①12塩基からなるリード

図 7.2　リード内のアダプター由来配列を同定する基本戦略
ここでは，① 12 塩基からなる仮想リード配列の右側にアダプター配列が含まれる 12 通りの可能性を検討している．括弧内の数値は，比較している塩基配列同士の一致を +1，不一致を −1 として得点化し，その総和をスコアとして計算した結果である．例えば可能性 5 は，リードの右端 5 塩基分（CATAG）がアダプター由来だと考える場合である．アダプター配列の左端 5 塩基分（AGGAT）と並べて比較すると，1 塩基が一致，4 塩基が不一致となる．それゆえ +1 − 4 = −3 というスコアになる．

（5′-ATTCTAGCATAG-3′）の 3′ 側（右側）に，アダプター由来配列（AGGATAGCCTACA）が含まれているか否かを調べる 1 つのやり方を示したものである．ここでは，リード中に占めるアダプターの可能性を 12 通り考えている．可能性 1 はリードの最後の 1 塩基（G）がアダプター由来，可能性 2 はリードの最後の 2 塩基がアダプター由来，…，そして可能性 12 はリードの全 12 塩基がアダプター由来だと考えた場合に相当する．

　直感的には，リードの最後の 7 塩基がアダプター由来だと考える（可能性 7）のが妥当である．理由は，リードの右端 7 塩基とアダプターの左端 7 塩基を並べて一致の程度を見たときに，6 塩基が一致しているからである．一致塩基数のみで評価すると，すべてがアダプター由来だと考えた場合（可能性 12）が最多の 7 塩基となる．しかしながら，全部で 12 塩基中 7 塩基の一致であり，一致塩基の割合では可能性 7（= 6/7 = 0.857）のほうが可能性 12（= 7/12 = 0.583）よりも高い．しかし割合のみで評価すると，今度は一致率 100％（2 塩基中 2 塩基）の可能性 2 を採択すべきとなる．直感をうまく反映する 1 つのやり方は，一致を +1，不一致を −1 点として並べた領域の点数の総和をスコアとして計算する方法である．こうすることで，例えば可能性 7 は一致した塩基数が 6 個，不一致が 1 個なので，スコア = 6 − 1 = +5 となる．全 12 通りの中でスコアが最大となるのは可能性 7 であり，直感と一致する．このような評価基準で ① ATTCTAGCATAG（当該リード）のアダプター配列除去を行うと，② ATTCT が出力と

して返されることになる．なお，この並べて比較する作業は，配列比較で一般的に行われる**ア**
ラインメントと本質的に同じである．

ポリ A 配列の除去は，アダプター配列と同様の手順で行うことができる．アダプター由来配
列を AAAAAAAAAAAAA …だとみなせばよいからである．クオリティスコア（Q 値）（5.6
節参照）が全体的に低いリードの除去（フィルタリング）や，リード中の Q 値が低い領域のト
リミングなども必要に応じて行う．これらを一度に実行するプログラムは豊富に存在するため，
わざわざ自作する必要はない．主に必要なスキルは，利用したいプログラムの選定，Linux 環境
でのインストールと実行，そして実行結果の合理的な解釈である．ここまでで，実際にはリー
ド長が不揃いながらも Q 値が高く，図 7.1 で示すようなゲノム配列由来の塩基配列がほとんど
を占める状態となる．

7.3 マッピングの基礎

マッピングとは，リードが比較対象として用いるリファレンス配列上のどの領域由来である
かを調べることである．マッピングは，リシークエンス / 変異解析でも行われるが，トランス
クリプトーム解析分野においても QC 後によく行われる定番の作業である．理由は，マッピ
ング結果が発現解析や新規転写物の同定を行う際の基礎情報として用いられるからである．リ
ファレンス配列としては，RNA-seq データを取得した生物種と同じ生物種のゲノム配列の利
用が基本であるが，ない場合は似た生物種のゲノム配列も利用される．また，新規転写物の同
定には向かないため発現解析にほぼ限定されるものの，利用可能であればトランスクリプトー
ム配列をリファレンスとしてもよい．

mRNA-seq のデータは，原理的にほとんどのリードがエクソン領域上にマップされる．ヒ
トやマウスなどのモデル生物は，どの領域に既知の遺伝子およびエクソン領域があるかなどの
アノテーション情報が充実している．これらの既知のエクソン領域情報は，ゲノムへのマッピ
ング結果の答え合わせのほか，**新規転写物の同定**にも援用される．あるサンプルから得られた
mRNA-seq データのマッピング結果において，もし既知エクソンではない領域に多くのリード
がマップされた箇所があれば，それは新発見かもしれない（後述）．

マッピングは，**文字列検索**と基本的に同じである．**図 7.3** は，48 塩基からなる①仮想ゲノム
配列への（a）ショートリードデータのマッピング例である．計 22 リード中，（b）塩基配列部
分に下線のない 13 リードは，エクソン領域内に完全一致でマップされていることがわかる．例
えば黒色のリード GCATCG は，ゲノム上の 5 番目から 10 番目の領域（5, 10）由来である
ことがわかる．その一方で，下線のある 9 リードは複数のエクソンをまたぐものである．例え
ばエクソン 1 と 2 をまたぐ（c）GTATGA は，GT がエクソン 1 領域の右端（10, 11）由来，
そして ATGA がエクソン 2 領域の左端（15, 18）由来であることがわかる．このような複数
のエクソン間をまたぐリードのことを**ジャンクションリード**という．

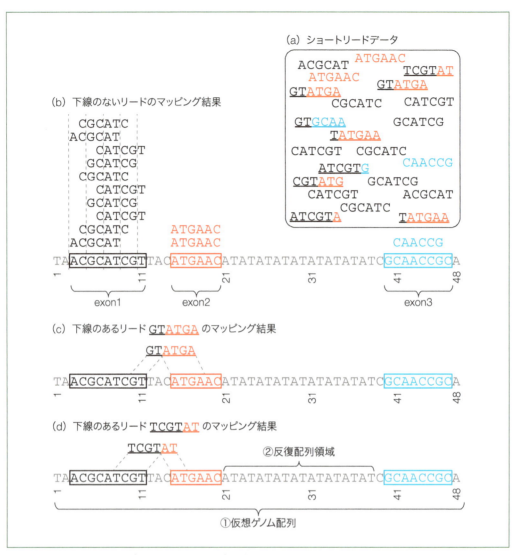

図7.3 ショートリードのゲノム配列へのマッピング

　もう1つの例として，(d) TCGTAT は，破線で対応付けしたエクソン1の (8, 11) およびエクソン2の (15, 16) 由来リードとして設計したものである．しかしながら，本当は領域 (15, 16) 由来の AT であったとしても，マッピング結果からはそうであると一意に決めることができない．理由は，①仮想ゲノム配列内の②仮想反復配列領域に AT が9ヶ所存在するため，真の領域 (15, 16) も含めて計10ヶ所のマップ可能な候補領域が存在するからである．②のような短い塩基のくり返しが続く反復配列領域は，ヒトやマウスなどの高等生物ゲノム内に数多く存在し，**図7.3d** で例示したようにマッピングを含むさまざまなデータ解析を行う上でしばしば不都合な状況を生じさせる．このため，マップされる側のリファレンス配列としてゲノム配列を用いる場合は，反復配列領域を ACGT のいずれかの塩基であることを表す N で置き換えて，マップされないように前処理しておく（マスクする）こともある．このような反復

（リピート）配列領域をマスクするプログラムとしては，RepeatMasker が有名である．ヒトやマウスなどの頻繁に用いられるゲノム配列は，マスク済（RepeatMasker 実行済）バージョンも提供されている場合が多い．また，マッピングプログラムによっては，複数箇所にマップされるリードを除外するオプションも利用可能である．

7.4 ▶ 確率と統計

　複数箇所にマップされうる他の要因としては，リード長が挙げられる．もしゲノム配列を構成する4種類の塩基の出現確率が同じ（A＝C＝G＝T＝0.25）なら，任意の2連続塩基は $4^2 ＝ 16$ 通り（AA，AC，AG，AT，CA，CC，…，TT）存在し，各々の出現確率の期待値は $(0.25)^2 ＝ (1/4)^2 ＝ 1/16 ＝ 0.0625$ となる．これは，各塩基が等確率で出現するランダムなゲノム配列を作成した場合，平均して16塩基ごとに AA という2連続塩基が出現することを意味する．もし352塩基からなるランダムなゲノム配列を作成した場合は，その中に AA という2連続塩基は理論上 $352 \times 0.0625 ＝ 22$ 個存在することになる．AG や TC といった他の2連続塩基でも同じ22個となる．同様にして，3連続塩基の場合は $4^3 ＝ 64$ 通り，4連続塩基の場合は $4^4 ＝ 256$ 通り存在する．また，連続塩基の出現確率は，3連続塩基の場合は $(0.25)^3 ＝ (1/4)^3 ＝ 0.015625$ となり，4連続塩基の場合は $(0.25)^4 ＝ (1/4)^4 ＝ 0.00390625 ＝ 3.9 \times 10^{-3} ＝ 3.9\text{E-}3$ となる．したがって，例えば352塩基からなるランダムなゲノム配列（ゲノムサイズ＝352塩基）上に，任意の4連続塩基（例：ACGA）が存在する期待値は，$352 \times (0.25)^4 ＝ 1.375$ 個となる．

　これは，連続塩基の長さをリード長だとみなせば，リード長が長いほど複数箇所に偶然マップされる確率が低下することを意味している．4種類の塩基の出現確率が同じ（A＝C＝G＝T＝0.25）という条件のもとで，任意の n 連続塩基（リード長 n）が存在する期待値は，ゲノムサイズ $\times (0.25)^n$ 個として表すことができる．ヒトゲノムの場合は約30億塩基対なので，ゲノムサイズ＝3,000,000,000である．$n ＝ 12$，14，16，18の場合の n 連続塩基が存在する期待値は，それぞれ以下のようになる：

・$n ＝ 12$ の場合：$3,000,000,000 \times (0.25)^{12} ＝ 178.814$
・$n ＝ 14$ の場合：$3,000,000,000 \times (0.25)^{14} ＝ 11.176$
・$n ＝ 16$ の場合：$3,000,000,000 \times (0.25)^{16} ＝ 0.698$
・$n ＝ 18$ の場合：$3,000,000,000 \times (0.25)^{18} ＝ 0.044$

　この期待値は，ヒトゲノムサイズ程度のリファレンス配列中に，n 連続塩基が偶然存在する個数である．そのため，1よりも低く0に近いものが理想のリード長ということになる．上記の場合，1未満の期待値（0.698）で最短のものは16連続塩基（16 bp のリード長）であり，0に近い期待値（0.044）は18連続塩基のときである．もしマッピング時に18 bp 程度のリード長を確保したいと思えば，その前段階である QC 実行時（7.2 節参照）にその条件を利用する．具体的には，アダプター配列や Q 値が低い領域をトリミングした後に，18塩基以上のリード

のみ残すフィルタリングを行えばよい.

　もちろん，4種類の塩基の出現確率は同じではない．つまり，ゲノム中のGC含量は生物種によって異なり，例えばヒトゲノムのGC含量は約41％である．GC含量41％は，ACGT全体で100％としたときに，CとG合わせて41％を占めるということを意味する．各々で20.5％となるので，C＝G＝0.205となる．必然的に，残りの59％（＝100％−41％）をAとTで等分割することになるため，A＝T＝0.295となる．よって，4^2通り存在する2連続塩基の出現確率の期待値は以下のようになる：

- CC，CG，GC，GGの場合：$(0.205)^2 = 0.042025$
- AA，AT，TA，TTの場合：$(0.295)^2 = 0.087025$
- AC，AG，CA，CT，GA，GT，TC，TGの場合：$0.205 \times 0.295 = 0.060475$

各塩基が等確率の場合とは異なり，AまたはTのみからなる期待値が高いものと，CまたはGのみからなる期待値が低いものとの間で2倍以上の差があることがわかる．とはいえ，以下に示すように最も出現確率の高いAまたはTのみで期待値を算出しても，フィルタリング条件は数塩基（18塩基 → 20塩基）程度しか変わらない：

- $n = 16$の場合：$3,000,000,000 \times (0.295)^{16} = 9.869$
- $n = 18$の場合：$3,000,000,000 \times (0.295)^{18} = 0.859$
- $n = 20$の場合：$3,000,000,000 \times (0.295)^{20} = 0.075$

　GC含量が約36％のシロイヌナズナの場合は，C＝G＝0.18およびA＝T＝0.32となる．出現確率の高い0.32と，約120MB（119,667,750 bp）というゲノムサイズを用いて期待値を算出すると以下のようになる：

- $n = 16$の場合：$119,667,750 \times (0.32)^{16} = 1.447$
- $n = 18$の場合：$119,667,750 \times (0.32)^{18} = 0.148$
- $n = 20$の場合：$119,667,750 \times (0.32)^{20} = 0.015$

　これは，GC含量が50％から多少離れていたとしても，ゲノムサイズがそれほど大きくなければ，リード長が20 bpあれば十分ユニークにマップ可能であることを意味している．その20 bpがさらに分割してマッピングされるジャンクションリードの場合は不十分ではあるが，ジャンクションリード分割後の短い方が20 bp程度確保されるようなトータルのリード長であればよい．ジャンクションリードのマッピングが本格化したのは，トータルのリード長が75 bp超となった頃からである．これだけの長さがあれば，短い方の部分配列でも20 bp程度の長さを確保できるので妥当である．

7.5 ▶ 新規転写物同定

　ここでは，新奇な解毒能力をもつ個体が見つけ出され，その原因が肝臓で働く新規転写物であったという話で説明する（**図7.4**）．（a）は，そのサンプル内での真の発現状態を示したもの

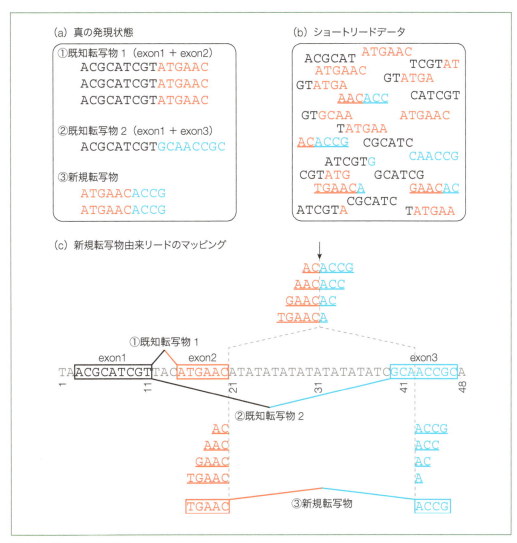

図 7.4 新規転写物の同定
(a) ある肝臓サンプルにおける真の発現状態と，(b) そのショートリードデータ．計 22 リード中，下線つきの 4 リードが新規転写物由来のものである．(c) そのマッピング結果から，③新規転写物の有望な候補だと判断する．

である．実際には色付けされていない (b) ショートリードデータを入力としてマッピングを行い，アノテーション情報とリードのマップ状況を頼りにして (a) のような状態を推測するのがデータ解析である．(b) 中の下線のついた 4 リードは，③新規転写物由来のジャンクションリードである．(c) は，この 4 リードのマッピング結果から③新規転写物を同定するイメージを示したものである．マップ前の 4 リードの上部にある下向きの太字矢印（↓）は，ゲノム配列上の異なる領域の連結（ジャンクション）部分に相当する．例えば，リード ACACCG は，左側の AC がエクソン 2 の右側の領域（19, 20）に，そして残りの ACCG がエクソン 3 内の領域（43, 46）にマップされる．

図 7.4c の場合，領域（3, 4）や（13, 14）など他にも AC が存在するため，不確かなマッ

ピング結果から都合よく解釈しているように思われるかもしれない．しかしながら，上述のように実際の部分配列は 20 bp 程度の長さが確保されている．したがって，一定数のジャンクションリード（この例では 4 リード）の終端および始端がゲノム上の同じ位置にマップされていれば，③新規転写物の発見である可能性が高い．なお，この種の発見は，必ずしもジャンクションリードのマッピング結果に基づく必要はない．もしペアエンドデータ（図 5.2 参照）であれば，例えば forward 側のリードがエクソン 2 に，そして reverse 側のリードがエクソン 3 の 4 番目の塩基以降に多数マップされた結果に基づいて有望な新規転写物の候補だと判断してもよい．

7.6 ▶ 発現解析のための基礎情報取得

　これまで述べてきた新規転写物同定のような塩基配列解析とは異なり，発現解析では数値化した情報を取り扱う．RNA-seq は，遺伝子レベルや転写物レベルなどさまざまなレベルの発現解析が可能である．遺伝子レベルの発現解析の場合は，遺伝子ごとにマップされたリード数をカウントして数値化したものを用いる．シングルエンドの場合は，遺伝子領域内のエクソン部分にマップされたリード数を用いる．ペアエンドの場合は，forward 側と reverse 側のリードがともに同じ遺伝子領域内にマップされていれば，フラグメントとよばれる 1 本の元の断片配列（図 5.2 参照）がその遺伝子由来だと判断する．そして，フラグメント数をカウントした数値情報を用いる．つまりペアエンドの場合は，マップされたリード数の 2 ではなく，マップされたフラグメント数の 1 としてカウントする．

　mRNA-seq で得られるデータは，mRNA（転写物）の断片配列である．したがって，転写物レベルの発現解析は，元データの解像度と一致する．しかし，複数の mRNA（転写物）が同じエクソンを共有する場合，共有エクソン（shared exon）上にのみマップされたリード（またはフラグメント）の取り扱いが問題となる．例えば，図 7.3b でエクソン 1 上にマップされた 10 個のリードは，図 7.4 に示されているように，①既知転写物 1 および②既知転写物 2 のどちらかに由来する．**図 7.5** は，図 7.3a のショートリードデータを（ゲノムではなく 2 つの既知転写物配列のみからなる）トランスクリプトーム配列にマップした結果の模式図である．①既知転写物 1 のみにマップされたのは 9 リード，そして②既知転写物 2 のみは 3 リードである．これをそのまま発現解析用の数値データ（リードまたはフラグメント数をカウントしたデータという意味でカウントデータという）とすることもあるが，それに加えて，以下のように複数箇所にマップ可能な 10 リードを割り振って利用することもある．

・マップされた 2 箇所に均等に割り振る場合：
　①既知転写物 1 のカウント数 $= 9 + 10/2 = 14$
　②既知転写物 2 のカウント数 $= 3 + 10/2 = 8$
・各転写物にユニークにマップされたリード数の比（9：3）で割り振る場合：
　①既知転写物 1 のカウント数 $= 9 + 10 \times 9/(9 + 3) = 16.5$

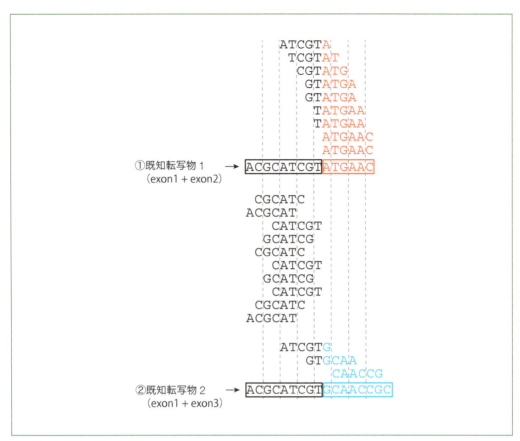

図 7.5　共有エクソン上にマップされるリードの割り振り

②既知転写物 2 のカウント数 = 3 + 10 × 3/(9 + 3) = 5.5

　実際問題としては，リファレンスがゲノム配列であれトランスクリプトーム配列であれ，同一リードが何十ヶ所にもマップされることがある．また，ユニークにマップされたリードがない既知転写物配列も存在しうる．加えて，図 7.4 で示したような新規転写物をリファレンス配列に含めるか否かで，共有エクソンの状況も異なってくる．現実には，このような不確実性を許容しつつ，数万転写物（または遺伝子）のリードカウントデータを取得する．そしてこの作業は，サンプルごとに要素数が転写物数に等しい数値ベクトルを得ることに相当する．

　発現解析の主な目的は，比較するサンプル間で発現の異なる遺伝子（または転写物）を同定することである．このため，条件の異なる別のサンプルのカウントデータも取得しておき，条件 A vs. 条件 B のような 2 つのサンプルの数値ベクトル同士を比較するというデータ解析が行われる．ベクトル間で数値が大きく異なる要素は，目的の比較するサンプル間で発現変動している転写物である．ただし，2 つのサンプルのみの場合は，得られる結果が本来比較したい条件間の違い以外に，体重や性別の違いなど意図しない別の要素の結果を含みうる．このため，同一条件（または同一群）内の別個体サンプルのデータも取得しておき，同一条件内でどの程度ばらついているかを考慮するのが一般的である．同一条件内の別個体サンプルの数は反復数と

7 章　トランスクリプトーム解析　107

呼ばれ，統計的な観点から 3 以上が推奨されている．したがって実際の統計解析は，多くがサンプル間比較ではなく条件（または群）間比較である．また，一度に数万転写物の検定を行うため，検定結果の解釈にも注意が必要である．例えば，有意水準を 5 ％に設定して 10,000 個の転写物を検定すれば，本当は発現変動していないにもかかわらず発現変動していると誤判定される検定数（つまり転写物数）が $10,000 \times 0.05 = 500$ 個程度存在することを正しく理解しておかねばならない．これは多重比較問題について述べたものであり，多くの発現解析において多重検定の補正がなされている．

7.7 結論

　本章では，トランスクリプトーム解析の基礎的な事柄として，mRNA-seq の簡単な原理，QC，リファレンス配列へのマッピング，新規転写物の同定，そして発現解析の概要を述べた．利用可能なリファレンス配列がない場合には，mRNA-seq データのみを入力としたデノボアセンブリによって，トランスクリプトーム配列（転写物配列の集合体）を得ることもできる．これをリファレンス配列として利用すれば，ゲノム配列のない生物種でも発現解析を行うことができる．

　今日では，さまざまな RNA-seq の生データが公共 DB から公開されており，自由にダウンロードして解析可能である．RNA-seq が本格化する 2010 年頃までは，マイクロアレイが発現データ取得の主要技術であったため，現在でもマイクロアレイデータが DB 内において一定の割合を占める．また，比較する数値ベクトル同士を連結した発現行列のデータ解析は，マイクロアレイ解析当時の知見が活用されている．クラスタリング，発現変動解析，機能解析（遺伝子セット解析）などのキーワードで得られるインターネット上の豊富な情報も参考になるであろう．

参考文献
・門田幸二（2014）Useful R 第 7 巻トランスクリプトーム解析，共立出版
・鈴木穣 編（2016）実験医学別冊 NGS アプリケーション RNA-Seq 実験ハンドブック，羊土社
・バイオインフォマティクス人材育成のための講習会：
　https://biosciencedbc.jp/human/human-resources/workshop（2018 年 5 月 24 日アクセス）
・イルミナ iSchool：
　https://jp.illumina.com/events/ilmn_support_program/ilmn-ischool.html（2018 年 5 月 24 日アクセス）
・（R で）塩基配列解析：
　http://www.iu.a.u-tokyo.ac.jp/~kadota/r_seq.html（2018 年 5 月 24 日アクセス）

8章 エピゲノム解析

8.1 背景

　エピゲノム（epigenome）とは，「〜の上」を表すラテン語 epi（エピ）と genome（ゲノム）の合成語で，ゲノムと相互作用して遺伝子発現制御に関与する後天的機構全体を意味する言葉である．類似の用語としてエピジェネティクスがある．こちらは genetics（遺伝学）からの派生であり，エピゲノムよりも古くから使用されている．エピゲノムという場合には，遺伝学的側面よりは染色体上で繰り広げられる制御機構としての側面が大きな比率を占めている．染色体は，DNA とタンパク質の複合体であるクロマチンが連結した物質である（図 8.1）．クロマチンは DNA が糸巻きに巻かれたような構造（ヌクレオソーム構造）をもつ．糸巻き役のタンパク質はヒストンである．ヒストンは 4 つのタンパク質（H2A，H2B，H3，H4）で構成され，コアヒストンと呼ばれる．これに巻きつく DNA は 146 塩基対ほどの長さである．

　主たるエピゲノム機構として，DNA におけるシトシン塩基のメチル化（DNA メチル化）と，ヒストンにおける H3 タンパク質の N 末端，C 末端のヒストンテール（尾部）と呼ばれる領域のさまざまな化学修飾（ヒストン修飾）が知られている．ヒストン修飾には一定の表記方法がある．例えば H3K4me3 は，H3 タンパク質のテール部分 4 番目のリジン（K）のトリメチル化（me3）を表す．モノメチル化は me1，アセチル化は ac と記す．

　図 8.2 に主な化学修飾の種類と遺伝子発現との関係をまとめた．図中の DNA メチル化について解説する．遺伝子上流のプロモーター領域にシトシンとグアニンのペアが頻出する領域があり，CpG アイランドとして知られている．メチル化はこの領域のシトシンでよく観測され，下流の遺伝子の抑制とよく相関することが知られている．一方，遺伝子内部のシトシンメチル化は活性化された遺伝子とよく相関することが知られている．このことは，シトシンのメチル化によって，DNA の不整な転写を抑制し，正常な転写を促進することに関連していると考えられている．

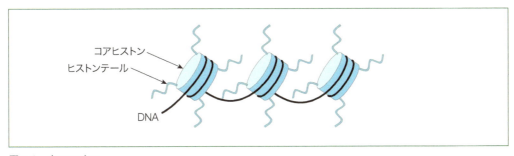

図 8.1　クロマチン

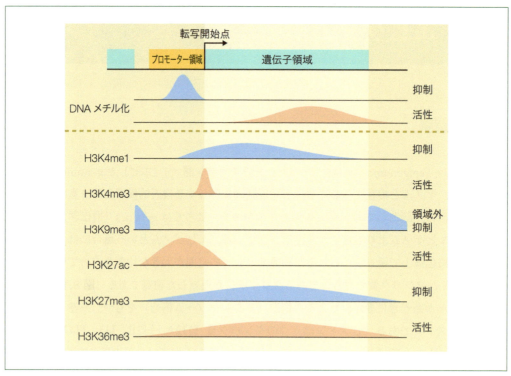

図 8.2　エピゲノムの種類

　ヒストン修飾にはさまざまなものがあるが，本書では図 8.2 に示したものについて取り上げる．ヒストン修飾は，タンパク質側の修飾でありながら，遺伝子の位置と関連付けてみることができる．すなわち，ヒストンとそれに巻きついた DNA の位置関係には，遺伝子領域の観点から特異性がある．ヒストン修飾が DNA と相互作用することで，遺伝子の活性や抑制に影響を与えていると考えられている．例えば，H3K4me3 は活性遺伝子の転写開始点近傍で頻繁に観測されることから，活性遺伝子のマーカーとして認知されている．また，H3K9me3 は遺伝子領域の外で頻繁に観測されており，遺伝子領域外部での不整な転写を抑制する働きがあると考えられている．このように，ヒストン修飾も DNA メチル化と同様に遺伝子領域に関連付けて捉えることができる．

　DNA メチル化やヒストン修飾は古くから認識されていたが，次世代シークエンサーを用いた大規模 DNA 配列解析が可能になると，全ゲノム規模のエピゲノム情報が網羅的に観測できるようになり，細胞内のさまざまな現象がこれらの機構を介して説明できるようになった．図 8.2 に示した遺伝子の活性と抑制が，生体機能としてどのように関係するかを解明することがエピゲノム研究の大きな課題である．そのためには，正常なエピゲノムと，異常なエピゲノムの知見を得る必要がある．特にヒトにおけるエピゲノムの正常・異常は疾患機構の解明に大いに役立つ知見であることから，この分野に関連する研究が殊に活発である．

　エピゲノムの知見を蓄積するには膨大な測定を行う必要があり，巨額の研究予算を伴うことから，この分野の研究者が世界規模で連携することで，効率よく研究を加速させるための活動

が繰り広げられている．正常エピゲノムに関する知見を蓄積するための国際連携として，国際ヒトエピゲノムコンソーシアム（International Human Epigenome Consortium; IHEC）の活動がある．日本を含む8つ国や地域から8プロジェクトが連携して，ヒトのさまざまな細胞や組織における正常エピゲノムのデータを取得し一般公開することを目的として2012年に発足した．これまでの成果はIHEC Data Portal（http://epigenomesportal.ca/ihec/）に整理され公開されている．一方，異常エピゲノムに関する知見を蓄積するための国際連携としては，国際がんゲノムコンソーシアム（International Cancer Genome Consortium; ICGC）のICGC Cancer Genome Projectsが代表的であろう．16の国と地域が参加している．その名のとおりがんを主眼としたコンソーシアムで，エピゲノムに類するデータとしてはDNAメチル化の情報のみ取得されている．コンソーシアムの成果はICGC Data Portal（https://dcc.icgc.org/）にて公開されている．

8.2 計算手法の説明

　バイオインフォマティクスによる研究対象となるエピゲノム解析としては，主として次世代シークエンサーを用いたDNAメチル化解析である**バイサルファイト・シークエンシング**（bisulfite sequencing; BS-Seq）と，ヒストン修飾の検出のための**ChIP**（クロマチン免疫沈降；Chromatin Immuno Precipitation）**-Seq**がある．**表8.1**に，公共データベースに登録されているエピゲノムデータの総数についてまとめた．

表 8.1　公共データベースにおけるエピゲノムデータの数

種類	実験種別	公開エントリ数
DNA シトシンメチル化	Bisulfite sequencing	13,482
ヒストン修飾	ChIP-Seq H3K4me1	2,005
	ChIP-Seq H3K4me3	3,965
	ChIP-Seq H3K9me3	948
	ChIP-Seq H3K27ac	4,232
	ChIP-Seq H3K27me3	2,740
	ChIP-Seq H3K36me3	1,372

（2018 年 3 月時点）

8.2.1　BS-Seq の原理

　BS-Seqの原理を**図8.3**に示す．試料となる細胞から採集したDNAをバイサルファイト処理し，メチル化していないシトシン（C）をウラシル（U）に置換する．その後次世代シークエンサーでDNAを読み取る．シークエンサーではUはチミン（T）として出力される．これを参照ゲノム配列へマッピングすると，シークエンサーの配列上ではTで，参照ゲノム配列上

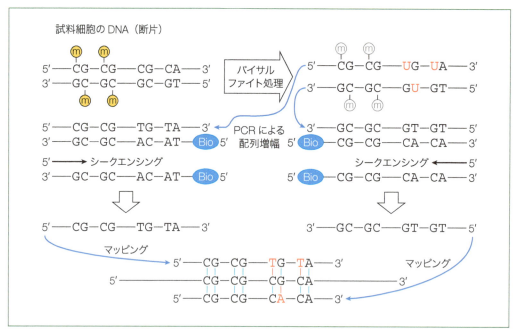

図 8.3 BS-Seq の原理

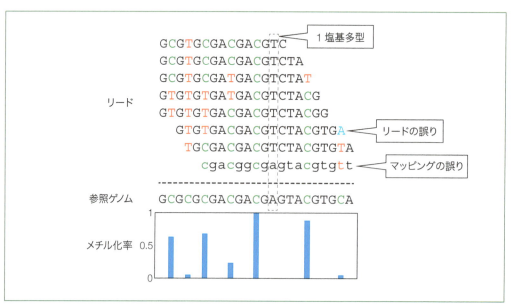

図 8.4 メチル化 C の検出方法

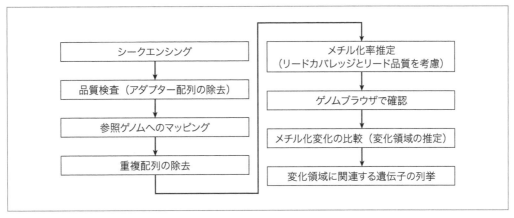

図8.5 BS-Seq処理の流れ

ではCとなっている箇所を検出することができる．図8.4にマッピングの概要を示す（マッピングについては7.3節も参照）．このTはメチル化されていないCがバイサルファイト処理によってTに置換された結果であるとみることができる．一方，メチル化とは無関係なTとCの対応も生じる．例えば，Tがシークエンサーの誤読である場合，参照ゲノムと試料細胞のゲノムがそもそも違っていて，バイサルファイト処理に関係なくTである場合（1塩基多型），参照ゲノム上にこの位置だけ異なるよく似た配列領域があったことによるマッピングの間違いである場合が考えられる．これは，シークエンサーの出力配列（リード）が複数マップされている場合，ある程度区別することが可能である．

図8.5にBS-Seqの流れを示す．T-Cの関係は，シークエンサーの出力配列（リード）と参照ゲノム配列が順方向の場合であり，相補的な配置ではA-Gの関係になる点に留意すること．配列解析の上で留意するべき点は，マッピングの際にリードと参照ゲノム配列の間にどれくらい不一致を許容するかである．一般的なマッピングにおいて，不一致を多く許容すればリードがマップされる割合が増えるが，マッピングの間違いも増える．BS-Seqに特異な問題は，T-CやA-Gの不一致は可能な限り許容して，それ以外の不一致を許容する必要がないことである．したがって，一般的なマッピングの戦略をBS-Seqのリードに対して行うと，DNAメチル化とは無関係な不一致を必要以上に混入させてしまう危険がある．この問題をうまく処理して高い精度でDNAメチル化を検出できるツールが多数開発されている．主なものを表8.2にまとめた．マッピング以降は，検出されたシトシンのメチル化率を推定する必要がある．各シトシンにマップされるリード数と各リードの品質スコアを考慮することで，推定精度が向上することが知られている．得られたメチル化率は，複数の試料間で比較することが重要である．比較によって，メチル化率の変化したDNA領域と，その領域に対応する遺伝子群を得ることができる．この遺伝子群が，試料間の差異を説明する候補因子となる．一方，メチル化率をゲノムブラウザで視覚的に試料間の差異を確認することも重要である．ゲノムブラウザによる視覚化には，メチル化率からゲノムブラウザ用のファイルを作成する必要がある．

表 8.2　BS-Seq リードマッピングツールおよびメチル化シトシン検出ツール

名称	特徴	URL	配布形式
BWA	高速マッピングツールの定番の一つ．BS-Seq 用の機能は特にないが，IHEC では BWA が特に多く用いられており，さまざまなマッピング後処理用のツールと組み合わせて使用されている．	http://bio-bwa.sourceforge.net/	ソースコード
Bowtie2	BWA と並ぶ高速マッピングツールの定番の一つ．BS-Seq 用の機能は特にないが，BISMARK と組み合わせて使用される．	http://bowtie-bio.sourceforge.net/bowtie2/index.shtml	実行形式（Linux，MacOSX），ソースコード
Pash	k-mar に基づくハッシュテーブルによる高速マッピングツール．BS-Seq 用の機能を備えている．原著論文には BSMAP に対して速度，精度両面で上回る結果が示されている．	http://www.brl.bcm.tmc.edu/pash/	ソースコード
novoalign	商用の高速マッピングツール．BS-Seq 用の機能のほか，さまざまな用途に対応している．クラスター計算機による高速化にも対応しており，大規模解析に適したツールである．	http://www.novocraft.com/products/novoalign/	実行形式（Linux，MacOSX）
BISMARK	マッピング処理は外部ツールとして高速マッピングツールの定番の一つである Bowtie や Bowtie2 を用いる BS-Seq 用パイプライン．マッピング，メチル化率の推定，ゲノムブラウザ用のグラフファイル作成と，解析に必要なことは全部まとめて処理してくれる便利ツール．	https://www.bioinformatics.babraham.ac.uk/projects/bismark/	ソースコード（Perl スクリプト）
BMAP	PBAT プロトコル（通常のバイサルファイト処理よりも少ない細胞数を取り扱うことができる）によって得られた BS-Seq データをマッピングするのに適したツール．必要とするメモリが 24 GB，ディスク容量が 500 GB と，ハイエンド計算サーバー向け．	http://itolab.med.kyushu-u.ac.jp/BMap/	実行形式（Linux，MacOSX，Windows），ソースコード
BSMAP	高速マッピングツール SOAP をもとに BS-Seq 用機能を実装したもの．BSMAP 自体はマッピングのみだが，メチル化率を推定するスクリプトも付属している．	https://github.com/genome-vendor/bsmap	ソースコード

8.2.2 ┃ ChIP-Seq の原理

図 8.6 に ChIP-Seq の原理を示す．試料細胞の核から染色体を精製し，制限酵素と反応させると，ヒストンに巻かれていない DNA 領域でよく切断される．これによってヌクレオソーム単位に断片化されたヒストン－ DNA 複合体が得られる．標的となるヒストン修飾と特異的に結合する抗体を用いて，標的修飾をもつヒストン－ DNA 複合体だけを分離することができる．その後，タンパク質分解酵素でヒストンを除去して DNA を精製する．この DNA を大量にシークエンスし，参照ゲノムにマッピング（7.3 節，8.2.1 参照）することで，標的ヒストン修飾と関連する DNA 領域を，全ゲノム規模で検出できる．

ChIP-Seq で得られる配列は，通常のゲノム DNA をシークエンシングした場合と同様の

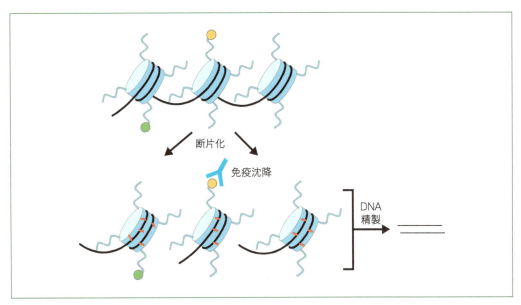

図 8.6　ChIP-Seq の原理

配列である．したがって，参照ゲノムへのマッピングに際して特別なアルゴリズムは必要ない．マッピングで得られる結果は免疫沈降による選択が働いて，特定の領域にリードが集中する．これを**ピーク**と呼ぶ．例えば H3K4me3 では，遺伝子の転写開始点近傍にピークが生じる．一方，免疫沈降による選択とは関係のない非特異的なピークも多数生じることから，検出されたピークの中から，標的ヒストン修飾に特異的なピークを判別する必要がある．そのためには，非特異的なピークを反映したコントロールと比較して，統計的に有意なピークのみを判別する方法がとられる．コントロールの取得には，いくつかの方法が存在する．例えば，標的分子をもたない模擬抗体を使って ChIP-Seq の実験手順をそのまま実行する．これによって，免疫沈降による選択とは関係のない非特異的なピークの分布を得ることができる．コントロールと比較することで，統計的に有意な標的ヒストン修飾のピークを検出することができる．**表 8.3** にピーク検出のための情報ツールをまとめた．

表 8.3　ChIP-Seq ピーク検出のための情報ツール

名称	特徴	URL	配布形式
MACS2	ピーク検出（シャープ，幅広）と試料間のピーク比較に対応した情報ツール．	https://github.com/taoliu/MACS	ソースコード（Python）
Homer	ピーク検出（シャープ，幅広）と試料間のピーク比較に対応した情報ツール．	http://homer.salk.edu/homer/index.html	ソースコード（Perl，C++）
MAnorm	試料間のピーク比較用ツール．	http://bcb.dfci.harvard.edu/~gcyuan/MAnorm/MAnorm.htm	ソースコード（R）
ChIPComp	試料間のピーク比較用ツール．比較には試料ごとに2つ以上のレプリケートが必要．レプリケートを用意することで，より信頼性の高い比較が可能になる．	http://web1.sph.emory.edu/users/hwu30/software/ChIPComp.html	ソースコード（R）
DiffBind	試料間のピーク比較用ツール．比較には試料ごとに2つ以上のレプリケートが必要．レプリケートを用意することで，より信頼性の高い比較が可能になる．	http://bioconductor.org/packages/release/bioc/html/DiffBind.html	ソースコード（R）

8.3　具体的な解析事例

8.3.1　BS-Seq の解析事例

　BS-Seq を実施する具体的な事例として，細胞の分化やがん化におけるエピジェネティックな変化を観測したものがよく知られている．どのような事例であれ，問題となるのは利用可能な試料細胞の量で，バイサルファイト処理のためには一定数以上の細胞が必要となる．したがって，培養によって細胞を増やすことができる試料であれば比較的実施は容易といえるが，患者から組織切片の取得が必要となるような場合は，十分な細胞量を確保できるか否かが鍵となる．

　十分な試料細胞が確保できる場合，試料を BS-Seq 解析サービスを提供している業者や機関に送付し，解析を委託することが一般的である．解析が終わると BS-Seq の生データであるシークエンスファイルが送り返されてくる．ここから，図 8.5 に示した BS-Seq 処理の流れに沿って，バイオインフォマティクス解析を行う．まずは，シークエンスファイルのクオリティコントロールを行う（クオリティコントロールについては 5.6 節，7.2 節参照）．これからの解析に適したものか否かについて確認するのが目的である．シークエンスファイルのクオリティコントロールには FASTQC（https://www.bioinformatics.babraham.ac.uk/projects/fastqc/）がよく用いられる．複数のシークエンスファイルのクオリティコントロール情報を一つの HTML ページにまとめる MultiQC（http://multiqc.info/）という情報ツールがある．FASTQC で検査される項目を表8.4 に示す．BS-Seq の場合，バイサルファイト処理（C → T）の影響によって「位置別塩基組成」と「GC 含量ヒストグラム」に影響を与えるため，これらの指標で「異常」を示す場合がある点に留意しておく必要がある．実際の BS-Seq のシークエンスファイル

表 8.4　FASTQC の検査項目

項目	概要
配列位置別塩基品質 Per Base Sequence Quality	全リード配列の位置ごとの塩基品質について統計をとったもの．通常，配列位置が後方になるほど塩基品質は下がるが，前方で低品質の傾向が強いものはシークエンシング異常を疑う．
品質ヒストグラム Per Sequence Quality Scores	全リード配列の塩基品質のヒストグラム．低品質配列が大量に含まれている場合は，シークエンシング異常を疑う．
配列位置別塩基組成 Per Base Sequence Content	全リード配列の位置ごとの塩基組成について統計をとったもの．これは標的となる生物種のゲノム塩基組成に影響を受けるが，BS-Seq の場合は，バイサルファイト処理（C → T）の影響を受ける点に注意が必要．
GC 含量ヒストグラム Per Sequence GC Content	全リード配列の GC 含量のヒストグラム．これも標的となる生物種のゲノム塩基組成に影響を受けるが，BS-Seq の場合は，バイサルファイト処理（C → T）の影響を受ける点に注意が必要．
配列位置別 N 含有率 Per Base N Content	全リード配列の位置ごとの N 出現頻度について統計をとったもの．N は ACGT のいずれかを特定できなかった場合に使用され，シークエンスの品質に関連する指標となる．通常，N が配列後方で数％含まれる事例は異常とは考えないが，数十％以上含まれたり，配列前方で頻出する場合，シークエンシング異常を疑う．
配列長分布 Sequence Length Distribution	全リード配列長のヒストグラム．通常，リード配列は一定の配列長でピークを示すが，複数のピークが確認されるような場合はシークエンシング異常を疑う．
重複配列のヒストグラム Duplicate Sequences	まったく同じ配列が出現した回数のヒストグラム．同じ配列が数十回以下出現することは正常の範囲であるが，数千回以上出現する場合は，シークエンス異常を疑うが，後処理で重複配列を除去することができる．
頻出配列 Overrepresented Sequences	全リード配列の 0.1 ％以上を占める単一配列をリストアップしたもの．重複配列の中で異常に多いものをリストアップする．下記のアダプター配列が多く含まれる場合，後処理でアダプター配列を除去することができる．
アダプター配列の組成 Adapter Content	全リード配列位置ごとに既知のアダプター配列が含まれる割合をグラフ化したもの．アダプター配列は，後処理で除去することができる．
k 文字含有率 k-mer Content	全リード配列の位置ごとに頻出する k 文字の出現頻度をグラフ化したもの．特定の k 文字が頻出する場合，アダプター配列が多く含まれているか，何らかのシークエンシング異常を疑う．

による「位置別塩基組成」のグラフを**図 8.7** に示す．C の出現頻度が極端に小さくなって，Tの割合が大きくなっているのがわかる．

　クオリティコントロールの結果，アダプター配列の除去が必要となる場合がある．アダプター配列の除去には，そのための情報ツール（**表 8.5**）を用いる．アダプター配列以外にも，「配列位置別塩基品質」において，配列後方，あるいは最前方の塩基に低品質塩基が集中している場合は，同じツールを使って低品質塩基を除去することができる．これによって，マッピング可能となるリード配列が増えることが期待できる．

　次に，参照ゲノムへのマッピングを行う．基本的には，表 8.2 にまとめた BS-Seq 解析用情報ツールを使う．例えば，BISMARK を使った場合，入力ファイルとして，シークエンスファイルと参照ゲノムファイルを指定し，出力として解析結果の概要を示すレポートファイルと，シークエンスファイルを参照ゲノムにマッピングした結果ファイルを得る．

　マッピング結果を得た後で，重複配列の除去が必要となる場合がある．先にも述べたとおり，

8 章　エピゲノム解析　**117**

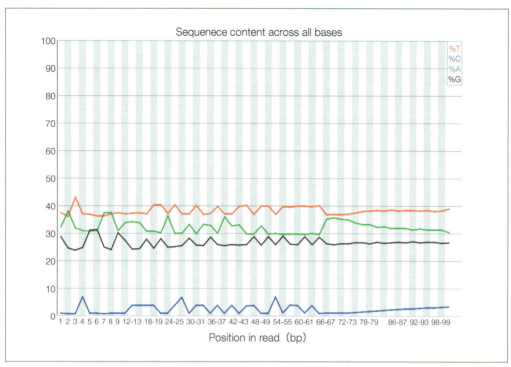

図 8.7　BS-Seq の FASTQC

表 8.5　アダプター配列除去のための情報ツール

名称	特徴	URL	配布形式
Picard	SAM/BAM 形式ファイルに対応．イルミナ社のアダプター配列に対応．	http://broadinstitute.github.io/picard/	実行形式（Java），ソースコード
AdapterRemoval	FASTQ 形式ファイルに対応．イルミナ社のアダプター配列に対応．ペアエンドリードにも対応．	http://www.usadellab.org/cms/?page=trimmomatic	実行形式（Java），ソースコード
Trimmomatic	FASTQ 形式ファイルに対応．ペアエンドリードにも対応．	https://github.com/mikkelschubert/adapterremoval	ソースコード
Cutadapt	FASTA/FASTQ 形式ファイルに対応．	https://github.com/marcelm/cutadapt	ソースコード（Python スクリプト）

　BS-Seq には十分な量の試料細胞が必要であれば，どうしても不十分な場合は，PCR によって試料の DNA を増幅することがある．PCR による増幅により，特定の配列をもつ DNA が大量に増幅される場合があり，特定の配列だけ本来の DNA 量とは異なる挙動を示すことで，BS-Seq の結果に悪影響を与える可能性がある．重複配列の除去には，BISMARK に含まれる補助ツールである deduplicate_bismark が利用可能である．

　次に，マッピング結果から各 C におけるメチル化率を推定する．メチル化率の推定は BISMARK に含まれる補助ツール bismark_methylation_extractor を用いる．このツールはメチル化率に関する情報ファイルに加え，ゲノムブラウザでメチル化率を視覚化するための bedGraph ファイルも出力してくれる．bedGraph ファイルは各 C 位置におけるメチル化率を

棒グラフで表示するための情報を含んでいる．

BS-Seqにおいて，メチル化情報はメチル化が観測されるCに後続するDNA配列のパターンによって3種類に分けられる．最もよく注目されるのが，CpGアイランドでよく見られるCG，それ以外は，CHGとCHHに分類される．Hとはグアニン（G）以外を意味している．すなわち，CHGはCの次にG以外（すなわちA，C，Tのいずれか），その次にGがくるパターンを意味する．CHHはCに続く2塩基でGがないパターンを意味する．遺伝子の発現制御にはCGが最も強く関連していると考えられているが，それ以外のパターンの役割については現在研究が進められている．

次に，複数の試料由来のBS-Seq結果を比較して，**メチル化が変化している領域**（differentially

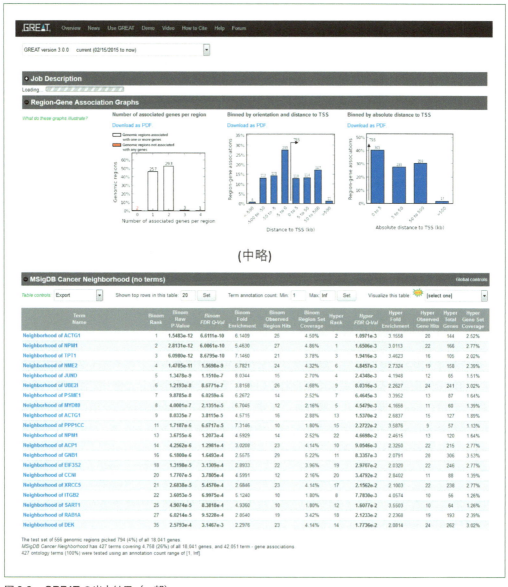

図8.8 GREATの出力結果（一部）

methylated region; DMR）を抽出する．比較したい試料の BISKMARK 出力結果が得られていれば，bisulfighter（https://github.com/yutaka-saito/Bisulfighter）パッケージの ComMet や bsseq（https://github.com/hansenlab/bsseq）といった情報ツールで DMR を検出できる．

DMR が得られたなら，DMR と関連する遺伝子群を抽出する．これは，メチル化の変化によって，どのような遺伝子が関与するかを知ることで，観測されたメチル化変化が，細胞内のどのような機能と結びつくかを推測するために必要である．このための情報ツールはこれといったものがない．というのも，DMR と既知遺伝子との関連付け方法が固定されていないからである．多くの DMR は遺伝子上流の CpG アイランドで観測される．とはいえ，各遺伝子に対応する CpG アイランド領域について実験で検証された明確な定義が存在するわけではないこと，異なる複数の遺伝子が重なって存在する場合が多々あることから，DMR を遺伝子に関連付ける明確な指標を設けることが難しいため，個々の解析で便宜的な対応付けが行われているのが現状である．そのため各々の研究目的に応じて DMR と遺伝子を関連付けるためのカスタムツールが用いられる場合が多いように思う．自分でツールを作成しない場合でも，GREAT（http://great.stanford.edu/public/html/）のようなウェブツールが利用可能である．

遺伝子群が得られたならば，gene ontology（GO）enrichment 解析により，特定の機能に関与する遺伝子が多くリストアップされているか否かといった統計検定を行い，観測したメチル化変化について一定の機能的説明を試みることが一般的な解析の流れである．GO enrichment 解析のためのツールとしては，DAVID（https://david.ncifcrf.gov/）がよく知られている．

また，前述の GREAT を用いることで，DMR 検出後の解析を自動で行うことができる．まずは DMR のリストを BED 形式ファイルで用意する．このファイルを GREAT に入力し，DMR と遺伝子との関連付けルールを指定すると，GO enrichment 解析を行った結果が表示される（**図 8.8**）．

8.3.2 | ChIP-Seq の解析事例

ChIP-Seq も BS-Seq 同様に，細胞の分化やがん化におけるエピジェネティックな変化を観測する目的で実施される事例がよく知られている．そのため BS-Seq と併せて測定されることも多い．ChIP-Seq 処理の流れを**図 8.9** に示す．ChIP-Seq では免疫沈降を用いて標的となるヒストン修飾を抽出するが，このためには一定数以上の細胞が必要となる．BS-Seq でも書いたが十分な細胞量を確保できるか否かが鍵となる．

ChIP-Seq では 1 種類の試料細胞について，複数の標的ヒストン修飾（表 8.1）を測定する場合が多い．いずれのヒストン修飾が標的かによって解析方法が若干異なるが，ここでは大まかな流れに沿って説明したい．

試料を ChIP-Seq 解析サービスを提供している業者や機関に送付し，解析を委託する．解析が終わると ChIP-Seq の生データであるシークエンスファイルが送り返されてくる．ChIP-Seq では，後のピーク検出の際，統計的な有意性を検定するために，背景となる確率分布を与える

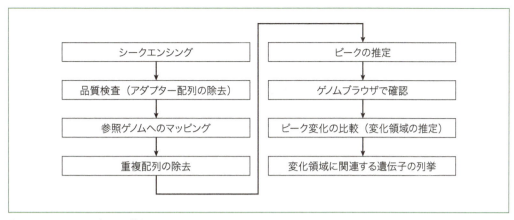

図 8.9 ChIP-Seq 処理の流れ

必要があるが，そのために免疫沈降を介さない細胞試料の DNA シークエンス結果を用いるのが一般的で，これを INPUT と呼ぶ．ここから，図 8.9 に示した流れに沿って解析を行う．

クオリティコントロールについては，先に述べた FASTQC が有効である．ChIP-Seq では免疫沈降によって濃縮された DNA 断片がシークエンスされるので，塩基組成は標的生物種の GC 含量や塩基組成に沿った結果となる．それ以外の指標については先に述べたとおりである．

参照ゲノムへのマッピングについては表 8.2 に示した BWA や Bowtie2 といった定番がよく用いられる．重複配列を除去したい場合には，シークエンスデータファイル操作用ツール Picard (https://broadinstitute.github.io/picard/) が用いられる．

特定のヒストン修飾を標的とした免疫沈降で蓄積される DNA 断片がゲノムの特定領域で特に頻繁に観測される．参照ゲノムへのマッピングにより，リードが集中する領域（ピーク）を検出することができる．ピークの検出および比較には，表 8.3 に示した情報ツールが用いられる．MACS2 が有名であるが，他にも精度の高いツールが利用可能である．ピーク検出には，統計検定のため標的ヒストン修飾のマッピング結果と，INPUT のマッピング結果をペアで入力する必要がある．

ピーク検出が完了すると，試料間でピークの比較を行い，**ピーク変化領域**（differential peak region; **DPR**）を得る．DPR 情報と RNA-Seq 等から得られた遺伝子発現情報を基に**発現変動遺伝子**（differentially expressed gene; **DEG**）のリストを比較することで，DPR と関連している DEG の集合を得ることができる．この集合から，GO enrichment 解析によって，特定の機能に関与する遺伝子が多くリストアップされているか否かといった統計検定を行い，検出された DPR について一定の機能的説明を試みることが一般的な解析の流れである．遺伝子の集合から GO enrichment 解析を行うには，前述の DAVID などのウェブツールを用いる．

8.4 結論

　エピゲノムのバイオインフォマティクス解析について概観した．BS-Seq と ChIP-Seq それぞれについて，実際の解析の流れをつかんでいただければ幸いである．解析の後半，DMR や DPR 検出後の解析の流れは，一般的なものである．初学者への平易な解説を目指しているが，その分細部を大胆に端折っている点はご容赦願いたい．

　現在のところ，エピゲノム解析は比較的難しい実験手法と考えられており，BS-Seq にしろ ChIP-Seq にしろ，正確に実施できる研究室や事業者は限られている．また，実験コストも比較的高価な部類に属することから，あちこちで実施可能というわけではない．とはいえ，エピゲノム解析の重要度が今後も高くなることは疑いようがなく，解析技術の進歩によって，より広く頻繁に実施されるようになるであろう．エピゲノムは解析技術の進歩が著しい分野であるから，ここで紹介した事柄も早々に更新の必要性に迫られることは想像に難くない．本書がささやかな羅針盤の役割を果たせれば幸いである．

参考文献

・清水厚志，坊農秀雅 編（2015）次世代シークエンサー DRY 解析教本，学研メディカル秀潤社

・Exercises: QC and Mapping of BS-Seq data
https://www.bioinformatics.babraham.ac.uk/training/Methylation_Course/Basic%20BS-Seq%20processing%20Exercises.pdf（2018 年 7 月 6 日アクセス）

・Steinhauser, S. *et al.*(2016) A comprehensive comparison of tools for differential ChIP-seq analysis, *Briefings in Bioinformatics*, **17**, 953

9章 メタゲノム解析

9.1 背景

　細菌を主とした微生物はヒトの口腔内，腸内，皮膚などに存在するだけでなく，河川，海洋，土壌など地球環境の至るところに存在することから，生命を含めた地球環境の根幹を形成しているといっても過言ではない．環境中の微生物は極めて多様であり，これら微生物のもつ多様かつ膨大な遺伝子群で満たされている環境は，巨大な遺伝子プールととらえることができよう．したがって，それら微生物群集が担う機能を理解することは，その環境の生態系を理解し，生物間の相互作用や物質循環のプロセスをモデル化する上で必須となる．しかしながら，環境中に棲息する微生物のほとんどは培養することが困難であるため，培養技術を基盤としたこれまでの微生物学的手法では，微生物群集に関して得られる情報が大きく限定され，群集を構成する種の組成や，群集が担う生命システムとしての機能，環境との相互作用などについては未解明な部分が多い．

　培養法に代わりこの環境中の遺伝子プールを解析する極めて有効な手段の一つが「メタゲノム解析」である．このメタゲノム解析は，環境中の微生物群集から抽出した DNA を丸ごとシークエンシングし，得られたメタゲノム情報をバイオインフォマティクス技術を駆使し解析することで，微生物群集の系統組成と群集がもつ遺伝子の総体である遺伝子プールの機能組成の両情報を一度に得ることができる解析手法である．本解析手法は，DNA シークエンシングコストの大幅な低下とコンピュータの性能向上，バイオインフォマティクス技術の発展を背景に，自然環境だけでなく人工環境を含む地球上のあらゆる生物圏における微生物群集を対象として応用され，医療・創薬産業だけでなく，農業・環境・建築など非常に広範な産業分野において有用な技術として応用されつつある．中でもヒト共生微生物群集を対象とした研究は，米国 Human Microbiome Project（HMP）や欧州 MetaHIT などの巨大なヒトメタゲノムプロジェクトをきっかけとして，猛烈な勢いで進展しており，微生物群集と疾患の関係性，精神疾患と腸内細菌群集との関係性，食と微生物群集の関係性など，多様な発見が相次いでいる．また，海洋や土壌のメタゲノム解析からは，superphylum（上門）レベルの新規な巨大分類群が相次いで報告され，それらの系統がもつ特殊な遺伝子機能や進化的な位置付けを明らかにすることで，微生物の進化系統樹が大きく書き換えられつつある．

　メタゲノム解析の実験手法は，微生物群集のサンプリング，微生物群集からの DNA 抽出，シークエンシングライブラリ調製，次世代シークエンサーによるシークエンシング，が基本であり，対象や目的によって大きくは異ならない．一方で，大量のシークエンスデータが得られた以降の情報解析手法は課題ごとに違いが大きく，一部を除き未だ世界標準といえるような解

析手法は存在しないため，一般的なメタゲノム解析手法を理解した上で，目的に応じて適切な手法を選択する必要がある（参考文献 1）．

　本稿では，微生物のうち細菌（古細菌含む）を対象としたメタゲノム解析に関して，メタゲノム解析手法の種類，それらメタゲノム解析で用いられている一般的かつ基礎的な情報解析手法を解説する．また，本稿執筆時点で各解析によく使われているソフトウェア一覧を文献情報とともに掲載した（**表 9.1** および **9.2**）．

9.2　メタゲノム解析の種類

　メタゲノム解析には大きくわけて二つの手法が存在する．一つは，対象とする細菌群集を構成している種の系統組成を明らかにする**アンプリコン解析**，もう一つは，細菌群集が総体としてもつ遺伝子機能組成を明らかにする**ショットガン解析**である．

9.2.1　アンプリコン解析

　メタゲノム解析におけるアンプリコン解析手法とは，難培養な細菌も含めてサンプル内に存在する細菌群集の系統組成を明らかにすることができる解析手法である．細菌群集から抽出した総体の DNA（メタゲノム）を用いて群集を構成している細菌の系統を明らかにするためには，群集中のすべての細菌がもつ系統マーカー遺伝子である **16S rRNA 遺伝子**等を PCR で特異的に増幅し，メタゲノムではなく**増幅産物（アンプリコン）**のみを次世代シークエンサーにより大量にシークエンシングし系統解析を実施する．この 16S rRNA 遺伝子は種により異なるが遺伝子長は約 1,500 bp である．遺伝子配列中には種間で高度に保存された領域（**保存領域**）と，種ごとの配列多様性が著しい領域（**可変領域**）とが複数箇所同定されている．16S rRNA 遺伝子配列を用いて系統解析する際，もし系統分類群の種レベルなど詳細な系統解析が必要な場合は，遺伝子全長を用いた解析が必要とされている．しかし，一般的に用いられている次世代型ショートリードシークエンサーは，シークエンシング可能なリード長が～ 300 bp と短く，リード単位で系統解析する場合は，相当甘く見積もっても属レベル以下の分解能しかもたない点に注意が必要である．

A　PCR ユニバーサルプライマー

　上述したように，アンプリコン解析でターゲットとするのは，系統マーカー遺伝子 16S rRNA 遺伝子等を PCR で特異的に増幅した PCR 産物である．PCR 増幅の際，全細菌種の 16S rRNA 遺伝子をターゲットとして増幅する必要があるため，PCR プライマーは全細菌間で保存されている配列を用いる必要がある．また系統解析の際に少しでも情報量を確保するために，増幅する領域は種間で多様である方が望ましい．すなわち 16S rRNA 遺伝子を増幅ターゲットとする

表 9.1　公開されている代表的なアンプリコンメタゲノム解析用のソフトウェア一覧

目的	内容	ツール	文献
パイプ ライン	16S rRNA 系統解析に必要なツール群をまとめたソフトウェアパッケージ.	Mothur	Schloss P.D., *et al.* (2009) *Appl Environ Microbiol*, **5**, 7537-7541
		UPARSE	Edgar R.C. (2013) *Nature Methods*, **10**, 996-998
		QIIME 2	Caporaso J.G., *et al.* (2010) *Nature Methods*, **7**, 335-336
配列の 前処理	曖昧塩基を含むような低精度の配列のフィルタリングや, 3′ 末端付近の塩基の読み取り精度の悪い領域のトリミング, プライマーやアダプター配列の除去等を行い, 高精度な配列データを取得する.	PRINSEQ	Schmieder R. and Edwards R. (2011) *Bioinformatics*, **27**, 863-864
		FASTX-Toolkit	http://hannonlab.cshl.edu/fastx_toolkit/
		SeqClean	https://sourceforge.net/projects/seqclean/
		TagCleaner	Schmieder R., *et al.* (2010) *BMC Bioinformatics*, **11**, 1
		cutadapt	Martin M. (2011) *EMBnet. journal*, **17**, 10
		Trimmomatic	Bolger A.M., *et al.* (2014) *Bioinformatics*, **30**, 2114-2120
		fastp	Chen S., *et al.* (2018) *bioRxiv*, **10**,1101/274100
ペアエンド マージ	ペアエンドでシークエンシングし, F 側と R 側のリードがある程度オーバーラップするようにプライマーを設計した場合は, ペアごとに各リードをマージすることでより塩基長の長いリードが得られ, 系統解析において精度が向上する. マージは, ペアごとにリードをアラインメントするとともに, それぞれのクオリティ情報を勘案して一本の配列に統合する.	PANDAseq	Masella A.P., *et al.* (2012) *BMC Bioinformatics*, **13**, 1
		PEAR	Zhang J., *et al.* (2014) *Bioinformatics*, **30**, 614-620
		FLASH	Magoč T. and Salzberg S.L. (2011) *Bioinformatics*, **27**, 2957-2963
		USEARCH	Edgar R.C. (2010) *Bioinformatics*, **26**, 2460-2461
OTU クラスタリング	それぞれの配列の系統情報を推定する一般的な方法は, 系統情報が付随する 16S rRNA 遺伝子配列を蓄積しているデータベースに対して配列類似性検索を行うことであるが, この手法ではデータベース中の配列とは遠縁の配列を検出することが困難である. したがって, まずはデータベースを用いないで配列全体を類似性に基づいてクラスタリングすることで OTU (Operational Taxonomic Unit) を構成し, OTU 単位で後の解析を行う場合が多い.	USEARCH/UCLUST	Edgar R.C. (2010) *Bioinformatics*, **26**, 2460-2461
		CD-HIT	Fu L., *et al.* (2012) *Bioinformatics*, **28**, 3150-3152
		ESPRIT-Tree	Yunpeng C. and Sun Y. (2011) *Nucleic Acids Res*, **39**, e95
		Swarm 2	Mahe F., *et al.* (2015) *PeerJ*, **3**, e1420
キメラ チェック	得られた OTU 代表配列について, PCR の過程で生じたキメラ配列と推定される OTU を除去する.	UCHIME2	Edgar R.C., *et al.* (2011) *Bioinformatics*, **27**, 2194-2200
		ChimeraSlayer	Haas B.J., *et al.* (2011) *Genome Res*, **21**, 494-504
		Perseus	Quince C., *et al.* (2011) *BMC Bioinformatics*, **12**, 1
ノイズ除去＋ユニーク配列生成	OTU クラスタリングでは, 適切な配列類似性の閾値の決定や高速で正確な配列クラスタリング等に課題が多いため, シークエンシング反応依存的に配列に生じるノイズ (エラー) の除去を行い, その後完全一致配列 (ユニーク配列) のみ一つにまとめ, ユニーク配列を後の解析に用いる研究が増加傾向にある.	DADA2	Callahan B.J., *et al.* (2016) *Nature Methods*, **13**, 581-583
		Deblur	Amir A., *et al.* (2017) *mSystems*, **2**, e00191-16
		UNOISE3	Edgar R.C. bioRxiv (2016) 10.1101/081257.
系統推定	それぞれの配列を Reference 配列データベースに対して配列類似性検索を実行し, 検索結果からそれぞれの配列の系統情報を推定する. 配列類似性検索の方法としては, アラインメントを行う方法や, *k*-mer 組成の類似性を元にする方法等が存在する.	RDP Classifier	Wang Q., *et al.* (2007) *Appl Environ Microbiol*, **73**, 5261-5267
		USEARCH	Edgar R.C. (2010) *Bioinformatics*, **26**, 2460-2461
		PyNAST	Caporaso J.G., *et al.* (2010) *Bioinformatics*, **26**, 266-267
		SortMeRNA	Kopylova E., *et al.* (2012) *Bioinformatics*, **28**, 3211-3217
		MAPseq	Rodrigues J.F.M., *et al.* (2017) *Bioinformatics*, **33**, 3808-3810
		VITCOMIC2	Mori H., *et al.* (2018) *BMC Systems Biology*, **12**, 30
Reference 配列データベース	系統情報と 16S rRNA 遺伝子の配列情報が紐付いた Reference 配列データベース. データベース間で系統分類体系が異なる場合が多いため, 異なる Reference 配列データベースを用いて系統推定した結果を比較する際には注意が必要である.	SILVA	Yilmaz P., *et al.* (2014) *Nucleic Acids Res*, **42**, D643-D648
		Greengenes	McDonald D., *et al.* (2012) *ISME J*, **6**, 610-618
		RDP	Cole JR., *et al.* (2014) *Nucleic Acids Res*, **42**, D633-D642
		EzBioCloud	Yoon S.H., *et al.* (2017) *Int J Syst Evol Microbiol*, **67**, 1613-1617

9章　メタゲノム解析　**125**

表 9.2　公開されている代表的なショットガンメタゲノム解析用のソフトウェア一覧

目的	内容	ツール	文献
パイプライン	メタゲノム解析の一連のツール群をまとめたソフトウェアパッケージ.	MOCAT2	Kultima J.R., *et al.* (2016) *Bioinformatics*, **32**, 2520-2523
		HUMAnN2	Abubucker S., *et al.* (2012) *PLoS Comput Biol*, **8**, e1002358
		IMP	Narayanasamy S., *et al.* (2016) *Genome Biol*, **17**, 260
配列の前処理	16S rRNA 遺伝子を用いた群集解析と同様, 低クオリティ配列の除去やアダプター配列の除去などを行う. なおメタゲノム解析の場合は, F 側と R 側のリードがオーバーラップしないほどインサートが長い場合が一般的であり, ペアのマージは行わないことが多い.	16S rRNA 遺伝子を用いた群集解析と同様	
メタゲノムアセンブル	短い塩基配列断片をつなげて長い塩基配列（コンティグ）を構築する. メタゲノムデータは, それぞれのコンティグのカバレッジが均等ではないという点で, 単一株ゲノムのショットガンシークエンシングとは異なっており, アセンブルに使用するツールもメタゲノム専用のものを使う必要がある.	IDBA-UD	Peng Y., *et al.* (2012) *Bioinformatics*, **28**, 1420-1428
		SOAPdenovo	Luo R., *et al.* (2012) *GigaScience*, **1**, 1
		MEGAHIT	Li D., *et al.* (2015) *Bioinformatics*, **31**, 1674-1676
		metaSPAdes	Nurk S., *et al.* (2017) *Genome Res*, **27**, 824-834
リードマッピング	メタゲノムアセンブルでは de Bruijn グラフを使う場合が多く, その場合リード単位ではなく k-mer 単位で計算を行う. したがって, 各コンティグを構成するリードの情報はアセンブル結果からは直接は得られず, リード単位でそれぞれのコンティグのカバレッジを計算するためには, コンティグにリードをマッピングする必要がある.	Bowtie2	Langmead B. and Salzberg S.L. (2012) *Nature Methods*, **9**, 357-359
		BWA-MEM	Li H. and Durbin R. (2009) *Bioinformatics*, **25**, 1754-1760
コーディング領域の予測	アセンブルによって得られたコンティグからタンパク質コーディング遺伝子（CDS）を予測する.	MetaGeneAnnotator	Noguchi H., *et al.* (2008) *DNA Res*, **15**, 387-396
		MetaGeneMark	Zhu W., *et al.* (2010) *Nucleic Acids Res*, **38**, e132
		FragGeneScan	Rho M., *et al.* (2010) *Nucleic Acids Res*, **38**, e191
		MetaProdigal	Hyatt D., *et al.* (2012) *Bioinformatics*, **28**, 2223-2230
配列のグループ分け（binning）	メタゲノムデータから個々の系統のゲノム配列を再構築する目的で, コンティグの k-mer 組成やリードのカバレッジ等の情報をもとにコンティグをグループ分け（binning）する.	MaxBin 2	Wu Y.W., *et al.* (2016) *Bioinformatics*, **32**, 605-607
		MetaBAT	Kang D.D., *et al.* (2015) *PeerJ*, **3**, e1165
		GroopM	Imelfort M., *et al.* (2014) *PeerJ*, **2**, e603
系統推定	メタゲノムデータから細菌群集の系統組成を推定するためには下記のようにいくつかの方法がある. 1. リードから系統マーカー遺伝子（16S rRNA 遺伝子や Single Copy 遺伝子等）を抽出し系統推定に利用する方法. 2. RefSeq データベースなどを対象として網羅的に配列類似性検索し, ヒットした配列の系統情報を MEGAN などのツールを用いて集計する方法. 3. 個々のリードやコンティグ配列の k-mer 組成の情報を元に系統を推定する方法.	MetaPhlAn2	Truong D.T., *et al.* (2015) *Nature Methods*, **12**, 902-903
		mOTU	Sunagawa S., *et al.* (2013) *Nature Methods*, **10**, 1196-1199
		Taxonomer	Flygare S., *et al.* (2016) *Genome Biol*, **17**, 111
		MEGAN	Huson D.H. and Weber N. (2013) *Methods Enzymol*, **531**, 465-485
		Kraken	Wood D.E. and Salzberg S.L. (2014) *Genome Biol*, **15**, 1
		CLARK	Ounit R., *et al.* (2015) *BMC Genomics*, **16**, 1
		One Codex	Minot S.S. *et al.* (2015) *bioRxiv*, **10**, 1101/027607
		TIPP	Nguyen N.P. *et al.* (2014) *Bioinformatics*, **30**, 3548-3555
機能推定	予測された CDS の機能推定には, 下記の Reference 配列データベースに対して配列類似性検索を行い, その結果を各 CDS の機能推定に用いる手法が広く用いられている.	BLAST+	Camacho C., *et al.* (2009) *BMC Bioinformatics*, **10**, 1
		GHOSTX	Suzuki S., *et al.* (2014) *PLoS ONE*, **9**, e103833
		DIAMOND	Buchfink B., *et al.* (2015) *Nature Methods*, **12**, 59-60
		MMSeqs 2	Steinegger M. and Söding (2017) *J. Nature Biotechnology*, **35**, 1026-1028
Reference 配列データベース	遺伝子の機能情報と配列情報が紐付いた Reference 配列データベース. MAPLE 2, antiSMASH, PHASTER 等, データベースと配列類似性検索の機能がセットになっている場合も多い.	eggNOG	Huerta-Cepas J., *et al.* (2016) *Nucleic Acids Res*, **44**, D286-D293
		KEGG	Kanehisa M., *et al.* (2017) *Nucleic Acids Res*, **45**, D353-D361
		InterPro	Mitchell A., *et al.* (2015) *Nucleic Acids Res*, **43**, D213-D221
		Pfam	Finn R.D., *et al.* (2016) *Nucleic Acids Res*, **44**, D279-D285
		MAPLE 2	Takami H., *et al.* (2016) *DNA Res*, **23**, 467-475
		antiSMASH	Blin K., *et al.* (2017) *Nucleic Acids Res*, **45**, W36-W41
		PHASTER	Arndt D., *et al.* (2017) *Brief Bioinform*, bbx121
メタゲノムデータベース	複数プロジェクトのメタゲノムデータを比較解析するためのデータベース. 解析パイプラインが異なると比較解析が困難なため, ほとんどのメタゲノムデータベースでは内部で独自の解析パイプラインを用いて各サンプルのデータを再解析している.	MG-RAST	Keegan K.P., *et al.* (2016) *Methods Mol Biol*, **1399**, 207-233
		MGnify	Mitchell A.L., *et al.* (2018) *Nucleic Acids Res*, **46**, D726-D735
		IMG/M	Chen I.A., *et al.* (2017) *Nucleic Acids Res*, **45**, D507-D516
		MicrobeDB.jp	https://microbedb.jp

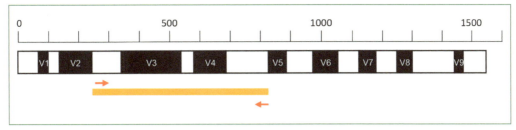

図 9.1 細菌の 16S rRNA 遺伝子と PCR ユニバーサルプライマー
目盛は大腸菌における位置を表す．図の白で示す領域が保存領域，黒で示す領域が可変領域で，V1～V9 まで領域名が付されている．赤矢印は PCR ユニバーサルプライマーの例で，このプライマーセットを用いた際に増幅される領域を橙色のバーで示した．

場合，PCR プライマーは，可変領域が増幅の主体となるよう可変領域を挟む保存領域上にハイブリダイズするように設計する（**図 9.1**）．このようなプライマーを**ユニバーサルプライマー**という．

すでに細菌 16S rRNA 遺伝子をターゲットとした複数のユニバーサルプライマーが提案されており，それらを目的に応じて使い分けるとよい．ただし，プライマーの種類によっては，ユニバーサルといわれているにも関わらず特定の種が増幅されない，種による増幅効率の差が著しい，など PCR バイアスが存在する．そのため，使用したプライマーセットによってはアンプリコン解析の結果が大きく異なる場合があり，異なるユニバーサルプライマーセットで得られたサンプル間を直接比較する場合は注意が必要である．

B 標準的な解析手法

系統組成を明らかにすることが主目的であるアンプリコン解析は，情報解析手法の自由度も高くないため，多くの研究でほぼ共通した手順で実施されているし，それら手順を自動化した解析パイプラインも普及している（参考文献 2, 3）．一般的なアンプリコン解析では，①ペアードエンドシークエンシングで得られたリードのマージ，②リードのクオリティフィルタリング，③アダプター配列やプライマー配列の除去，④キメラ配列の除去，⑤配列クラスタリング（OTU 構築），⑥ 16S rRNA 遺伝子データベースに対する配列相同性検索および系統アノテーション，という手順で解析を進める（**図 9.2**）．以下，各手順を概説する．

①ペアードエンドリードのマージ

上述したように，一般的に用いられている次世代シークエンサーでは，シークエンシング可能なリード長が最長でも 300 bp と短いため，詳細な系統解析をするには分解能が不足している．解析対象の配列長を少しでも長くして分解能を高めるために，使用するシークエンサーが出力できるリード長の 2 倍弱の領域（最大 300 bp 出力できるシークエンサーを使う場合は 500～550 bp 程度）を増幅可能なユニバーサルプライマーセットを用い PCR する．得られた PCR 産物をペアードエンドシークエンシング（5.1 節参照）した後，コンピュータ上

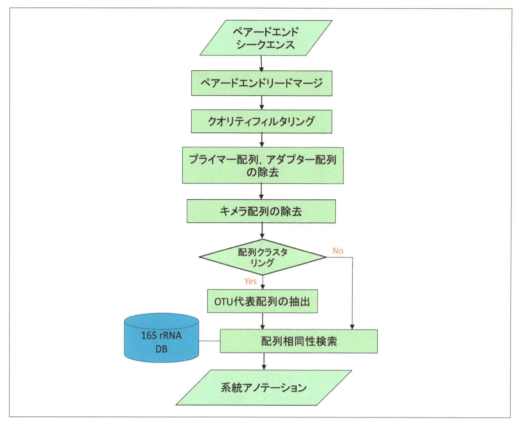

図9.2 アンプリコンメタゲノム解析の標準的な解析フロー

で両リードをつなぎ合わせることで（paired-end reads merge），シークエンサーが出力できるリード長の2倍弱の配列を得ることで，分解能を高めることが可能となる．

②リードのクオリティフィルタリング

シークエンサーが出力する配列には，1塩基ごとに品質（確からしさ）を示すクオリティ値が付けられている．クオリティの悪い配列を系統解析に用いると，分解能が極端に低下する恐れがあるため，系統アノテーションをする前に除去しておく必要がある（5.6節，7.2節参照）．方法は研究者によって異なるが，配列の領域ごとや配列全長にわたって，閾値以下の低クオリティ塩基の頻度を計算し，ある頻度以上低クオリティ塩基が含まれる配列は以降の解析からは除外する方法が一般的である．

③アダプター配列，プライマー配列の除去

PCR増幅時に使用したプライマー配列や，シークエンシングの際に付加したアダプター配列などは，以降の解析に影響が出るため配列から除去する（7.2参照）．一般的には得られたシークエンスとプライマー配列やアダプター配列とのアラインメントにより除去する領域を特定する．

④キメラ配列の除去

上述したように，16S rRNA遺伝子は全細菌が保持している遺伝子であり，かつ種間でよ

く保存されている領域が遺伝子内に複数箇所存在する．したがって，多様な細菌種から構成
されたサンプルを対象に 16S rRNA 遺伝子を PCR で増幅する場合，保存領域の影響により，
しばしばキメラ配列が生じることがある．キメラ配列は実験上生じたエラーであるため除去
する必要がある．UCHIME2 や ChimeraSlayer などの代表的なソフトウェアでは，PCR で
得られた増幅配列を 2 ～ 4 等分した後，分割された個々の配列を 16S rRNA 遺伝子データ
ベースに対して類似性検索をする．もし，一つの増幅配列から分割した個々の配列が異なる
参照配列にヒットした場合は，その増幅配列はキメラ配列であると同定し排除する．

⑤配列クラスタリング

　次世代シークエンサーからは膨大な数の配列が出力される．配列クラスタリングは，それ
ら配列を配列間の類似度を指標にクラスタリングし（例えば類似度 97％など），以降の解析で
はクラスターの代表配列のみを利用することで解析コストを下げることを主な目的としてい
る．この手順で形成されたクラスターのことを OTU（Operational Taxonomic Units, 2.3.5D
参照）といって，進化的に似た配列群すなわち近縁の系統群を含意させる場合がある．しか
し，クラスタリングアルゴリズム上の問題も指摘されているうえ，OTU と実際の系統関係
との矛盾も多いため，最近は 100％一致する配列のみをクラスタリングする，またはクラス
タリングはせず全配列を用いた解析を実施する傾向にある．

⑥相同性検索による系統アノテーション

　配列がどの生物種由来であるかを特定するために，生物種ごとの 16S rRNA 遺伝子配列を
蓄積したデータベースに対して配列相同性検索し，閾値以上で検索された配列の生物種名を，
調べたい配列の生物種名として特定する．利用するデータベースとしては，RDP，SILVA，
Greengenes などが代表的である．サンプルあたりの配列本数が，場合によっては 1 ～ 10 万
本になることもあり，相同性検索の際には配列解析において馴染みの深い BLAST ではな
く，より高速に動作するソフトウェアを使うことが多い．また上述した通り，ショートリー
ドシークエンサーを利用したアンプリコン解析では，得られた配列の長さは最長でも 500 bp
程度であるため，種レベルの系統アノテーションは困難であり，属レベル以下の分解能での
系統アノテーションが基本となっている．

9.2.2 　ショットガン解析

　メタゲノム解析手法におけるショットガン解析とは，特定の系統マーカー遺伝子のみをター
ゲットとしたアンプリコン解析とは異なり，サンプル内に存在する細菌群集由来のメタゲノム
を断片化し，それらをランダムにシークエンシングすることで，群集全体の遺伝子組成などを
明らかにする解析手法である．

A　標準的な解析手法

　ショットガンメタゲノム解析はサンプル内の細菌群集全体の遺伝子組成などを明らかにするこ

とができる手法であるが，大量のシークエンスデータが得られた以降の情報解析手法は目的ごとに違いが大きく，一部を除き未だ世界標準といえるような解析手法は存在しないため，多様な解析手法の中から目的に応じた適切な手法を選択する必要がある．ショットガンメタゲノム解析の根本は配列解析とそれに続く統計解析であり，基本的には個別菌のゲノム解析と共通している．ゲノム解析の場合，①アセンブル，②遺伝子予測，③遺伝子機能アノテーション，という手法が一般的であるが，ショットガンメタゲノム解析の場合は，以下に挙げる3種類の解析手法パターンにおおよそ集約される（**図9.3**）．

パターン1：核酸配列→アセンブル→遺伝子予測→遺伝子機能アノテーション（アミノ酸DB検索）
パターン2：核酸配列→遺伝子予測→遺伝子機能アノテーション（アミノ酸DB検索）
パターン3：核酸配列→ゲノムマッピング→遺伝子機能アノテーション（ゲノム情報検索）

①メタゲノムアセンブル

ゲノム解析と同様に，シークエンシングで得られた塩基配列を配列間の類似性でアセンブルする（5.3節参照）．しかし，メタゲノムデータには多様な細菌種由来のゲノム断片配列が混在しているため，細菌個別のゲノム解析と同様のアセンブル手法では異なる細菌種由来の断片配列を誤ってアセンブルしてしまう可能性がある．また，ショットガンメタゲノム解析では，サンプル内に存在する細菌群集由来のメタゲノムを断片化し，それらをランダムに

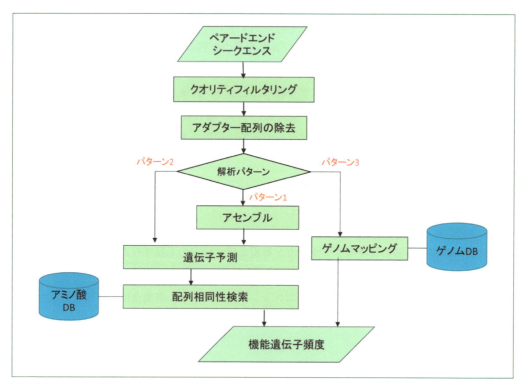

図9.3　ショットガンメタゲノム解析の標準的な解析フロー

シークエンシングしているため，メジャーに存在する細菌種由来の断片配列は大量に得られる一方，マイナーな細菌種由来の断片配列は少量しか得られず，細菌種ごとにサンプル中の存在量に依存して断片配列の量に大きな差が生じるため，ゲノム解析用のアセンブル手法では間違ったアセンブルをしてしまう可能性が高い．これらゲノム解析と異なる点を考慮したアセンブルソフトウェアも開発されており，メタゲノムデータのアセンブルの際は専用のアセンブルソフトウェアを利用した方がよい．しかし，専用のアセンブルソフトウェアを用いても，多様な細菌種由来の断片配列を効率良くアセンブルすることは困難であり，結果，長く正確なコンティグ配列を得るのは容易ではない．より好成績なアセンブルを可能とするため，ショートリードシークエンシング時に，ペアードエンドライブラリに加えメイトペアーライブラリを構築し，メイトペアーライブラリのメイト情報を利用してコンティグ同士をつなぐ（scaffolding）試みも行われ成果を挙げつつある．また，ロングリードシークエンサーを使用すれば，長鎖のコンティグやコンティグ同士をつなぐスキャッフォールド（図 5.4 参照）も比較的容易に得ることが可能であり，コスト面の問題やロングリードシークエンサーの精度が克服できれば，今後広く使われるようになるだろう．

②遺伝子予測

　上述の解析パターン 1 および解析パターン 2 のどちらにおいても遺伝子予測を実施するが，両者では予測のもとになる配列が異なる．パターン 1 では，アセンブルで得られたコンティグ配列から遺伝子を予測するのに対し，パターン 2 ではシークエンシングで得られた断片配列から遺伝子を予測する．ゲノム解析における遺伝子予測と異なるのは，どちらの解析パターンにおいても，もとになる配列が不完全かつ多様なもの，という点である．ここでいう不完全とは，遺伝子全長ではなく遺伝子の一部のみ含まれる配列，を意味する．パターン 1 では，アセンブルで得られたコンティグ配列から遺伝子予測するが，ショートリードシークエンシングデータによるメタゲノムアセンブルで得られるコンティグは，長さが 1 kb 程度のものがほとんどで（まれに 10 kb 程度のコンティグが得られる場合もある），得られたコンティグに遺伝子全長が含まれるとは限らない．一般的な遺伝子予測ソフトウェアでは，コドン使用頻度や翻訳開始位置の上流にある配列パターンなどの情報を利用して遺伝子領域を予測するが，もとになる配列が不完全でこれら情報が不足すると，予測精度が極端に悪化する．また，コドン使用頻度パターンは種により大きく異なるため，多数の細菌種から構成されるメタゲノム配列群から一様に遺伝子を予測するのは難しい．これらゲノム解析と異なる点を考慮し，配列断片の GC 含量や連続塩基頻度（*k*-mer 頻度）等の統計情報を用いて配列をクラスタリングし，得られた配列クラスターごとに異なる遺伝子モデルを用いて遺伝子予測を行うソフトウェアも開発されており，メタゲノムデータからの遺伝子予測の際はこれらのソフトウェアを利用すべきである．

③遺伝子機能アノテーション

　パターン 1，2 ともに，予測した遺伝子配列を遺伝子機能データベースに対して相同性検索をし，各遺伝子の機能を同定する．データベースとしては，GenBank，RefSeq，KEGG

などが代表的である．サンプルあたりの予測遺伝子数が100万個になることもあり，相同性検索の際には配列解析において馴染みの深いBLASTではなく，より高速に動作するソフトウェアをスーパーコンピュータ上で使うことが多い．これとは異なり，パターン3では，シークエンシングによって得られた塩基配列断片を，既知のゲノム配列に直接マッピングして遺伝子機能を同定する（7.3節参照）．既知のゲノム配列では遺伝子領域と遺伝子機能が同定されているため，各ゲノムに対するマッピング結果，すなわち，どのゲノムのどの領域にどの程度マッピングされたか，を解析することで，遺伝子機能とその存在量を計算することができる．しかし，この方法を利用することができるのは，例えばヒト腸内細菌群集など，構成される細菌種またはそれらの近縁種の多くがゲノム情報が既知かつデータベース化されていることが必須となる．したがって，ゲノム情報が未知の細菌が多数を占めるサンプル（例えば，土壌や極限環境など）では，既知のゲノム配列にマッピングできる配列断片がほとんどないため，本手法の適用は困難となる．

解析手法のパターン1〜3について解説したが，どの解析手法パターンが最適なのかは一概にいうことはできない．研究の目的やサンプルの性質，さらには利用可能な計算機環境などから，どのような手法で解析するかを判断する必要がある．パターン1は結果の解釈が容易なため利用しやすいが，メタゲノムアセンブルの際にはかなり大きな主記憶装置（メモリ）を搭載したコンピュータが要求され，さらにそれらが利用できたとしても入力する配列本数や構成種の多様性によっては結果を得るまでに膨大な計算時間を要する．またパターン1，2ともに，遺伝子機能アノテーションの際には，膨大な数の予測遺伝子を巨大なデータベースに対して相同性検索する必要があるため，大規模並列計算可能なコンピュータが必要になる．パターン3のゲノムマッピングに関しても，参照（リファレンス）のための多数のゲノム配列群を扱う必要があるため，比較的大きな主記憶装置を搭載した並列計算可能なコンピュータが必要となる．

B　ゲノム再構成手法

ショートリードシークエンサーを用いたメタゲノム解析では，アセンブルにより群集を構成する個々の細菌種の完全ゲノム配列が構築されることは稀で，特に群集内の多様性が高い環境では，せいぜい数kb程度の短いコンティグが大量に出力されるにとどまる．メタゲノム解析は環境中の細菌群集の全体像を大まかに捉えることを可能とする手法であり，例えば，種間における代謝相互作用や，ある系統の特定の環境に対する適応進化など，個別の細菌種に関して議論することは困難である．したがって，新規の細菌種や培養困難な細菌種など，ゲノム配列が未知の細菌種に関して，メタゲノムデータから完全に近いゲノムが構築できれば研究の幅は大きく広がる．メタゲノムデータから個々の細菌のゲノム配列を情報解析により構築する技術「Binning」の開発が進められている（参考文献4，5）．Binningは，アセンブルの結果得られたコンティグを細菌種ごとの「Bin」に分類し，Binごとにゲノムを構築するという方法である．コンティグ配列をBinに分類する際にキーとなるのは，①コンティグのk-merパターン（同一

菌体および近縁系統に由来するコンティグは，コンティグを構成する塩基配列の k-mer 使用頻度が類似する傾向にある），②複数サンプル（DNA 抽出手法を変えた同一サンプルが理想）におけるコンティグカバレッジ（5.5 節参照）の変動パターン（同一菌体に由来するコンティグは，複数サンプル間でそのカバレッジの変動パターンが類似しているはずである．Binning ではこれら 2 つの情報を組み合わせて，コンティグを Bin に分類する．

　メタゲノムデータから Binning を行うためのソフトウェアがいくつか公開されているが，解析手順は類似しており，おおよそ以下の手順である（**図 9.4**）．

①複数サンプルのメタゲノムデータを混ぜてアセンブル

　複数サンプルのショットガンメタゲノム解析を行い，サンプルごとではなく，全サンプルのデータを混ぜてアセンブルする．複数サンプル間での各コンティグカバレッジの変動パターンを計算するためには，複数のメタゲノムサンプルのすべてを使ったアセンブルが必要となる．

② k-mer 頻度の計算

　各コンティグの k-mer 頻度を計算する．計算された k-mer 頻度をそのまま用いる場合と，既知の完全ゲノム配列において，同一種内の k-mer 頻度距離，異種間の k-mer 頻度距離を事前に計算しておき，それを経験分布として，コンティグ間の k-mer 頻度距離を「同一種に由来する確率」値に変換して用いる場合がある．

③コンティグカバレッジの計算

　全コンティグに各サンプル由来のリードをマッピングし，コンティグごとのカバレッジを

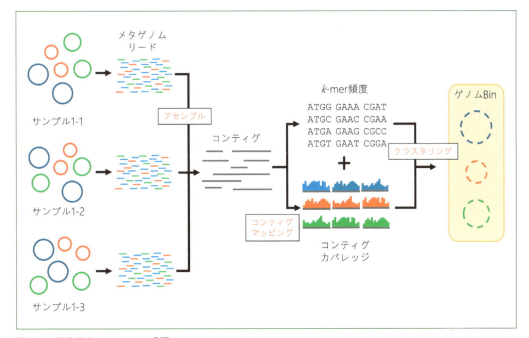

図 9.4　代表的な Binning の手順

サンプルごとに計算する.

④クラスタリング

上記で計算された 2 種類の距離を用いてコンティグの分類（クラスタリング）を行う．いずれのツールも EM アルゴリズムに類似した反復計算によってクラスタリングする．

⑤各 Bin の完成度の確認

Binning がどの程度正確に個々の細菌のゲノム配列を反映しているかを確認するために，各 Bin に対してサンプルごとにリードをマッピングし，それぞれの Bin にヒットしたリードのみを用いて再アセンブルをする．完全に近いゲノムが構成されていなくても（すなわち多数のコンティグから構成されていても），それらコンティグに Single Copy Genes（SCGs; 細菌のゲノム上に原則 1 コピーしか存在しない遺伝子群）がどの程度含まれるかによって，ゲノムの完成度をある程度見積もることができる．既存のゲノム情報から系統群ごとのマーカー遺伝子を定義し，それらを使うことでより高精度にゲノムの完成度を推定可能なソフトウェアも開発されている．

⑥キメラ Bin のクリーニング

サンプル内，あるいはサンプル間で近縁な株が存在する場合，k-mer やコンティグカバレッジでは分類しきれずに，一つの Bin に複数株に由来するコンティグが混在してしまうことがある．これを確認するために，同一の Bin に属するコンティグカバレッジの分布を計算する．Bin が 1 種のみで構成されている場合，一つのサンプルにおけるコンティグカバレッジの分布は均等になり，例えば 2 種の菌株が混在している場合，コンティグカバレッジの分布は二峰性となることが期待される．

9.3　比較メタゲノム解析

単一のサンプルに対するメタゲノム解析によって得られた系統組成情報や遺伝子機能組成情報だけから有用な知識を引き出すのは困難であるが，複数のサンプル解析結果を相互に比較して類似性や特異性を評価することで，サンプルごとの特徴や環境との因果関係などを引き出すことが可能となる．しかし，特殊な極限環境等は例外として，サンプル中に存在する細菌種数は 100 〜 10,000，遺伝子種類数は数十万にも達し，この膨大な変数によって記述される複雑なデータを容易に解釈することはできない．そこで，まずは結果を直感的に解釈するためには，次元削減手法を用いて得られた情報の次元を圧縮する必要がある．

複数サンプルに対する比較メタゲノム解析は，①変数の正規化，②サンプル間距離行列の計算，③距離行列の可視化，の 3 ステップからなる．

①変数の正規化

アンプリコン解析において変数の値は，系統アノテーションにより同定された系統や各

OTU に属する配列の本数であり，ショットガン解析においては，遺伝子グループに属する配列の本数が変数である．これらは単一のサンプルにおいては各系統，各遺伝子グループの存在量におおよそ比例する．しかし，シークエンシングにより得られた全配列数はサンプルごとに異なる場合が多く，それらの変数の値を直接比較することに意味はない．一般的には，サンプルごとに種や OTU，遺伝子グループに属する配列本数の全配列数に対する割合を計算し，変数の値を「相対存在量」に変換した上で比較することが多い．しかし，シークエンシングにより得られた全配列数が多いサンプルと少ないサンプルでは，系統や OTU，遺伝子グループごとの存在量の分散や，マイナーな種や遺伝子グループを発見できる確率が異なるため，サンプル間比較の際には上記の正規化のみでは不十分となる．この問題を回避するためには，比較するすべてのサンプルのうち，配列数が最も少ないサンプルの全配列の本数分だけ，他のサンプルにおいて配列のランダムサンプリングを行う（rarefying）．これによりすべてのサンプルの全配列数が揃うため，上記の問題を回避することができる．

②サンプル間距離行列の計算

　各サンプルが似ているのか異なるのかの基準を与えるために，サンプル間の距離尺度を計算する．サンプル間の距離尺度として最もよく使われているのは Bray-Curtis 非類似度と呼ばれる距離尺度である．この距離尺度はメタゲノム解析に限らず多様な分野で用いられているが，アンプリコン解析において細菌群集サンプル間の距離として用いるには欠点がある．それは，「変数間の距離」として「系統や OTU 間の進化距離」をまったく考慮していないという点である．例えば，大腸菌とサルモネラ菌はどちらも腸内細菌科に属しており進化的に近縁の関係にあるが，一般的な距離尺度ではこの進化的な距離を考慮せず，まったく別の変数として扱ってしまう．この欠点を補うのが，変数（系統や OTU）間の進化的距離を考慮に入れた距離尺度 UniFrac であり（参考文献 6），UniFrac を距離尺度として用いることで，存在量パターンの類似性だけでなく，生物学的に近い集団か否かを測ることが可能となる．

③距離行列の可視化

　サンプル間の類似性を視覚的に評価しやすくするために，高次元空間を二次元あるいは三次元に次元削減し可視化する代表的な手法として好んで使われているのが主成分分析（Principal component analysis; PCA）である．しかし，PCA はユークリッド距離に基づく計算手法であるため，上述した UniFrac などの距離尺度が本来は利用できない．任意の距離尺度によって構成される距離行列に基づきサンプル間距離関係をできるだけ保存しつつ次元削減し可視化する手法が多次元尺度構成法（Multidimensional scaling; MDS）である．MDS は，高次元空間内に分布したサンプルを，それらの距離行列のみを使って低次元空間上の布置として表現する手法である．その際に，低次元空間上のサンプルの距離関係が，もともとの高次元空間上の距離関係をできるだけ反映するように配置される．入力するデータが距離の性質を満たさないとき（Bray-Curtis 非類似度行列の場合など）は，非計量多次元尺度構成法（Non-metric Multidimensional scaling; NMDS）を使う．

9.4 結論

　メタゲノム解析の基本は配列解析とそれに続く統計解析であり，その点では個別菌のゲノム解析と共通であるが，本稿で述べたようにメタゲノム解析ではこれまでのゲノム解析とは異なる複雑な解析が必要となる．このメタゲノム解析の複雑さの背景には，以下に挙げるような，扱う対象が異なるが故のメタゲノム解析の特異性がある．

①細菌群集を構成しているすべての細菌の全ゲノム情報（あるいは全ゲノム配列断片）が得られるわけではなく，マイナーな細菌種においては，ごく一部のゲノム情報（ある細菌種のゲノムにあるいち遺伝子にコードされる数百塩基など）しか得られない．群集構成が多様になればなるほどこの傾向は強くなる．

②メタゲノム解析で取得できる遺伝子機能組成は多くの異なる細菌種が混ざったデータであるため，環境で実際に駆動されている代謝反応についての解釈が難しい場合が多い．

③ゲノム情報は変化の極めて少ない安定したデータであるが，メタゲノム情報は本質的にゆらぎのある観測データであり，サンプルのいち状態を反映しているにすぎない．したがって，サンプルの性質，サンプリングの方法，DNA 抽出効率，シークエンシング効率などの影響で，同じサンプルであったとしても，結果が同じとは限らない．

　これらの理由により，これまでに蓄積されたさまざまな比較ゲノム解析の研究手法の適用が難しくなっている．また，目的により適用する情報解析技術が多岐にわたり，未だ世界標準といえるような解析手法も存在しない．メタゲノム解析技術は急速に発展しており，日々新たな情報解析技術や実験手法が提案され続けている．本稿で解説したのは，執筆時点において一般的かつ基礎的なメタゲノム解析手法である．読者諸氏には，常に新たな知識や技術を取り入れつつ，目的に応じた適切な手法を選択し解析を進めていただきたい．

参考文献
1）Washburne A.D., *et al*. (2018) *Nature Microbiology*, **3**, 652-661
2）Caporaso J.G., *et al*. (2010) *Nature Methods*, **7**, 335-336
3）Schloss P.D., *et al*. (2009) *Applied Environmental Microbiology*, **5**, 7537-7541
4）Wu Y.W., *et al*. (2016) *Bioinformatics*, **32**, 605-607
5）Kang D.D., *et al*. (2015) *PeerJ*, **3**, e1165
6）Lozupone C. and Knight R. (2005) *Applied Environmental Microbiology*, **71**, 8228-8235

10章 プロテオーム解析

10.1 なぜプロテオーム解析（プロテオミクス）が必要なのか

ヒトゲノム計画が分子生物学／生化学にもたらした影響は計り知れない．そして 2018 年現在，**ヒトプロテオーム機構**（Human Proteome Organization; **HUPO**）が**ヒトプロテオーム計画**（Human Proteome Project; **HPP**）を推進している．

しかしヒトのゲノムは決定済みである．遺伝情報が DNA からタンパク質に流れるのであれば，なぜプロテオームを改めて実験的に決定する必要があるのだろうか？

理由は大別して二つある．まず，臓器や組織によって発現タンパク質は異なり，疾病によって変わる可能性もある．発現量も，少ない場合は mRNA の変化と一致するとは限らない．組織・時間ごとのタンパク質の発現状態を知るには，実際に調べる必要がある．

そしてもう一つは，「遺伝子のリファレンス（データベース収録）配列の翻訳では『タンパク質』配列は得られない」ということである．

ゲノムの塩基配列には"揺らぎ"（Single Nucleotide Variation; SNV）があって個人差などを生んでいるが，体細胞にも突然変異（mutation）によって同様のバリエーションが生じている．これに加え，タンパク質には**翻訳後修飾**（Post-Translational Modification; PTM）も生じる（翻訳後なのでトランスクリプトームには表れない）．すなわち多くのタンパク質は，シグナルペプチドなど主鎖の一部が切除され，化学修飾を受けて初めて機能する．例えば遺伝子発現はヒストンのメチル化・アセチル化によって調節されるが，これは翻訳後の化学修飾によってタンパク質の機能が変化し，遺伝子の発現状態までが変わる例である．

アイソフォーム（isoform）[1]，タンパク質バリアント（protein variant）[2]，そして PTM によって，1 個の遺伝子から膨大なバリエーションが生じる．実際に細胞の中で機能しているのは，これら PTM を受けたアイソフォームやバリアントであり（もちろん，それぞれで PTM も異なる可能性がある），これらすべてが「タンパク質」と呼ばれてきた物質である．

2013 年になって，これらのバリエーションを指す**プロテオフォーム**（proteoform）という概念が提案された．ヒトゲノム上の遺伝子は 2 万個強と考えられているが，プロテオフォームは 10 万個以上，100 万個に達するのではないかという見立てもある．これら**プロテオフォームを網羅したものがプロテオーム**であり，「遺伝子ごとに最低 1 個のプロテオフォームの発現を確認する」ことが HPP の当面の目標である．しかしいまだに発現が一切確認できていない遺

---

1 機能は類似しているが，アミノ酸配列が部分的に異なる類縁タンパク質で，スプライシング・バリアントや突然変異によるフレームシフト配列の翻訳産物と考えられている．
2 （リファレンス配列と比べて）アミノ酸置換が生じているタンパク質．

10章 プロテオーム解析 **137**

伝子は，2018 年 8 月現在，ヒト全遺伝子の約 1 割に及ぶ．

　現在，プロテオームのインフォマティクスの最大の役割は，測定データの正しい解釈を支援することであり，これはヒトゲノム計画進行時のバイオインフォマティクス創生期と似ている．しかし核酸塩基対には相補性があり，高い選択性で配列同定や PCR による試料増幅が可能であるのに対し，**タンパク質には相補性がなく**増幅もできない．この結果プロテオーム研究の方法論は分子生物学よりも生物物理学に近いものとなっているが，なにより「できない」ことが多いため，極端に制約の多い知的パズルを解く感がある．

　プロテオームのインフォマティクスは，タンパク質同定のための**計算プロテオミクス**（computational proteomics）と，同定結果を用いた各種研究を意味する**プロテオーム情報学**（proteome informatics）[3] に大別できる．本章では，10.2 節で後者の代表例として**タンパク質間相互作用**（Protein-Protein Interaction; **PPI**）研究について，10.4 節で前者について述べ，そのための準備としてプロテオーム同定の実験手法について 10.3 節で説明する．

10.2 ▶ インタラクトーム解析

10.2.1 ┃ インタラクトーム実験解析

　多くのタンパク質は PPI によって機能発現し，**インタラクトーム**（interactome），すなわち相互作用のネットワークを形成している．PPI 研究は従来，個々のタンパク質分子の立体構造研究や生物物理学研究として進められてきたが，現在では 3 個以上のタンパク質の会合（Protein-Protein Association; **PPA**）の大規模な測定も可能である（**図 10.1**）．通常，特定のタンパク質を回収する手段を用いて「そのタンパク質と相互作用するタンパク質」を集める．このとき前者を**ベイト**（タンパク質）（bait，釣りの「餌」），後者を**プレイ**（タンパク質）（prey，「捕食者」）と呼び，「プレイがベイトに食いつく」「ベイトでプレイを釣り上げる」と考える．

A. 再構成系

　人工的な環境で PPI を測定する．最も代表的な手法は**酵母ツーハイブリッド法**（yeast two-hybrid system; **Y2H**）である．その最大の特徴は「タンパク質レベルの操作に比べてはるかに容易な遺伝子操作だけで PPI を探知する」ことであり，骨子は以下の 3 点である（図 10.1）[4]．

- ・2 つのサブユニット（α と β）が接近すると機能発現するタンパク質を準備する．
- ・タンパク質 A，B の遺伝子と α，β を融合させ，α-A 複合体と β-B 複合体を作る．
- ・A と B が相互作用する場合のみ，α と β が接近して機能が発現する．

3　PTM 研究やタンパク質間相互作用研究などが中心である．
4　通常，実験系には出芽酵母とその GAL4 タンパク質を用いる．

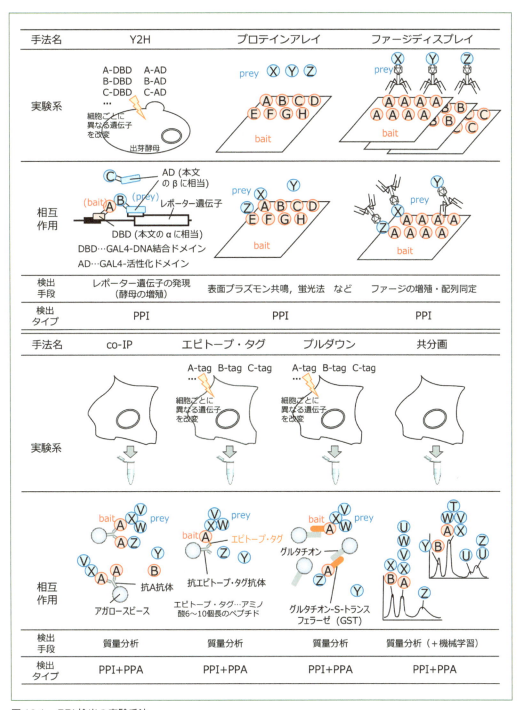

図 10.1 PPI 検出の実験手法

またDNAマイクロアレイと同様，多数のベイトを基板上に固定し試料溶液を加えることで，ベイトと相互作用するプレイを釣り上げる方法もある（**プロテインアレイ法**）．その発展型として，検出を容易にするためプレイ遺伝子を1種類ずつバクテリオファージに組み込んで表面に

10章　プロテオーム解析　139

プレイを発現させ，基板上のベイトに結合したファージのみを回収，大腸菌に感染させてその遺伝子を増幅する**ファージディスプレイ法**もある．

B. *in situ* 系

細胞の中でまさに生じている（*in situ*）相互作用を測定する．代表的な**免疫共沈降法**（co-ImmunoPrecipitation; co-IP）では，ベイトに対するモノクローナル抗体をアガロースビーズなどに固定，試料中に加えることで抗体がベイトに結合し，ベイトと相互作用しているプレイも不溶物として共沈する．また事前に多種類の抗ベイト抗体を作成する代わりに，ベイトに微小配列を付加する手法として，エピトープ[5]を付加し抗エピトープ抗体で共沈させる**エピトープ・タグ法**や，抗体を用いず，「特異的な結合をする一対の構造」を使う手法もある．後者では一般に，ベイトに付加する部分を**アフィニティ・タグ**（affinity tag；略してタグ），このような実験法を**プルダウン法**（pull-down assay）と総称する．

また，複数の分離方法で試料を分離したとき，共通して同一分画に共溶出したタンパク質すべてを，相互作用している可能性のある候補として取り出す手法（**共分画法**；co-fractionation）も発展してきている．この場合ベイトとプレイの区別は必要ない．

C. プレイの同定と偽陽性の判定

この後プレイを同定するためには通常，**質量分析**が用いられる（後述）．

これらの解析（特に再構成系）では，不自然な環境での測定，実際には相互作用していないタンパク質が"巻き込まれて"共沈する，など時間的・空間的に本来起こり得ない場合まで測定してしまうことがあり，偽陽性・偽陰性結果が多くなる．そこで追加解析として，引用回数が多く信頼性が高いと考えられている定番のデータセットを元に，機械学習（例えばサポートベクターマシン（SVM），機械学習については 12 章参照）を用いて真偽判定を行うことが多い．

10.2.2 | インタラクトーム理論解析

PPI の理論研究も行われている．一つは，機械翻訳などで利用される「文章から情報を抽出する技術（**テキストマイニング**；text mining）」を利用して，論文に記載された相互作用タンパク質の名称などを抽出する手法である．最大の難点は，論文誌の多くが有料であることだったが，PPI のような重要な結論は必ず論文の要約（abstract）に触れられており，PubMed[6] の利用で実現可能になった．ただし研究者の最終チェックが不可欠である．

ゲノム情報を用いた予測法も開発されている．最初に提案されたのは**オペロン**[7]**構造**（operon

---

[5] 抗体が抗原を認識して結合するときの構造的な単位，すなわち抗原性を示す最小単位．

[6] 医学・生命科学分野の英語主要論文の abstract を収録しており，米国 NCBI が公開している．

[7] 複数の遺伝子コード領域が一つの転写因子によって同時に発現制御されているとき，それらの遺伝子のグループを指す（歴史的には少し異なった定義もある）．

structure）の保存に基づく予測である．オペロン構造は進化的に保存されにくい傾向があるが，構成遺伝子間に機能的関連[8]がある場合には保存されていることが多い．そこで（i）対応する遺伝子（オーソログ）が複数のゲノム上で近接し（遺伝子近接性），（ii）オーソログの並ぶ順番が一致するならば，それらの遺伝子産物は共発現し機能関連している（一部はPPIの関係にある）可能性が高い，と判断する（**図10.2a**）．

この方法は良い精度をもつが，真核生物ではホヤなどごく少数の生物以外にはオペロンの存在が知られていないため，真核生物にも適用できる方法が考案された．ある生理機能が生物種Xには存在し，Yには存在しないとする．その生理機能を実現している遺伝子がaとbだとすれば，Xにはaとbが必ず共に存在し，無駄な遺伝子がそのまま残ることは稀であるのでYには存在していない可能性が高い．そこで遺伝子aとbについてn種類の生物種のゲノム中での存在を調べ，オーソログが存在する場合に1，しない場合に0を与えることにすると，この結果は要素0と1のn次元のベクトルの形に書くことができる（**図10.2b**）．a, bそれぞれのベクトル（これらを系統プロファイル（phylogenetic profile）と呼ぶ）が一致した，すなわちn種類のゲノム中での有無が同一だった場合，aとbのタンパク質は進化的に存在の有無が一致しているので相互作用している，と推定する．ただし，（1）ゲノム全体が決定済みの生物種しか調査できない（未決定部分にオーソログがあるかもしれない），（2）オーソログの判定精度に強く依存する，（3）比較対象の生物種すべてに存在する遺伝子については判定できない（プロファイルの要素がすべて1になる），などの弱点がある．

また，機能的に関連している2遺伝子が，別の生物種では遺伝子融合し2つのドメインとして1遺伝子内に存在することがある．このような場合に，両遺伝子の産物は相互作用していると推定する（**図10.2c**；ロゼッタストーン（Rosetta stone）法）．系統プロファイルのような制限はないが，遺伝子融合が生じている場合しか適用できない．

相互作用データベースとしては，STRING（<u>S</u>earch <u>T</u>ool for the <u>R</u>etrieval of <u>I</u>nteracting <u>G</u>enes/Proteins），HPRD（<u>H</u>uman <u>P</u>roteome <u>R</u>eference <u>D</u>atabase），IntAct, DIP（<u>D</u>atabase of <u>I</u>nteracting <u>P</u>rotein），MINT（<u>M</u>olecular <u>I</u>nteraction Database）などがよく利用されている．

10.3 ▶ プロテオームの同定方法

10.3.1 | タンパク質の同定法

次に，プロテオーム同定の実験・解析方法について概観する．塩基配列の場合，塩基の構造的な相補性を用いて，特定の配列にのみ結合する塩基配列を分離して同定する．特定のプロテ

---

[8] 直接的なPPI（物理的な接触）に限らず，共発現・制御（活性化／不活性化）・化学修飾（リン酸化などのPTM）など間接的な相互作用（同じ生物学的プロセスへの関与）を含む．

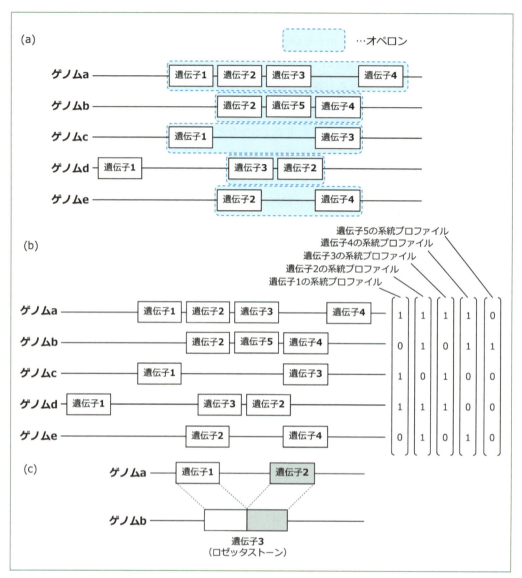

図 10.2　PPI の理論的予測法
(a) **オペロン構造の保存**　「3 ゲノム以上」で構造が保存されている遺伝子セットを「相互作用あり」と仮に決める．遺伝子 1 はゲノム a, c, d に含まれるが，ゲノム d では他の遺伝子と近接しておらずオペロンを形成していない．遺伝子 2, 3 は共にゲノム a, d に存在するが，ゲノム a と d では順番が逆転している．順番を変えず 3 ゲノム以上でオペロンを構成しているのは遺伝子 2 と 4（ゲノム a, b, e）である．
(b) **系統プロファイル**　「3 ゲノム以上」で構造が保存されている遺伝子セットを「相互作用あり」と仮に決める．4 つの遺伝子がゲノム中に存在していれば「1」を，していなければ「0」を要素とするベクトルを作ると，遺伝子 1 のベクトル（系統プロファイル）と遺伝子 3 のベクトルは完全に一致する．また遺伝子 2 と 4 も，ゲノム d（の要素）以外は一致し，それ以外には「3 ゲノム以上」で要素が一致する組み合わせはない．したがって相互作用する可能性があるのは「1 と 3」および「2 と 4」である．真核生物ではオペロンが構成されず，クロマチン構造が複雑であるため，ゲノム d のように近接していない遺伝子 1 と 3 が同時に転写されることはあり得る．したがって実際には，系統プロファイル法では遺伝子のゲノム上の位置は考慮しない．
(c) **ロゼッタストーン**

オフォームのみに結合する抗体を用いれば同様の同定は可能である（抗体法）が，スループット性が悪い．現在では抗体は質量分析を用いる場合の「前処理」（後述）として使われることが

多く，「分離」と「同定」を別個に行う以下の手法が主に用いられる．

A. 2次元電気泳動法

相関の低い二つの性質（等電点と分子量）によって，タンパク質をゲル中に泳動展開する（**図10.3**）．タンパク質を分離・可視化する画期的な方法であるが，得られたスポット（その分子量・等電点に合致する複数のタンパク質が混在する）からそこに含まれるアミノ酸配列を決定するには，高コストなエドマン分解法が唯一の方法だった．1990年代に質量分析による生体分子の測定方法が発達したことによって，この方法が初めて現実的になった．しかし現在は2次元電気泳動法自体が同定法の主流ではなくなってきており，次項で述べる質量分析を主体とした方法が使われるようになってきている[9]．

B. 質量分析法

質量分析（mass spectrometry; MS）は，抗体による同定のような事前準備が不要・高精度・高スループットなどの理由から，1990年代後半以降タンパク質同定技術の主流として躍り

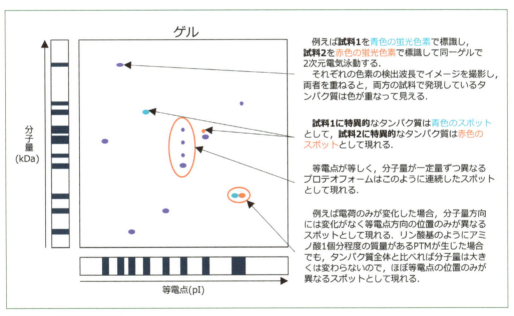

図10.3 2次元電気泳動
分子量で分けるSDS（ドデシル硫酸ナトリウム）電気泳動（縦方向のゲルイメージに相当）と，等電点電気泳動（横方向のゲルイメージに相当）の2つを，同じゲル上で行う．試料ごとに青・赤・黄などの3種類の色素で染色し分けて，3種類の試料を比較することが多いが，ここでは説明のため，青と赤の2種類の色素を使った場合のイメージを示している．このように複数のデータの相違点を見つける表示法・解析法を差分表示または差異解析（differential display）と呼ぶが，この用語は，現在は2次元電気泳動以外の手法の場合でも一般的に用いられている．

---

9 質量分析は試料分子をその質量によって分離する．分子量と質量には相関があるので，等電点（に関係する量）による分離過程を追加すれば，2次元電気泳動とほぼ等価の分離が可能になる．このため現在では，複数試料間の発現量を直接比較する2D-DIGE（蛍光標識2次元差異ゲル電気泳動，2-Dimensional Fluorescence Difference Gel Electrophoresis）法が2次元電気泳動法の利用の中心になっている．

出た．この手法は，試料分子を「ソフトイオン化」と総称される手法によってイオン化し，そのイオンが電（磁）場中を飛行するときの挙動の差によって分離する技術で，「試料の質量を統一原子質量単位（またはダルトン（Da））で表し，これをイオンの電荷数で割った値」に相当する無名数（質量電荷比，*m/z*，エムオーバーズィー）が得られる[10]．すなわち試料分子について得られる値は，その名のとおり質量のみである[11]．

現在のプロテオーム研究は，検出手段として事実上すべて質量分析を用いており，プロテオーム研究での「実験データの解析」は「質量分析データの解析」とほぼ同義である．

10.3.2 | 質量分析を用いた測定

質量分析による混合試料からのタンパク質の同定（ショットガン・プロテオミクス）では，以下の2点について特に注意が必要である．

i. 発現量のダイナミックレンジが広い

　タンパク質発現量のダイナミックレンジ（最大量と最小量の幅）は極端に広い．例えば1 ml の血液中にアルブミンが数十 mg 存在するのに対し，サイトカイン（インターロイキンなど）は1 pg 程度で，10桁の差がある．これらの同時測定は不可能である．

ii. タンパク質を直接測定しているわけではない

　タンパク質の分子量もダイナミックレンジが広い．インスリンの分子量が 5,807 であるのに対し，タイチン（コネクチン）は平均で 3,816,030 と，3桁の差がある．また質量分析計には測定可能な質量範囲があり，一部のタイプでは測定上限が $m/z = 4000$ 程度である．このため，試料タンパク質は通常，プロテアーゼ（トリプシンなど）でペプチドに消化して測定する．すなわち質量分析で測定しているのはペプチドであるため，最終段階の「タンパク質推定」が必要になる．

同定プロセスは一般に以下の6つのステップを経由する：

前処理 → 測定 → 波形処理 → ピーク検出 → ペプチド同定 → タンパク質推定

本節では，前処理と測定について説明し，10.4 節で続くプロセスについて説明する．

A. 前処理

最初の2段階は実験操作である．質量分析自体でも分離は行われるが，微量タンパク質の増幅ができないため，多数の分子が混在する場合は事前に複雑性を下げておくのが望ましい．このためにまず特定の成分を分離抽出するのが前処理で，アフィニティ・クロマトグラフィや抗

10　IUPAC（国際純正・応用化学連合）は「質量電荷比 mass to charge ratio」という名称を非推奨としており，小文字イタリック体で m/z とのみ表記することを推奨している（「質量電荷数比」ではないので，この語は確かにおかしい）．

11　イオンの電荷数は「測定のためのソフトイオン化によって生じたイオンの電荷数」のことで，その分子が元々イオン化しているということではない．

体を用いた分離濃縮，ラベル分子の導入，夾雑物の除去，脱塩などが行われる．多くの場合，前処理の最終段階で**質量分析計（mass spectrometer）**[12]に接続した高速液体クロマトグラフィ（High Performance Liquid Chromatography; HPLC[13]）を用いて最終的な分離を行う（疎水度によって分離することが多い）．

B. MS（mass spectrometry）測定

質量分析計は，イオン源（イオン化部）・分析計（分離部）・検出器（検出部）の主要3装置から構成される（**図10.4a**）[14].

イオン源 試料分子をイオン化する．生物試料には，多価イオンを生成するESI，1価イオンのみ生成するMALDIが用いられる[15]（ESIが用いられることが多い）．

分析計 生成したイオンが，電（磁）場の中を通過する際に受ける力で飛行状態が変化し，質量と電荷に応じてイオンが分離される（したがって混合物を分離できる）．質量（正確にはm/z）の値を指定し，その値をもつ分子のみが通過できるように電場を調整することで，その質量の分子のみを分析計の外に取り出す操作も可能である．

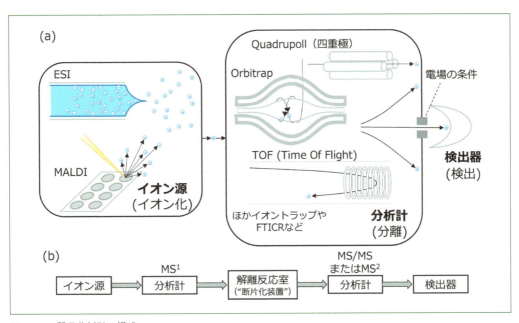

図10.4　質量分析計の構成

12　日本では質量分析計もMSと略記されることがあるため，単独で「MS」と書くことは推奨されない．
13　LCと略すことが多く，このような分析手法をLC/MS（装置を示す場合はLC-MS）と表記する．
14　同じ3装置から構成される機器として，質量分析計（mass spectrometer）以外にも質量分析器（mass spectrograph）という装置があるが，後者をプロテオミクスに用いることはない（後者は検出器として写真乾板を用いる）．両者を総称した質量分析装置という名称が使われることもある．
15　それぞれElectrospray Ionization（エレクトロ・スプレー・イオン化），Matrix Assisted Laser Desorption / Ionization（マトリックス支援レーザー脱離イオン化）の略．

検出器 電子倍増管などを用いて，イオンの量を電流強度に変化させる．検出器はキャッチャーのように待ち構えていて，分析計内の電場を変化させると「その瞬間の電場でちょうど"ストライク"になるような質量・電荷のイオン」だけが分析計から射出されて検出器に投げ込まれ，その条件に当てはまらなかったイオンは分析計内に留まり，測定されずに終わる．

C. MS/MS 測定

混合試料中の特定の分子の構造を決定するには，必要な機能がもう一つある．それは対象分子の「部分構造を取り出す」ことである．

例えば核酸の構造（塩基配列）決定の場合は，まず核酸1分子あたり平均1ヶ所だけをエンドヌクレアーゼで切断する．切断部位はランダムに生じるので，結果的に「任意の部位で切断された，塩基1個違いの長さの部分配列」がすべて生成される．これをゲル中で泳動させると，動きにくい（質量が大きい，長い）配列が出発点付近に残り，動きやすい（質量が小さい，短い）配列が大きく移動する．そこで各配列の 3′-末端の塩基を標識・検出すると，塩基配列が決定できる（**図 10.5a**）[16]．

質量分析の場合，分析計を2個直列に接続し，その間に「解離反応室」（"断片化装置"）を設置する（**タンデム質量分析**あるいは **MS/MS** と称する；**図 10.4b**）．第1段の分析計（MS[1]）で混合試料から特定のイオンを取り出す．このイオンを**プレカーサーイオン**（precursor ion）と呼び，これを解離反応室に導入する．解離反応として CID（Collision Induced Dissociation）

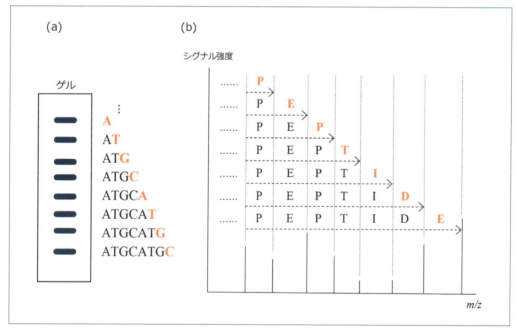

図 10.5 核酸とペプチドの配列決定

---

16 これがマクサム＝ギルバート法の骨格で，サンガー法もこの考え方を基にしている．

という手法を用いる場合は，アルゴンなどの不活性ガス分子と衝突させることでペプチドを切断し（開裂させ），プロダクトイオン（product ion）を生成する．不活性ガスの量とエネルギーの調整によって，ペプチド全体で，ペプチド結合が1ヶ所だけ切断されるようにする．切断位置はガス分子が衝突した位置なのでランダムであり，これで核酸の場合と同じ状態を作り出すことができる．

　最後に，プロダクトイオンを第2段の分析計（MS/MSまたはMS^2）で測定すると，各ペプチド断片の質量が判明する．これが核酸断片の泳動と標識に相当する．すなわちMS/MS測定は対象分子の「部分構造の測定」である[17]．

10.4 ▶ 計算プロテオミクス

　10.3.2に示した「測定」に続く4段階は，タンパク質同定のための情報解析である．

10.4.1 ┃ マススペクトルの波形処理とピーク検出

　イオンは電（磁）場中を飛行するため，移動距離は質量に反比例し電荷に比例する．したがって（質量）/（電荷）すなわちm/zに反比例する．分析計中の電場を変化させ（m/zをスキャンし）イオンの量を測定するとき，横軸にm/zを，縦軸にイオン電流のシグナル強度をプロットしたものがマススペクトル（mass spectrum）である．特にイオン源と分析計の組み合わせによって，スペクトルの形状は変化する．

　単純に考えれば「そのイオンのm/z値」に正確に合致した瞬間のみイオン電流が流れ，スペクトルはデルタ関数のような形状になるはずである．しかし実際には種々の理由[18]から，ピークは山型の形状になる．同じことはLCの保持時間（RT）についてもいえる（あるペプチドの全分子が一瞬でLCから溶出することはない）．図10.6は対象分子のLCからの溶出時間（RT），質量電荷比（m/z），シグナル強度（測定されたイオンの量）の3次元グラフである．ペプチドはm/z軸（質量），RT軸（溶出時間）双方に広がりをもって測定される．「ある一定のRT値（溶出時間）」の平面でこの山を切断したとき，その断面が，その時間でのスペクトルを意味する．同様に「ある一定のm/z値」平面での断面，すなわち「あるm/zをもつペプチドの時間変化」をクロマトグラム（chromatogram）と呼ぶ[19]．また山型になっているスペクトルから真の（デルタ関数状の）ピークの位置（m/z値）を推定する処理がピーク検出（peak

---

17　計測所要時間の制限から，1回のMS^{1}測定ごとのMS/MS測定は，（そのMS^{1}スペクトルに含まれる）プレカーサーイオン数個程度に対してしか実行できない．したがってすべてのプレカーサーイオンの部分構造が測定できるわけではない．

18　測定した質量分析計の分解能の限界のほか，イオンの加速が不充分，検知器の感度の低下などが考えられる．

19　正確にはXIC（extracted ion chromatogram）と呼ぶ．またm/z値を問わない全イオンの時間変化をTIC（total ion chromatogram）と呼ぶ．

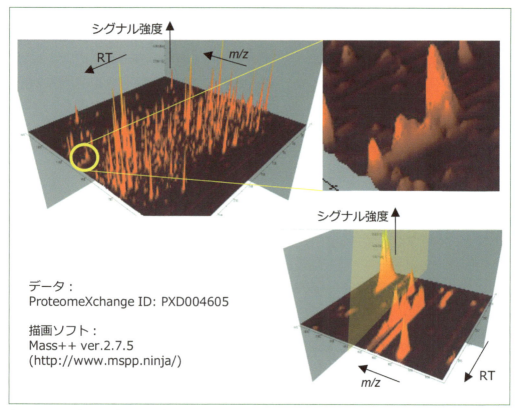

図 10.6 スペクトルとクロマトグラム

上左図は m/z 軸と RT（溶出時間）軸に対するタンパク質の測定量（プレカーサーイオン）を図示したもの．黄色円部分を拡大したものが上右図．下右図の黄色平面は「一定の m/z 値」を示す．この平面で上右図の立体を切断したときの断面が，（その m/z 値のタンパク質の）クロマトグラム（XIC）を示す．同様に，この平面に直交する「一定の RT 値」の平面で切断すると，その断面がスペクトルに相当する．

picking）で，その結果をピークリスト（peak list）と呼ぶ．またイオン電流の背景ノイズのレベルを示すベースラインは，m/z の値に応じて変化してしまうことが多い．このような波形変化を修正するのが波形処理で，スペクトルを直接比較する差異解析では特に重要になる．

10.4.2 ペプチド同定

質量分析法によるペプチドの同定（identification）には主に以下の 3 法が用いられる．これらに共通する最大の問題は，アミノ酸 1 個が異なるだけで，そこから生じるイオンの量（イオン化効率）がまったく異なる可能性があることである．すなわちスペクトル縦軸のイオン電流量と，実際に試料に含まれているペプチドの量が比例する保証はまったくない．

A. スペクトル・ライブラリ法

既知ペプチドのマススペクトルをライブラリ化し，未知試料のスペクトルと比較する．これは最もオーソドックスな考え方で，比較できる情報量も多い．しかしソフトイオン化では，イ

オン化手法や分析計の種類によってスペクトルの形状が異なるため，それに応じた全スペクトルがライブラリに必要である．このため現時点では主流ではない．

B. *de novo* sequencing 法

10.3.2 C で述べた塩基配列の同定と同じ考え方で同定を行う．プレカーサーイオンを開裂させると，プロダクトイオンは「そのペプチドの部分配列の全バリエーション（すなわち長さ 1 個違いのアミノ酸部分配列）」の混合物になっている．これらすべてを測定し質量の順に並べると，これらのピークの差が個々のアミノ酸の質量に相当する（**図 10.5b**）．

この方法は，信頼性は高いが実行が難しい．ペプチドのイオン化効率が一定という保証はなく，このような部分配列バリエーションのうち何個かのイオン化が不充分で測定されないことがあり得る．PTM による質量（m/z 値）の変化や，夾雑物やハードウェア由来のノイズのピークが混入する場合も考えられる．またアルゴリズム上の問題もある（参考文献 1）．

C. データベース検索法

現在最も一般的な配列同定法である．既知アミノ酸配列のデータベースから，プロテアーゼによって生成するペプチドごとに m/z の理論ピークを計算，実測ピークと比較することで，最もあり得るアミノ酸配列を探す．MS[1]（プレカーサー）イオンのピーク，すなわちペプチド全体の質量のみに基づいて配列を決定する手法を Peptide Mass Fingerprinting（PMF）と呼び，試料がある程度精製済みの場合に用いられる．

通常，前処理では完全な分離が不可能で多種類のペプチドが混在しているため，ペプチドの部分配列である MS/MS（プロダクト）イオンのピーク情報を併用する[20]．「長さ 1 個違い」のプロダクトイオンが何個か測定されていた場合，その部分については *de novo* sequencing と同等の処理が可能になり，一方そのような "連続" イオンが測定できていない部分では，ペプチド断片の質量を既知のアミノ酸配列の質量と比較して補うことができる．すなわちこの後者の手法は，長さ 1 個違いのプロダクトイオン全種類を揃えられない代わりに既知配列情報で補う手法である．この手法を Peptide Fragmentation Fingerprinting（PFF）と呼ぶが，MS/MS ion search という名称のほうが普及している．

10.4.3 タンパク質推定

次に，同定されたペプチドが由来したタンパク質を推定する（protein inference）．ヒトの場合，既知プロテオーム（例えば UniProt reference proteome の全配列）から生成可能なトリプ

---

20 具体的には例えば，まずプレカーサーイオンに近い質量の理論ペプチドをデータベースから抽出し，プロダクトイオンについて理論・実測ピークリスト間で良い相関を示したペプチドに高いスコアを与えればよい．ただしこのスコアリング方法には特許が取得されてしまったため，配列の分子量頻度の確率分布に基づいたスコアリングなどが発展している．

シン消化ペプチドは約 80 万存在するが，そのうち特定のアイソフォーム 1 個中にのみ存在する「ユニークなペプチド」は 4 割にすぎない．では例えばペプチド X と Y が同定され，X はアイソフォーム a にのみ含まれており，Y はアイソフォーム a と b の両方に含まれているとすると，試料中に存在したアイソフォームは何だろうか？

　一つの考え方は「a の存在は X によって確定している．b の存在は不確定．Y は a に由来し得る．したがって存在したアイソフォームは a のみ」というものである．しかし「b が存在しない」とは断定できないのだから，「Y が b に由来した」可能性も否定できない．さらにもし X が同定できず，Y のみが同定されていた場合はどう判断するべきだろうか．

　現時点ではこの問に対する決定的な解法はなく，タンパク質推定には 20 種類以上のソフトウェアが提案されているが，HUPO では「長さ 9 アミノ酸残基以上のユニークなペプチド複数個が決まった場合」という基準を，HPP 研究でのタンパク質同定ルールと定めている．同様の問題は，マイクロアレイや RNA-seq の解析，配列のゲノムへのマッピングでも生じており，オミクス解析における共通性のある未解決難問であるといえよう．

10.4.4 ┃ 結果の信頼性評価

　データベース検索は，例えば BLAST のように一つの問い合わせデータに対する比較結果をソートしているのではなく，問い合わせデータに含まれる多数のピークに合致する配列をすべて選び出しており，多重検定によって信頼性を評価する必要がある．そこで他のオミクス解析と同様，検索結果に対して False Discovery Rate（FDR）を計算する．

　毎回問い合わせデータ（ピークリスト）が異なるため，FDR を求めるには真陽性（true positive）と偽陽性（false positive）の個数を数える必要がある．しかし「正しく配列を探知した」真陽性の結果と「結果として含まれるべきではないにもかかわらず確率的に出現してしまった」偽陽性の結果は区別できないのだから，それぞれの個数はわからない．そこで後者を，同様の「確率的に生じる，結果に含まれるべきではなかった配列」の出現数によってシミュレートする．具体的には，「実在しない（仮想）配列」からなるデータベース（decoy データベース）を作成し，同じピークリストで検索を行う．実在しない配列であるから，結果は本来何もないはずである．しかし偽陽性結果の場合と同様「出現するべきではなかった結果」が確率的に発生し，実際の同定数は 0 個にならない．検索条件が同一であれば，decoy 検索での同定と，通常の検索（target 検索）中の確率的誤同定すなわち偽陽性は，同数発生していることが期待される．したがって decoy 同定の個数を数えることで偽陽性の個数に代え，そこから FDR を求めることができる．これを target-decoy 検索と呼ぶ．なお decoy データベースの作成には，target データベースの配列のアミノ酸を「逆順に並べた配列」または「ランダムに並べ替えた配列」を用いることが多い．

10.4.5 タンパク質の定量

質量分析計でタンパク質の量を計ることは難しく，通常は定量のための実験が必要になる．例えば質量ラベルを付加し，ラベルのイオン量の比からペプチドを相対定量する等重量タグ（isobaric tag）法（**図 10.7**）や，SRM（MRM）[21] 測定という手法を用いる絶対定量（量比によらない）などが行われる（参考文献 2）．ここでは，通常のショットガン実験の結果から求める半定量的な「ノンラベル定量」法の一例について紹介する．

基本的なアイディアは「イオン強度ではなく測定頻度に注目する」ということで，アナログ

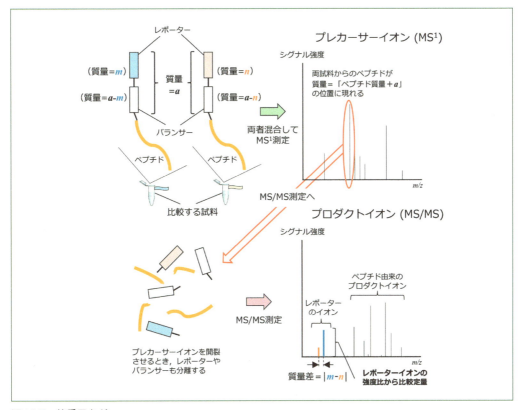

図 10.7　等重量タグ

---

21 選択反応モニタリング（selected reaction monitoring）または多重反応モニタリング（multiple reaction monitoring）の略．通常の測定のように m/z を変化させて測定するのではなく，特定の m/z のプロダクトイオン（MS/MS で得られるイオン）のみを測定する（それ以外の m/z のイオンは，まったく測定されることなく捨てられる）．したがってあらかじめ m/z の値がわかっている場合に，その m/z のプロダクトイオンの総量を正確に知ることが可能である．ただしペプチドはアミノ酸配列によってイオン化効率が異なるので，ペプチドの定量のために使用する場合には，ペプチドの量とそこから生じるイオンの総量の関係を事前に調べておく必要がある．すなわちまず，目的とするペプチドはどのような m/z で測定されるか，通常のショットガン測定で確認する．次いでペプチドの量を変えた複数試料を，ショットガン測定で調べておいた m/z で SRM 測定し，ペプチドの量と測定されたイオン総量の関係（検量線）を作成する．その上で調べたい試料中のこのペプチドの量を SRM 測定すると，検量線から，その試料中のペプチドの正確な量が判明する．

量（強度）のデジタル量（頻度）への変換ともいえる．基礎となる考えは

（a）タンパク質の発現量が多ければ，それだけ検出・同定される確率は高くなる．

（b）大型のタンパク質ほど，消化したときのペプチドが多種類生じ検出されやすくなる．

　（a）から，発現量は（i）「同定されたペプチド数」と正の相関を，また（b）から，（ii）「そのタンパク質から生成するペプチドの種類数（理論値）」と負の相関をもつ．（i）は「そのタンパク質であると同定されたプレカーサーイオンの個数」と同じであり，その個数を（ii）で割った値（Protein Abundant Index; PAI）が発現量の指標になる．経験的に 10 の PAI 乗が発現量に比例することから，「10 の PAI 乗 マイナス 1」を指標とし，emPAI（エムパイ；exponentially modified PAI）と呼ぶ（量比ではなく絶対定量値である）．

　さらに発現量が多い場合には，同一ペプチドが何回も測定されることがある[22]．実際には，ペプチドの断片である MS/MS（プロダクト）イオンがそのタンパク質に帰属する個数（回数）が，発現量によく比例する．そこで「同一タンパク質に由来する（と同定された）MS/MS ピークの個数」をカウントして，その比で相対定量するスペクトラル・カウント（spectral count; スペクトル・カウントということもある）も用いられる．

10.5 ▶ データの再利用とこれからのインフォマティクス研究

　データ解析のための情報学研究が進むためには，（1）データ書式と解析方法の標準化，及び（2）データを入手するためのデータ公開サイトが必要である．（1）のため，2002 年に HUPO の作業部会として Proteomics Standards Initiative（PSI）が組織され，PPI 分野の基本的な規格（PSI-MI）のほか，10 年以上の試行錯誤を経て mzML[23]，mzIdentML[24]，mzTab[25] などの質

22　同一ペプチドの LC からの溶出は数十秒以上続くのに対して，MS/MS 測定は数秒で終了するため，ペプチド溶出が終わるまで何回でも測定され得る．

23　質量分析計から出力されるいわゆる "生データ" と，そこから生成したピーク検出結果（"ピークリスト"）の両方を記録するための標準フォーマット．生データの記録には質量分析計の製造企業ごとに異なる独自フォーマットが使われており，互換性に欠けていた．このため 2004 年に HUPO-PSI が mzData というフォーマットを策定した．これと平行して，XML 言語を用いてデータを記述する mzXML フォーマットが米国 Institute for Systems Biology の Seattle Proteome Center から発表された．2008 年になって，この両者を統一する形で HUPO-PSI から発表された，XML を用いるフォーマットがこの mzML である（ただし mzXML は現在でも使われることがある）．現在の主要な質量分析用のソフトウェアはすべて，この mzML 形式の読み書きが可能になっている．

24　（アミノ酸配列同定の）データベース検索結果を記録するための標準フォーマット．本章で述べたように，質量分析データからアミノ酸配列を同定するためにはデータベース検索が用いられるが，その出力結果のファイル・フォーマットも，ソフトウェアごとに独自のものが用いられてきた．これを標準化する目的で 2012 年に制定され，mzML と同様，XML 言語を用いて記述される．mzML と併用してマススペクトルの ID を共通にしておけば，検索結果がピークリスト中のどのピーク由来なのか，mzML にたどっていって調べることなどが可能である．

25　mzIdentML と等価の内容を非 XML 形式で記録する，いわゆる tab 切りフォーマット．mzIdentML は優れたフォーマットであるが，XML の扱いにくさやファイルが巨大化することなどを嫌う向きは多く，このため一種の簡易フォーマットとして HUPO-PSI によって 2014 年に策定された．2018 年時点では，mzIdentML よりもこの mzTab のほうがよく用いられているようである．

量分析用データ書式，PTM 情報などを付加できる拡張 FASTA 書式（PSI Extended FASTA Format; PEFF）などが策定されている（参考文献 6）.

またデータ解析には「測定系の再現」が必要になる．例えば isobaric tag による定量測定のデータを再利用するには，どのデータがどのタグを結合させた結果かを知る必要がある．したがってデータ解析にはメタデータ（metadata）すなわち「どのような実験系での測定結果か」を示す「データの属性についてのデータ」が必要であり，不可欠なメタデータの項目を示す MIAPE[26] 基準も PSI によって策定されている.

（2）のためとしては，一般に生データを寄託し一般ユーザーが入手するためのサイトをレポジトリー（repository）と呼ぶが，プロテオーム分野でのその整備も進められている[27]．現在では，データ寄託時に MIAPE 基準のメタデータを要求する複数のレポジトリーが ProteomeXchange というグループ（参考文献 7）を組織し，データ再利用のための国際連携が進んでいる.

しかし，データの再利用で情報学的研究を進めるには，非常に多数のデータが必要である．主要なジャーナルが，論文投稿時に生データの公開を義務づけたのは 2016 年であり，収録データは比較的新しいものを中心に，それほど多いとはいえない．このため現時点では，他オミクス分野と同等のデータ再利用による解析研究を期待するのは難しい.

対して，計算プロテオミクスの方法論の研究・開発は盛んに行われている．例えばペプチド同定法として，2017 年頃から「専用のスペクトル・ライブラリ」法の開発が目立っており，今後の主流になっていく可能性が高い．また「全プレカーサーイオンからプロダクトイオンを生成し，すべて測定・解析する」手法も，質量分析計とコンピュータの性能向上に伴って実現している．タンパク質のリン酸化部位や LC からの溶出時間の予測なども行われ，機械学習が多用されている．NGS を用いる実験手法の研究も進んでいる.

さらに「全遺伝子の，最低 1 個のプロテオフォームの確認」を当面の目標とする HPP が目標達成のために "追い込み" に入っているのに加え，米オバマ政権が提唱した Cancer Moonshot 計画（ガン根治治療法開発計画）でもプロテオミクスが主要技術の一つとして取り上げられた結果，プロテオーム研究には新たな "波" が押し寄せてきている．これらは共にプロテオフォームの同定を必要とするもので，計算プロテオミクスがインフォマティクス研究の中心となる状態はしばらく変わりそうにない.

ゲノムが決まって全遺伝子が網羅され，"RNA 新大陸"（4 章参照）の探索が進んでも，そこにはまだ「プロテオーム」という "未踏の大地" が残されているのである.

26　正式名称は Minimum Information About a Proteomics Experiment であり，「マイアピ」と読むことが多い.

27　2000 年代には PRIDE（Proteomics Identifications; 欧州 EBI），Peptidome（米国 NCBI），Tranche（トランシェ；米国ミシガン大）などが創設された．しかし NCBI はわずか 3 年で新規データの受入を中止，さらに資金確保の失敗により，寄託されていたデータごと Tranche が閉鎖されてしまった．このときには，カリフォルニア大サンディエゴ校のグループが新レポジトリー MassIVE（Mass Spectrometry Interactive Virtual Environment; マッシヴ）を急遽立ち上げ，閉鎖直前の Tranche からインターネット経由でデータをコピーし，6,300 件を超えるデータセットを救出する，という顛末もあった.

参考文献

1) 吉沢明康（2016）Proteome Letters（日本プロテオーム学会誌）**1**, 63
https://doi.org/10.14889/jpros.1.2_63（2018 年 8 月 15 日アクセス） 想定読者はプロテオミクス研究者であるが，発展的な話題についても述べている．

2) 松本雅記，中山敬一（2017）*領域融合レビュー* **6**, e002
http://dx.doi.org/10.7875/leading.author.6.e002（2018 年 8 月 15 日アクセス） 特に SRM（MRM）を用いたタンパク質定量についての平易な解説がある．

3) 藤 博幸（2004）タンパク質機能解析のためのバイオインフォマティクス，講談社
タンパク質間相互作用の理論的予測法について多くの解説がある．

4) 志田保夫 *et al*.（2001）これならわかるマススペクトロメトリー，化学同人
少し古い書籍であるが，質量分析の和文解説書の中では，記述が最も理解しやすい．

5) 日本プロテオーム学会（2013）プロテオミクス辞典，講談社
プロテオミクスの実験方法等について調べるのに最適．

6) Proteomics Standards Initiative
http://www.psidev.info/（2018 年 8 月 15 日アクセス） プロテオミクスのデータ規格などの策定を一手に引き受けている，HUPO の作業部会．

7) ProteomeXchange
http://www.proteomexchange.org/（2018 年 8 月 15 日アクセス） プロテオーム生データ・レポジトリーの連合体．現在，英 PRIDE，米 PASSEL，米 MassIVE，日 jPOST，中 iProX の 5 者が加盟する．生データはこのサイト経由で取得するのが効率的．

8) ms-bio.info
http://ms-bio.info/library.html（2018 年 8 月 15 日アクセス） 日本バイオインフォマティクス学会の質量分析インフォマティクス研究会のページで，代表的な文献・資料などへのリンクを収集している．

11章 データベース

11.1 バイオインフォマティクスにおけるデータベースの意義

　生命科学において，データベースはデータサイエンスの核となる存在であり，バイオインフォマティクス研究者にとってはその構築と利活用の二つの側面をもっている．生命科学研究を通じて明らかになった事実は主に論文などの形で公表されるが，そこに含まれるデータを目的ごとに集積し再利用できる形で整理することで，新たなデータを解釈し知識を得るための基盤となる．また集積されたデータそのものを俯瞰し，特徴抽出から予測まで理論的な解析を行うデータサイエンスの基盤ともなっている．生命科学では，さまざまな生物種において生体のもつ遺伝情報からその表現型までをつなぐ，多様な分子の働きとそのメカニズムの解明を研究対象としているため，これまでに構築されてきたデータベースも幅広く，目的に応じてそれらを統合的に利用することがバイオインフォマティクス研究の鍵となる．

　多くのデータベースはウェブサイトから生命科学の研究者が情報を検索し取得するためのユーザーインターフェイスを備えているが，バイオインフォマティクスではダウンロードした大量のデータを対象にした解析を行うことも多く，各データベースで使われているデータ形式やデータ管理のための技術についての理解も求められる．本章では，生命科学分野の主要なデータベースを紹介するとともに，解析に用いるさまざまなファイル形式や，データベースシステム，ウェブ API などについて解説する．利用者には目的に応じてこれらのデータベースから必要な情報を抽出し，自分の研究データの解釈や解析に用いるバイオインフォマティクスのスキルが求められており，その手法は研究目的によって大きく変わるため，各データベースの活用方法については他章も併せて参考にしていただきたい（なお，本章で取りあげた主要なデータベース等は，表 11.1 にまとめてある）．

11.2 データベースの歴史と概要

　タンパク質立体構造の主要データベースである PDB は 1971 年に，塩基配列の主要データベースである GenBank は 1982 年に，アミノ酸配列の主要データベースである UniProt の元となる PIR と Swiss-Prot はそれぞれ 1984 年と 1986 年に設立されている．また，1990 年代に入るとゲノム解析が進展し，さまざまなゲノムデータベースが構築されてきたほか，研究論文データベースについては，長い歴史をもつ MEDLINE をもとに PubMed が 1996 年に設立されている．このように，生命科学は，歴史的に公共データベースの整備が進んでいる分野であ

11 章　データベース　**155**

り，特に 90 年代のウェブの普及とともに，多くのものがインターネット上でフリーに利用できるようになっている．他の工学分野では有償のデータベースが多いことを考えると，データサイエンティストにとって魅力的な分野といえる．一方で，データそのものが多様であり，独自のデータ形式をもつデータベースも多いため，その利活用には幅広い生命科学の背景知識と情報科学の技術が求められる．

　生命科学のデータベースは多数あり，その数は年々増加している．このため，「データベースのデータベース」がいくつか整備されている．国際的には FAIRsharing などがあり，国内では Integbio データベースカタログなどが整備されている．なお，FAIR とは Findable, Accessible, Interoperable, Reusable の略で，データの探しやすさ，アクセスの容易さ，相互運用性，再利用性を向上させるために，バイオインフォマティクスのコミュニティからデータ公開にあたっての指針を提案するものとなっている．また，新規データベースや既存データベースの更新情報についての論文が，毎年 1 月に *Nucleic Acids Research*（NAR）誌から Database Issue という特集号として出版されており，これまでの報告が Database Summary Paper Categories に蓄積されているほか，NAR 誌と同じ Oxford University Press から *Database* という雑誌も出版されている．一方で，研究データそのものを投稿するデータジャーナルの創刊も相次いでおり，主要なものとしては *Nature* 系列の *Scientific Data* などが挙げられる．これらは近年問題視されている科学の再現性を担保するための取り組みであり，データの生成過程や品質管理を含めたメタデータを記載することでデータの再利用性を向上するとともに，科学研究に必要なデータを提供した研究者を適切にクレジットすることを目指している．

　大規模かつ主要なデータベースを維持管理しているバイオインフォマティクスのセンターとしては，米国国立生物工学情報センター（National Center for Biotechnology Information; NCBI）と欧州バイオインフォマティクス研究所（European Bioinformatics Institute; EBI）が挙げられる．一方，国内ではバイオサイエンスデータベースセンター（NBDC），ライフサイエンス統合データベースセンター（DBCLS）などが設立されているが，国立遺伝学研究所の DDBJ，大阪大学蛋白質研究所の PDBj，京都大学の KEGG をはじめ，さまざまな公的機関で分散的にデータベースの開発が進んできているのが現状である．このようなバイオインフォマティクスの統合的なセンターでは，研究者からのデータを登録する 1 次データベースのほかに，その内容を整理して付加価値をつけた 2 次データベースが構築されることも多い．今後ますます増大するデータを効率的に利活用するためには，機械学習等のデータサイエンスに利用しやすい高度な 2 次データベースの研究開発と，元となるエビデンスとしての 1 次データベースの整備を並行して進めていくことが必要である．

11.3 ▶ 文献データベース

　生命科学および医科学の主要な論文は米国国立医学図書館（NLM）の提供する PubMed で
データベース化されており，2018 年現在までに 2800 万件を超える文献が収載されている．こ
のうち多くのものは概要（Abstract）のみが収載されているが，2000 年から始まった PubMed
Central（PMC）では，オープンアクセスの学術雑誌などから 490 万報を超える論文の全文
も公開されている．PubMed の母体となっている MEDLINE（MEDLARS Online）データ
ベースは 1964 年から開発されてきた MEDLARS（Medical Literature Analysis and Retrieval
System）データベースのオンライン版であり，その MEDLARS のルーツは NLM によって
1879 年に発行された Index Medicus にまで遡るようだ．一方で，膨大な文献から必要な情報を
得やすくするためには，検索のために標準化されたキーワードの整備が重要となる．このため
に開発されてきたのが MeSH（Medical Subject Headings）で，これまでに約 26,000 の共通
用語が整備されており，各文献に対し内容を簡潔に表す用語を複数組み合わせて付与すること
で文献の管理を行っている．これらの長い歴史と文献整理に関わる膨大な労力を考えると，生
命科学における信頼できる情報ソースとして，いかに文献が重視されてきたかが偲ばれる．

　PubMed でキーワード検索を行うと，MeSH を用いて同義語などが自動的に展開され，で
きるだけ漏れのない検索が行えるようになっている．さらに高度な検索を行うために，フレー
ズ検索，著者名やジャーナル名など検索対象を示すタグ，これらを組み合わせた AND/OR 検
索などを指定することができる（**図 11.1**）．主に日本語で書かれた国内の論文を検索するには，
国立情報学研究所の提供する CiNii が使いやすい．CiNii では 1900 万件以上の日本の学術論
文，1 億 3 千万冊以上の大学図書館の収蔵する書籍，60 万件以上の学位論文を検索することが
できる．一方，Google の提供する論文検索サービス Google Scholar では，PubMed が対象
としていない分野の論文も検索できるほか，オープンアクセスでない論文であってもプレプリ
ントや著者が公開しているものなどから全文を参照できることも少なくない．また，検索した
論文の被引用情報が広範に収集されている点でも利用価値が高く，自分の論文がどのような研
究に引用されているかなどを知ることができる．論文の引用時にはその意義が簡潔に記載され
ることが多いが，DBCLS で開発されている Colil を使うと，指定した PubMed ID の論文が
他の論文中でどのように引用されているかを前後のコンテクストと共に検索することができる．
DBCLS ではほかにも PubMed データベースを活用したサービスをいくつか提供している．研
究論文では多くの略語が使われるが，同じ語でも分野によって意味が異なることが多い．Allie
では，略語からその展開型やその語が用いられる主な研究分野，関連論文などを検索することが
でき，他分野の論文を読む際に便利なツールとなっている．また，論文を執筆する際には，適
切な前置詞の選び方など英文の表現でつまずくことがあるが，inMeXes では PubMed に収録
された論文で頻出する表現を，指定したワードの前後のコンテクストとともに検索することが
できる．

図 11.1　PubMed のキーワード検索と論文アブストラクトの表示

11.4 遺伝子とゲノムのデータベース

　遺伝子やゲノムを含む塩基配列のデータベースは，現在 INSDC（International Nucleotide Sequence Database Collaboration）により，米国 NCBI の GenBank，欧州 EMBL-EBI の ENA，国立遺伝学研究所の DDBJ の 3 極が連携して国際的に維持管理が行われている．これらの 3 機関では，それぞれに登録された塩基配列を整理し，同じ情報を相互に共有することで同一の内容を保つ運用が行われている．これらは 1979 年に米国ロスアラモス国立研究所で W. Goad が金久實らとともに立ち上げた塩基配列データベース The Los Alamos Sequence Database が元となっており，1982 年に米国国立衛生研究所（National Institute of Health; NIH）に移管されて GenBank データベースが誕生した．同時期 1980 年には欧州でも EMBL ライブラリーが設立されている．F. Sanger が 1975 年に最初の塩基配列解読法を発表し，1977 年にサンガー法や Maxam-Gilbert による塩基配列決定法（マクサム－ギルバート法）が確立して間もなく，そのデータベース化が構想されたことになる．当時は塩基配列が解読された論文を読んで配列を手入力していたが，90 年代に入ると多くのジャーナルの論文投稿規定で塩基配列のデータベースへの登録とアクセッション番号の取得が義務付けられるようになった．1982 年に 606 配列，680,338 塩基から始まった GenBank は，2018 年の時点で 2 億配列（約 2600 億塩基）以上と，全ゲノム解読の断片配列 WGS（Whole Genome Shotgun）に含まれる 6 億配列（約 3 兆塩基）を含むまでに拡大している．INSDC では配列のアセンブルやアノテーションの完了したデータの収載を行ってきたが，ヒトゲノムプロジェクトで解読した配列は 24 時間以内に公開・共有する取り決めが 1996 年になされ（バミューダ原則），WGS として登録されることになった．また，2007 年からは次世代シークエンサー（NGS）の配列データを収録する SRA（Short Read Archive）も INSDC で管理されるようになり，7400 兆塩基ものデータが公開されている．さらに SRA には dbGaP（The database of Genotypes and Phenotypes）の制限公開ヒトゲノム情報なども登録されており，これをすべて合わせると 1.9 京塩基のアーカイブとなっている．あまりに膨大な SRA の公開データは DBCLS SRA を使うと生物種や研究プロジェクト，機器などごとに検索することができる（1.2 節も参照）．

　1990 年に開始されたヒトゲノムプロジェクトと前後して，さまざまなモデル生物種でゲノム解読が進展するとともに，ゲノムのためのデータベース構築が行われるようになった．NCBI の Genome データベースと EBI の Ensembl は広範囲の生物種を網羅する代表的なゲノムデータベースとなっており，ヒトに関しては UCSC ゲノムブラウザも広く使われている（UCSC ゲノムブラウザについては 6.3 節参照）．またモデル生物種のゲノムデータベース構築には GMOD プロジェクトのシステムが利用されてきたほか，ゲノムプロジェクトの進展状況については GOLD データベースがよく用いられている．近年では，メタゲノム，エピゲノム，ゲノム変異，疾患ゲノム，トランスクリプトームなどさまざまなゲノム関連データベースが構築されるようになってきている．

11.5 タンパク質のデータベース

　タンパク質を構成するアミノ酸配列のデータベースは，M. Dayhoff が 1964 ～ 1974 年の期間に刊行していた *The Atlas of Protein Sequence and Structure* という書籍を電子化した PIR が起源となっている．その後，スイスバイオインフォマティクス研究所（SIB）で開発されてきた Swiss-Prot，EBI で開発されてきた TrEMBL，ジョージタウン大学で開発されてきた PIR が，2002 年にコンソーシアムとして統合され，UniProt が誕生した．UniProt には，2018 年の時点で 1 億を超えるアミノ酸配列が登録されている．

　UniProt のうち，UniProtKB/Swiss-Prot に含まれる 55 万タンパク質については人手によるアノテーション作業が行われており，高品質な情報を得ることができる．残りの大部分を占める UniProtKB/TrEMBL は，INSDC などに登録された塩基配列を機械的にアミノ酸配列に翻訳したもので，アミノ酸配列データベースとしての網羅性を担保している．

　タンパク質の立体構造データベースは 1971 年に米国ブルックヘブン国立研究所が設立した PDB がもととなり，現在は 2003 年に結成された wwPDB（Worldwide Protein Data Bank）によって国際的に維持管理されている（wwPDB については 3.1 節参照）．

11.6 その他のデータベース

　ここまで紹介したデータベースは，分子生物学のセントラルドグマに関わる，ゲノム，遺伝子，タンパク質といった基本的な分子を大規模に集積したものだったが，生命科学では扱う対象の多様性を反映して他にも多数のデータベースが構築されてきている．これには，遺伝子発現や ncRNA，プロテオミクス，糖鎖，生体内パスウェイを構成する化合物などの分子から医薬品や疾患まで多様なデータベースが含まれている（ncRNA のデータベースについては 4.4 節も参照）．このため，バイオインフォマティクスの解析においては目的に応じてデータベースを選択し必要な情報を検索・取得することが求められる．これらすべてを網羅することはできないため，必要に応じて上述の「データベースのデータベース」などを活用していただくとして，ここでは主要なデータベースを**表11.1**にまとめておく．

表 11.1　生命医科学の主要なデータベース

カテゴリ	名称	概要	URL
機関	NCBI	米国の主要なデータベースを提供する米国国立生物工学情報センター	https://www.ncbi.nlm.nih.gov/
	EBI	欧州の主要なデータベースを提供する欧州バイオインフォマティクス研究所	https://www.ebi.ac.uk/
	GA4GH	国際的なゲノムと疾患情報の情報共有を推進する Global Alliance for Genomics and Health	https://www.ga4gh.org/
	Broad Institute	米国ハーバード大学とマサチューセッツ工科大学が運営するゲノム解析センター	https://www.broadinstitute.org/
	JGI	米国エネルギー省でさまざまなゲノムプロジェクトを推進する Joint Genome Institute	https://jgi.doe.gov/
	NBDC	国内のデータベース統合を推進するバイオサイエンスデータベースセンター	https://biosciencedbc.jp/
	DBCLS	データベース統合のための技術開発を推進するライフサイエンス統合データベースセンター	http://dbcls.rois.ac.jp/
データベース集	FAIRsharing	欧州の科学全般にわたるデータベースのレジストリ	https://fairsharing.org/databases/
	Integbio	NBDC が提供する国内外の生命科学データベース集	https://integbio.jp/dbcatalog/
	NAR Database Collection	Nucleic Acids Research 誌の特集号に掲載されたものを中心としたデータベース集	http://www.oxfordjournals.org/nar/database/c/
ゲノム	NCBI Genome	NCBI のゲノム情報のポータルサイト	https://www.ncbi.nlm.nih.gov/genome
	NCBI RefSeq	NCBI の整理されたゲノムや遺伝子のデータベース	https://www.ncbi.nlm.nih.gov/refseq/
	Ensembl	EBI のゲノムデータベースで独自の遺伝子予測とアノテーションを提供	http://www.ensembl.org/
	UCSC Genome Browser	UCSC のゲノムデータベースでヒトゲノムを中心にアノテーションを統合	https://genome.ucsc.edu/
	IGV	Broad Institute の NGS 解析でよく使われているゲノムブラウザ	https://software.broadinstitute.org/software/igv/
	GOLD	JGI の様々な生物種のゲノムプロジェクトを集積したデータベース	https://gold.jgi.doe.gov/
モデル生物	InterMine	モデル生物のゲノムデータベースを提供するフレームワーク	http://intermine.org/
	GMOD	モデル生物のゲノムデータベースを提供するフレームワーク	http://gmod.org/wiki/Main_Page
塩基配列	INSDC	GenBank/ENA/DDBJ で構成される国際塩基配列データベースのコンソーシアム	http://www.insdc.org/
	GenBank	NCBI が提供する塩基配列データベース	https://www.ncbi.nlm.nih.gov/genbank/
	ENA	EBI が提供する塩基配列データベース	https://www.ebi.ac.uk/ena
	DDBJ	国立遺伝学研究所の提供する塩基配列データベース	https://www.ddbj.nig.ac.jp/ddbj/
	SRA	次世代シークエンサーのリードを集積した塩基配列データベース	https://www.ncbi.nlm.nih.gov/sra
	DBCLS SRA	SRA データのメタデータを整理してカタログ化	http://sra.dbcls.jp/
遺伝子発現	GTEx	組織別に遺伝子発現を統合し eQTL 解析を行えるデータベース	https://gtexportal.org/home/
	GEO	NCBI のマイクロアレイや NGS による遺伝子発現データのレポジトリ	https://www.ncbi.nlm.nih.gov/geo/
	ArrayExpress	EBI の遺伝子発現や機能ゲノミクス実験データのレポジトリ	https://www.ebi.ac.uk/arrayexpress/
	AOE	遺伝子発現データのメタデータを整理してカタログ化	http://aoe.dbcls.jp/
	RefEx	組織別に遺伝子発現データを比較できるリファレンスデータベース	http://refex.dbcls.jp/
ncRNA	RNAcentral	ncRNA の統合データベース	https://www.rnacentral.org/
メタゲノム	MGnify	EBI のメタゲノムのデータベース	https://www.ebi.ac.uk/metagenomics/
	MicrobeDB	国立遺伝学研究所のメタゲノムのデータベース	http://microbedb.jp/
アミノ酸配列	UniProt	国際的なアミノ酸配列とアノテーションの統合データベース	https://www.uniprot.org/
タンパク質構造	PDB	国際的なタンパク質立体構造の統合データベース	http://www.wwpdb.org/
	BMRB	NMR による立体構造のレポジトリ	http://www.bmrb.wisc.edu/
	CATH	タンパク質の構造ドメインを階層的に分類したデータベース	http://www.cathdb.info/
	SCOP	タンパク質の構造に系統進化を反映して分類したデータベース	http://scop2.mrc-lmb.cam.ac.uk/
	InterPro	タンパク質機能ドメインの統合データベース	http://www.ebi.ac.uk/interpro/
タンパク質間相互作用	IntAct	タンパク質間相互作用の統合データベース	https://www.ebi.ac.uk/intact/
プロテオミクス	PRIDE	ProteomeXchange を構成する EBI のプロテオミクスデータのレポジトリ	https://www.ebi.ac.uk/pride/archive/
	jPOST	日本国内のプロテオミクスデータのレポジトリ	https://jpostdb.org/
	The Human Proteome Atlas	ヒトタンパク質の臓器別発現を質量分析や抗体染色画像などの情報と統合したデータベース	https://www.proteinatlas.org/
糖鎖	GlyCosmos	糖鎖構造や糖関連遺伝子データベースのポータルサイト	https://glycosmos.org/
脂質	LipidBank	脂質の構造やアノテーション，生理活性などのデータベース	http://www.lipidbank.jp/

11 章　データベース　**161**

化合物	PubChem	NCBI の化合物とアッセイの統合データベース	https://pubchem.ncbi.nlm.nih.gov/
	ChEBI	EBI の化合物とその生理活性オントロジーのデータベース	https://www.ebi.ac.uk/chebi/
	ChEMBL	EBI の化合物，標的タンパク質，および生物活性のデータベース	https://www.ebi.ac.uk/chembl/
パスウェイ	KEGG	生体内パスウェイを中心とした遺伝子と生化学反応の統合データベース	https://www.kegg.jp/
	Reactome	特にヒトに注力したオープンソースのパスウェイデータベース	https://reactome.org/
ゲノム変異	dbSNP	NCBI のヒトゲノムの SNP と挿入欠失を集積したデータベース	https://www.ncbi.nlm.nih.gov/projects/SNP/
	dbVar	NCBI のゲノム構造多型を集積したデータベース	https://www.ncbi.nlm.nih.gov/dbvar
	dbGaP	NCBI のヒトの遺伝型と表現型の関連を集積したデータベース	https://www.ncbi.nlm.nih.gov/gap
	ExAC/gnomAD	Borad Institute のヒトのエクソームとゲノム変異を集積したデータベース	http://exac.broadinstitute.org/
	TogoVar	NBDC の日本人ゲノム変異とその頻度を統合したデータベース	https://togovar.biosciencedbc.jp/
	dbNSFP	ヒトゲノムの非同義置換 SNP の機能への影響を各種アルゴリズムで予測したデータベース	https://sites.google.com/site/jpopgen/dbNSFP
疾患	ClinVar	NCBI のゲノム変異と疾患の関係を集積したデータベース	https://www.ncbi.nlm.nih.gov/clinvar/
	MGeND	京都大学による日本人ゲノム変異とその臨床的意義を統合したデータベース	https://mgend.med.kyoto-u.ac.jp/
	OMIM	Johns Hopkins 大学のヒト遺伝病のデータベース	https://www.omim.org/
	MedGen	NCBI によるヒトの遺伝病に関するデータベースで疾患に関するコンセプトを統合	https://www.ncbi.nlm.nih.gov/medgen/
	ICGC	国際がんゲノムコンソーシアムのデータベース	https://icgc.org/
	TCGA	米国がんゲノムアトラスのデータベース	https://cancergenome.nih.gov/
	COSMIC	文献から抽出された知識と統合されたがんゲノムデータベース	https://cancer.sanger.ac.uk/cosmic
医薬品	DrugBank	医薬品とその標的についての統合データベース	https://www.drugbank.ca/
	DGIdb	医薬品と遺伝子産物の相互作用に関するデータベース	http://www.dgidb.org/
	Open TG-Gates	医薬品を暴露した腎臓と肝臓における遺伝子発現と病理所見のデータベース	https://toxico.nibiohn.go.jp/
文献	PubMed	NCBI の生命医科学の論文の概要を網羅的に収載したデータベース	https://www.ncbi.nlm.nih.gov/pubmed/
	PubMed Central	NCBI の生命医科学の論文の全文を収載したデータベース	https://www.ncbi.nlm.nih.gov/pmc/
	CiNii	国立情報学研究所の国内の学術論文，図書館蔵書，学位論文を収載したデータベース	https://ci.nii.ac.jp/
	Google Scholar	Google の提供する学術論文検索サービス	https://scholar.google.co.jp/
	Colil	DBCLS の学術論文が他の論文中でどのように引用されているかを検索するサービス	http://colil.dbcls.jp/
	Allie	DBCLS の学術論文で使われる略語とその展開型を収集したデータベース	http://allie.dbcls.jp/
	inMeXes	DBCLS の学術論文に頻出する英語表現を検索するサービス	https://docman.dbcls.jp/im/
標準語彙	MeSH	NCBI の生命医科学用語（Medical Subject Headings）のシソーラス	https://www.ncbi.nlm.nih.gov/mesh
	Taxonomy	NCBI の生物種の学名とその階層のデータベース	https://www.ncbi.nlm.nih.gov/taxonomy
	HGNC	ヒト遺伝子の命名を標準化	https://www.genenames.org/
	HGVS	ゲノム変異の表記方法を標準化	http://varnomen.hgvs.org/
	BioPortal	生命医科学のオントロジーのレポジトリ	https://bioportal.bioontology.org/
	Gene Ontology	遺伝子の分子機能と生物学的プロセスおよび細胞内要素に関するオントロジー	http://www.geneontology.org/

11.7 データベースのファイル形式

バイオインフォマティクスにおいて，データを定形のファイルに整理しダウンロードできる形で流通するやり方は，今でも主要なデータ公開方法の一つとなっている．メリットとしては全データを一括で取得できるため，さまざまな解析ツールや独自の解析プログラムを用いて，データの加工集計や統計的な処理，他のデータと組み合わせた解析などが自由に行えることが挙げられる．一方でデメリットとして，膨大化するファイルのサイズによる転送時間や処理時間の増加，さまざまなデータ形式や簡略化されたデータの表す意味を，利用するバイオインフォマティクスの研究者が個別に理解して対応する必要がある点などが挙げられる．また，複数のデータセットで共通の ID が使われていない場合には，組み合わせて利用する際に対応表を準備するなどの処理にも一手間かかる．バイオインフォマティクスではさまざまな独自ファイル形式が用いられるが，ここでは主要なものを紹介する．

11.7.1 CSV, TSV

カンマ区切り（Comma-Separated Values; CSV）やタブ区切り（Tab-Separated Values; TSV）は表形式のデータを扱う基本的なファイル形式で，各行にひとかたまりのデータ，各カラムに属性ごとの値が入っている．このため表計算ソフトなどで簡単に読み書きできるほか，cut, sort, uniq, grep, sed, awk などの UNIX コマンドラインツール，Perl, Python, Ruby などのスクリプト言語や R などの統計処理ソフトウェアで容易に処理できるメリットがある．1 行目にヘッダー行としてカラム名が入っていることも多い．CSV の場合は値自体にカンマやクオートや改行文字が含まれる場合にもそのカラムをダブルクオートで囲むことで格納できるが，TSV では文字列をエスケープする方法が定義されていないため，タブ自身を含む値や改行を含む値を扱うことはできない．

11.7.2 FASTA

塩基配列やアミノ酸配列は FASTA 形式で記述する．FASTA 形式の説明および具体例については 1.2 節を参照のこと．複数の配列を格納する場合は，（通常は空行を含まずに）コメント行と配列行を次のようにくり返し記述する（**図 11.2**）．これをマルチ FASTA 形式と呼ぶ．

11.7.3 フラットファイル

塩基配列の GenBank（GenBank のエントリの例については図 1.7 参照），EMBL-ENA，アミノ酸配列の UniProt，立体構造の PDB などのデータベースは独自の記述様式をもつテキス

ID, コメント行	`>sp|P69905|HBA_HUMAN Hemoglobin subunit alpha`
配列	`MVLSPADKTNVKAAWGKVGAHAGEYGAEALERMFLSFPTTKTYFPHFDLSHGSAQVKGHG`
(αサブユニット)	`KKVADALTNAVAHVDDMPNALSALSDLHAHKLRVDPVNFKLLSHCLLVTLAAHLPAEFTP`
	`AVHASLDKFLASVSTVLTSKYR`
ID, コメント行	`>sp|P68871|HBB_HUMAN Hemoglobin subunit beta`
配列	`MVHLTPEEKSAVTALWGKVNVDEVGGEALGRLLVVYPWTQRFFESFGDLSTPDAVMGNPK`
(βサブユニット)	`VKAHGKKVLGAFSDGLAHLDNLKGTFATLSELHCDKLHVDPENFRLLGNVLVCVLAHHFG`
	`KEFTPPVQAAYQKVVAGVANALAHKYH`

図 11.2　マルチ FASTA 形式によるヘモグロビン α と β のアミノ酸配列の表記

トファイルで配布されてきた歴史があり，これらを**フラットファイル形式**と総称する．通常これらのファイルでは，遺伝子やタンパク質など，ウェブの 1 ページで表示されるような単位の情報（**エントリ**）が**区切り文字**（**デリミタ**）とともにくり返し格納されている．近年は XML など別形式での配布が行われていることもあるが，いずれにしても，これらのファイルから必要な情報を取り出すには，対応するアプリケーションや **TogoWS** のようなウェブサービスを用いるか，大量に処理する場合は **BioPerl**，**Biopython**，**BioJava**，**BioRuby** などバイオインフォマティクスのオープンソースライブラリを用いてプログラムを作ることが多い．

11.7.4 ┃ NGS データのファイル

　次世代シークエンサー（NGS）で得られた断片配列（リード）は，**FASTQ** ファイルに格納される（NGS，FASTQ 形式については 5 章参照）．これを FastQC などのツールを用いてクオリティをチェック（必要に応じてトリミングやフィルタリング）したあと，**BWA**，**Bowtie**，**Tophat** などのマッピングツールでリファレンス配列にマッピングし SAM ファイルを生成，**SAMtools** で BAM ファイルに圧縮したものをソートしてインデックス作成を行い，BAM ファイルから解析に必要な領域のリードを取り出したり，ゲノムブラウザ **IGV** などで可視化するほか，RNA-Seq のデータであれば発現量の検出，エクソームやゲノムのデータであればバリアントコールを行って VCF ファイルを生成するといった手順が典型的な処理となる．FASTQ 形式については「5.8 節　NGS データのファイル形式」に説明があるので，ここでは「5.9 節　他のファイル形式」で簡単に紹介されていた SAM，BAM，VCF，GFF，GTF に加え，関連するファイル形式について説明する．

11.7.5 ┃ SAM, BAM

　SAM（Sequence Alignment/Map Format）ファイルは，FASTQ ファイルに含まれるリードをリファレンス配列にマッピングしたアラインメントの情報を格納している．SAM 形式では，リファレンス配列やバージョンなどを記載した @ 記号で始まるヘッダ行の後に，リードご

とのアラインメント情報を表した行が続く（**図11.3**）．

ヘッダ行は @HD にフォーマットのバージョン（VN）が書かれ，オプションでソート（SO），グルーピング（GO）が記載される．@SQ にはマッピング対象となるリファレンス配列名（SN），長さ（LN），アセンブルのバージョン（AS）などが記載される．また，@RG にはリードグループに関する情報が，@PG にはマッピングに用いられたプログラムに関する情報が記載される．続く各リードのアラインメント情報行は必須の 11 カラムをもち（データによってはさらに追加のカラムが存在することもある），各カラムの意味は下記のようになっている．

1. QNAME：リードの ID (61CC3AAXX100125:6:66:17672:16229)
2. FLAG：マッピングの状況を示すビット値によるフラグ (99)
3. RNAME：リファレンス配列名 (chr1)
4. POS：リードのアラインメント位置 (867625)
5. MAPQ：マッピングのクオリティ (99)
6. CIGAR：アラインメントを示す CIGAR 文字列（76M）
7. RNEXT：ペアエンドのマップされたリファレンス配列名 (同じ場合は ＝)
8. PNEXT：ペアエンドのアラインメント位置 (867665)
9. TLEN：ペアエンド間のマップされたリード長を含むインサート長 (115)
10. SEQ：リードの配列
11. QUAL：リードのクオリティ

図 11.3　SAM 形式のマッピングファイル例
図の枠内は実際には改行せず各 1 行で記載される．

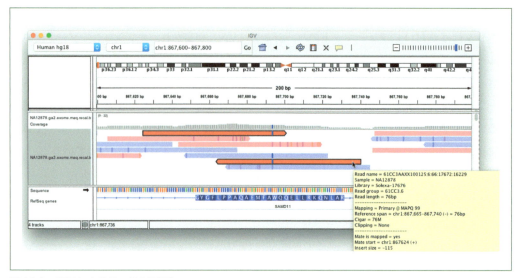

図 11.4　IGV によるリードの可視化

2 カラム目の FLAG は数字を 2 進数のビット列に直して各ビットの意味を解読する（99 の場合 0b1100011 となる）もので，5 カラム目の MAPQ はエラー率を p としたときの $-10\log_{10}p$ の値（99 の場合 $10^{-\frac{99}{10}}$ なので 1.2589e-10 となる）である点に注意．6 カラム目の CIGAR はアライメントをコンパクトに表現するための記法で，マッチした塩基数（M）や挿入（I），削除（D）などを示す．

SAM を圧縮したバイナリ形式のファイルが **BAM** で，付随する BAI ファイルは BAM ファイルへのアクセスを高速化するインデックスを格納している．これらの相互変換や解析には samtools，bamtools，picard，sambamba などさまざまなツールが用いられる．IGV のようなゲノムブラウザで BED ファイルを読み込むことにより，リードのマッピングやカバレッジを視覚化できる（**図 11.4**　ゲノムブラウザについては 6.3 節，BED 形式については 11.7.6 参照）．

11.7.6 ｜ BED, bigBed

BED（Browser Extensible Data）は，主に UCSC のゲノムブラウザで用いられるシンプルな形式の TSV ファイルで（タブの代わりにホワイトスペースでもよい），リファレンス配列の ID とリファレンス上の開始・終了位置の 3 つの値が必須項目，追加で領域名やスコア，ストランド，CDS やエクソンの位置や色など，計 12 項目の情報を記述できる（**図 11.5**．BED，UCSC ゲノムブラウザについては 6.3 節参照）．BED ファイルを生成・利用する際には，リファレンス配列上の 1 塩基目が 1 ではなく 0 からカウントされる点に注意が必要である（正確には塩基と塩基の間に座標を振る interbase coordinates とよばれる形式を採用している）．BAM ファイルからは bedtools で BED ファイルを生成することができる．BED をインデックス化したバイナリ形式のものが **bigBed** で，転送や表示が高速化される．

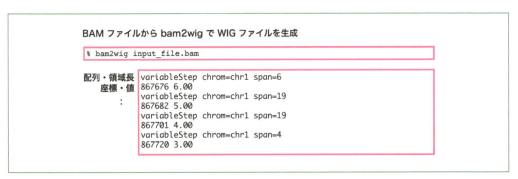

図 11.5　BED 形式のサンプル

11.7.7 | WIG, bigWig

WIG（Wiggle Track Format）も主に UCSC のゲノムブラウザで用いられるファイルで，スコアや GC% などリファレンス配列に対する連続値を格納するために用いられる（**図 11.6**）．WIG をインデックス化したバイナリ形式のものが bigWig で，転送や表示が高速化される．

図 11.6　WIG 形式のサンプル

11.7.8 | GFF, GTF

GMOD（Generic Model Organism Database）プロジェクトで開発されてきた GFF（Generic Feature Format）は BED に似た領域アノテーションのフォーマットで，ゲノムアノテーションや，JBrowse や Ensembl のようなゲノムブラウザにおいて広く使われている．スコアとして WIG のような領域に対する値も格納できるほか，GFF3 ではアノテーション間の階層関係（gene → mRNA → exon など）も表現できる（**図 11.7**）．RNA-Seq の普及とともに使われるようになった GTF（General Transfer Format）は GFF2 と互換である．

GFF, GTF の各カラムの意味は下記のようになっている．

1. seqid：リファレンス配列名
2. source：データの由来やプログラム名
3. type：Sequence Ontology（SOFA）の型名

11 章　データベース　**167**

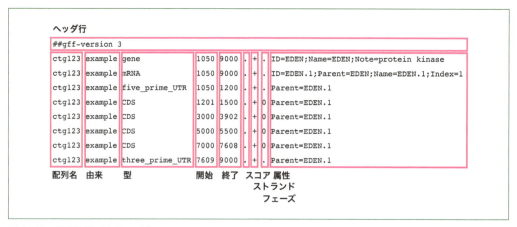

図 11.7　GFF3 形式のサンプル

4. start：アノテーション開始位置
5. end：アノテーション終了位置
6. score：スコア（該当しない場合は . とする）
7. strand：ストランド（＋, － もしくは .）
8. phase：コドンの開始位置が start からずれる場合のオフセット
9. attribute：key=value の組を ; でつなげたさまざまなアノテーション

11.7.9　VCF, BCF

VCF（Variant Call Format）は，BAM ファイルなどリファレンスにマップされたリードのカバレッジから，塩基ポジションごとに参照配列と異なる SNP や indel などの変異をバリアントコールした結果を格納するファイル形式．# で始まるメタデータ行の後に，7 カラムの座標やリファレンスと変異情報があり，その後に INFO カラムと，FORMAT カラムで規定されたサンプルごとのデータカラムが続く TSV ファイルとなっている（**図 11.8**）．VCF を効率の良いバイナリ形式にしたものが BCF ファイルである．

各カラムの意味は下記のようになっている．

1. CHROM：リファレンス配列名
2. POS：リファレンス上の座標
3. ID：dbSNP の ID
4. REF：リファレンスの塩基
5. ALT：バリアントの塩基
6. QUAL：クオリティ値
7. FILTER：ヘッダ行の ##FILTER= で示された条件を PASS したかどうか
8. INFO：ヘッダ行の ##INFO= で示された項目についてアリルカウントや頻度などの

図 11.8 VCF のサンプル

key=value を ; でつなげたもの

9. FORMAT：ヘッダ行の ##FORAT＝ で示された項目について，続くサンプルのカラムで表示している値の順番を表す
10. 各サンプルの FORMAT に対応する値

10 カラム目以降が各サンプルにおけるデータとなるが，たとえば 9 の FORMAT が GT:AD:DP:GQ:PL と書かれている場合，サンプルの 1/1:0,5:3:9.03:117,9,0 は，##FORMAT の定義より，GT が 1/1，AD が 0,5，DP が 3，GQ が 9.03，PL が 117,9,0 のように対応する．それぞれの意味は定義文から読み取ることになるが，Genotype を表す GT については二倍体（diploid）の場合，unphased は /，phased は | で区切り，REF と同じ場合は 0 を，ALT

表 11.2　Genotype の二倍体の場合の表記

unphased	phased	組み合わせ
0/0	0|0	REF, REF
0/1	0|1	REF, ALT
1/0	1|0	ALT, REF
1/1	1|1	ALT, ALT

と同じ場合は 1 と書かれる（ALT が複数あるときは 2 以上の数字となることもある）．このサンプルの 1/1 は，phase されておらず，どちらの半数体（haploid）も ALT をもつことを示す（**表 11.2**）．

11.8　データベースシステムと API

　ファイル以外でのデータアクセス方法としては，データベース管理システムの利用とウェブ API（Application Programming Interface）を用いる方法が主流となっている（**図 11.9**）．データベース管理システムとしては，表形式のデータを組み合わせる**関係データベース**（Relational Database; **RDB**），全文検索を含む高速な検索システムや JSON オブジェクトの格納に特化した各種 NoSQL データベース，グラフデータベースなどが用いられる．ウェブ API は，インターネットを介して（主にプログラムから）HTTP プロトコルによってデータベースへのアクセスを行う仕組みである．

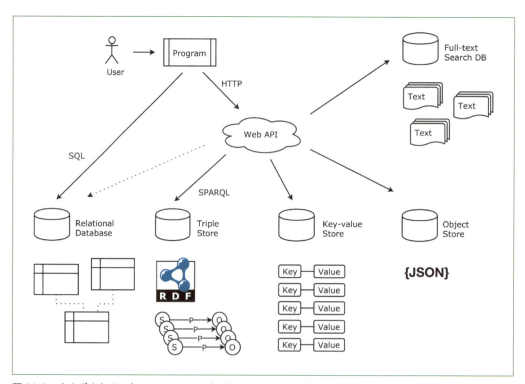

図 11.9　さまざまなデータベースシステムと API によるアクセス

11.8.1 RDB

　関係データベース管理システム（Database Management System; DBMS）は生命科学データベースで広く使われており，無償で利用できる MySQL や PostgreSQL，ファイルベースの SQLite のほか，商用の Oracle まで幅広い製品が利用されている．RDB では，データをユニークな単位に分解（正規化）し，共通の ID を用いて関係づけた複数の表に格納する．これにより検索を効率化するとともに，データ更新の際に該当部分を 1 ヶ所変更するだけで整合性を保つことができる．これらのデータの検索や更新には標準問い合わせ言語 SQL が用いられる．

　バイオインフォマティクスにおいては，ウェブなどのインターフェイス上からは利用者に分からなくても，実際はデータが RDB で管理されていることも多い．モデル生物データベースで利用されてきた GMOD の Chado では PostgreSQL が使われており，Ensembl や UCSC のゲノムデータベースは MySQL で管理されている．通常は RDB に対する外部からのアクセスは，セキュリティや負荷など運用管理上の問題を避けるために制限されており，インターネット越しに自由に使うことはできない．例外的に，需要の高い Ensembl や UCSC のゲノムデータベースでは MySQL のポートが公開されているため，ウェブのインターフェースではできないような複雑で大量な検索を実行することができる．このためには，これらのデータベースのスキーマ定義を確認してデータ構造の設計を理解し，適切な SQL クエリを記述する必要がある．一方で，独自に開発するデータベースで RDB を採用する場合は，Ruby on Rails のように DB への読み書きを抽象化しウェブアプリケーションを開発しやすくしたフレームワークが利用されることも多い．

　RDB の利点としては歴史が長く安定しており無料で利用できる実装があることや，大規模なデータまでスケールすることが挙げられるが，欠点としてはデータを正規化してスキーマ設計を行い運用管理するには十分なスキルが求められること，通常はインターネットからのデータへの自由なアクセスを許可しないため，ウェブのインターフェイスや API を別途提供する必要があることなどが考えられる．とくに，一度作り込んだスキーマ設計を改定してデータベースを拡張するのは手間がかかる上，結合するテーブルが増えると検索クエリの効率も下がるため，採用にあたっては十分な検討が必要である．

11.8.2 NoSQL

　RDB のように標準問い合わせ言語 SQL に対応したデータベースに対し，それ以外のデータベースシステムを総称して NoSQL と呼ぶことがある．ID と値の組といった単純なデータ構造で高速な検索を実現する各種 key-value ストア，JSON オブジェクトを格納する MongoDB，高速なテキスト検索を実現する Solr や Elasticsearch などの全文検索エンジンなどが広く用いられている．

これらはデータベースを高速化したり，新規データベースを効率的に開発するために利用されることが多く，利点としては目的に合致すれば複雑なスキーマ設計を必要とせずに性能を発揮できる点，欠点としてはデータベースの運用管理方法やデータ構造がそれぞれの実装に依存しており標準化されていない（互換性がない）点が挙げられる．RDB と同様に，これらのデータをユーザが利用するためのインターフェイスとしては，ウェブアプリケーションや後述するウェブ API などを提供することになる．

11.8.3 RDF

RDF（Resource Description Framework）は，WWW を作った T. Berners-Lee が提唱する Semantic Web のデータモデルである．RDF はすべてのデータを主語，述語，目的語の3つ組（トリプル）で表現するため，どのようなデータであっても同じ構造で統合することができる．主語，述語，目的語は，それぞれグローバルにユニークな ID として URI（Uniform Resource Identifier）を用いて記述する（目的語には文字列や数値データなどのリテラル値を記述することもできる）．主語の種類（型）や，主語と目的語の関係を示す述語には，オントロジーで定義した URI を用いるため，データの意味が明示的に表現され，共通のオントロジーを使うことによりデータが標準化される．目的語が別のトリプルの主語になることでトリプルが数珠つなぎでつながっていくため，RDF はグラフデータベースとなる．これにより，例えばあるタンパク質を表す URI に関連する情報は，トリプルをたどっていくことで芋づる式に取得でき，遺伝子と薬剤の関係など新しいデータも，同じ URI を使っている限り追加するだけでシームレスに統合される．これらのトリプルの検索には SQL に似た標準問合せ言語 SPARQL を用いる．このようなトリプルを集積した RDF のデータベースをトリプルストアと呼び，Virtuoso，Stardog，Neptune，Oracle などさまざまな実装があり，現状では唯一標準化された NoSQL のデータベースといえる．

Semantic Web 技術には，データ統合の容易さだけでなく，他のデータベースにはない利点がいくつか挙げられる．まず，RDF も SPARQL も W3C（World Wide Web Consotium）により標準化されているため，実装によらず互換性がある．また，すべてがウェブの技術で構築されているため HTTP を用いたインターネット越しのアクセスが自由にでき，分散検索にも対応している．さらにセマンティクスを活用したファセット検索などを容易に実現できることなどがある．しかし，まだ技術的に枯れていないため，広く普及するには，より効率的なトリプルストアの実装，RDF データにおけるオントロジーや URI の標準化，SPARQL 技術者の不足などの課題が解決される必要がある．

一方で，すでに INSDC，PDB，Ensembl，PubChem を含む生命医科学の多くの主要なデータベースが RDF で公開されているほか，2018 年の時点で BioPortal で公開されているオントロジーは 700 を超えている．バイオインフォマティクスでは，独自データに他のデータベースからの情報を加えてデータベースを構築する例が多く見られるが，これらの RDF データやオン

トロジーを利用することで，オリジナルのデータと借り物のデータを分けて管理しつつ，データの再利用と統合が促進できる．今後は，これらを統合的に活用したアプリケーションの開発や，機械学習や人工知能を応用した解析などが期待される．

11.8.4 | ウェブ API

　データベースの多くはウェブのインターフェイスからデータの検索や閲覧ができるが，ウェブページに表示されている内容は人間には理解できてもコンピュータに意味を把握させることは困難である．このため，プログラムを用いて大量のデータ処理を行う場合にはデータベースに直接アクセスしたい．しかし，通常は内部のデータベースシステムを直接インターネット上に公開できないため，代わりによく使われるのがウェブ API である．ウェブ API では，需要の高い検索等に対応する HTTP プロトコルによる API を用意して，API サーバから内部の RDB や NoSQL データベースへの問い合わせを行い，結果を JSON や XML など機械的に処理しやすい形式で返すサービスを別途提供する必要がある．データベースの基本操作として，生成（Create），読み出し（Read），更新（Update），削除（Delete）があり，これらをまとめて CRUD と呼ぶが，REST（Representational State Transfer）に対応した API であれば，CRUD に対応する操作をそれぞれ HTTP プロトコルの POST，GET，PUT，DELETE で行うこともできる．ウェブ API の実装は HTTP プロトコルに則っていれば何を用いてもかまわないといえるが，Swagger のようなフレームワークを用いると，API の設計管理やドキュメ

```
RefSeq からのエントリ取得 （分裂酵母の染色体6番）
% curl http://togows.org/entry/nucleotide/NC_001138

上記エントリから ACT1 遺伝子領域の塩基配列を切り出して取得
% curl http://togows.org/entry/nucleotide/NC_001138/seq/complement(join(53260..54377,54687..54696))

UniProt からのエントリ取得 （ヒトの ALDH2 遺伝子産物）
% curl http://togows.org/entry/uniprot/ALDH2_HUMAN

上記エントリの配列を FASTA 形式で取得
% curl http://togows.org/entry/uniprot/ALDH2_HUMAN.fasta

上記エントリの文献を JSON 形式で取得
% curl http://togows.org/entry/uniprot/ALDH2_HUMAN/references.json

UCSC から ALDH2 遺伝子の座標を取得
% curl http://togows.org/api/ucsc/hg38/refGene/name2=ALDH2

UCSC から上記座標領域の塩基配列を FASTA 形式で取得
% curl http://togows.org/api/ucsc/hg38/chr12:111766886-111809985.fasta
```

図 11.10　TogoWS の API を利用したデータアクセス

ント作成などが容易になる．なお，RDFデータに用いられるSPARQLはもともとデータベースのすべてを自由にアクセスできるウェブAPIなので，トリプルストアの提供するSPARQLエンドポイントを公開するだけでよい．

　バイオインフォマティクスでよく使われているAPIの例としてはNCBI E-utilitiesやEnsembl REST APIなどさまざまなものがあるが，アクセスの方法や結果の形式はサービスごとに異なっているため，それぞれのドキュメントを参照しながら用いることになる．DBCLSで提供しているTogoWSでは，本章で紹介した主要なデータベースの多くを統一的なAPIでアクセスすることができ，さらにエントリの内容を分解（パース）して必要な部分を指定した形式で取得する機能が提供されている（**図11.10**）．

11.9　結論

　生命科学の分野は，歴史的にデータベースを公共のために無償で公開する文化が育まれており，基礎生物学からゲノム医科学まで幅広い研究開発とその発展を支える基盤となっている．近年の科学では，データ共有や再現性の問題が指摘されることがあるが，その透明性の確保に寄与しているといえる．バイオインフォマティクスでは，目的に応じて実験データと公共データベースのデータを組み合わせて解析を行う必要があるため，データベースの探し方からデータ取得の方法と解析手法，その自動化まで，プログラミングを含めさまざまなスキルが求められる．また，データを公開するとともに再利用しやすいデータベースを構築するためには，データベース技術だけでなくウェブのインターフェイスやAPIの構築方法にも習熟する必要がある．これらは利用するデータベース管理システムやフレームワークによって必要となる技術が変わってくるが，利用者の利便性を考えると，わかりやすいインターフェイスのデザインや機能と，検索効率などの性能を検討する必要がある．データベース構築を行う際にはこれらの点に留意しつつ，できるだけ標準的な技術を採用し，さまざまなプログラミング言語からも扱いやすいシステムを提供することで，再利用性が高まることになる．バイオインフォマティクスの研究者には，これらのデータベースを活用した解析と，既存の公共データベースを補完するデータ共有に貢献していただけることを期待したい．

参考文献
・内藤雄樹 編（2014）今日から使える！データベース・ウェブツール，実験医学増刊 Vol.32 No.20，羊土社
・加藤文彦ほか（2015）オープンデータ時代の標準 Web API SPARQL，インプレス R&D

12章 バイオのための機械学習概論

12.1 はじめに

近年のシークエンサー（5章）に代表される実験測定技術の急激な進歩により，莫大かつ多種多様な生物マルチオミクス（multi-omics）データが蓄積している[1]．これに伴い生物学研究は，従来の「仮説駆動型」の研究から，大量データから新しい生物学の知見を発見する「データ駆動型」の研究に大きくパラダイムシフトしている．データ駆動型の生物学研究（data-driven biology）を行う際には，対象となるデータが膨大であるため，研究者が目で見て新しい知見を見出すことはほぼ不可能となる．そこで重要となるのが，本章で概観する機械学習である．

機械学習（machine learning）とは，近年急速に発展している人工知能の研究分野の1つで，データから何らかの規則や構造を機械により自動的に見出すための情報技術全般を指す．上述の大量のオミクスデータからデータ駆動型の生物学によって新しい知見を見出すためには，この機械学習技術が有用である．ただし，機械学習と一言で言ってもその対象となる範囲は極めて広く，本章ですべてを網羅的かつ詳細に解説することは不可能である．そこで，本章ではバイオデータの確率的なふるまいをコンピュータで表現するための「確率的生成モデル」（12.2節），さまざまな分類問題を解くための「分類・回帰のための教師あり学習手法」（12.3節），柔軟な特徴抽出とデータの統合を行うことを可能とする「深層学習」（12.4節），データの背後に存在する隠れた構造を見つけ出すための「モデル学習」（12.5節）の説明を行うと同時に，合わせてバイオ分野における適用例について概観する．

本章は，概論であると同時に比較的高度な内容が多く含まれ，情報科学になじみが薄い読者にとっては難しく感じられるかもしれない．しかしながら，読者が将来本格的にバイオインフォマティクスの研究を行う際には，本章で示すような高度な情報技術に関してもフォローしてほしいとの期待をこめて執筆している．

12.2 バイオデータのための確率的生成モデル

前述の生物データはさまざまなノイズを含むため，確率的なふるまいを表現可能なモデル（確率モデル（probabilistic model））を用いてデータを表現（モデル化）することが重要となる．

---

1 本書でもゲノム（6章），トランスクリプトーム（7章），エピゲノム（8章），プロテオーム（10章）などの各種オミクスデータを説明してきた．

また，例えばタンパク質やRNAなどの生体高分子の構造は生体内でゆらいでいるため，このような生物現象をコンピュータでモデル化する際にも確率モデルが有用であると考えられる．

もう少し正確にいうと，確率モデルとは，観測データの生成過程を表現する確率分布である．確率モデルを用いることにより，データの生成過程に関する理解が深まるのみならず，データの確率的な挙動を捉えることが可能となり，さまざまな予測や分類の問題に応用できる．以下では，データxの確率分布がパラメータθにより定義されるようなものを考え$p(x|\theta)$と表記することにする．後述のとおり，θをデータを生成する真の分布[2]に合わせて決定（学習）することは機械学習の一つの重要な研究課題である．また，本章で説明する生成モデル（generative model）とは，確率モデルの一種であり観測変数（observed variable）であるデータを実際には観測できない隠れ変数（hidden variable）[3]を用いて表現するモデルである（**図12.1**）．隠れ変数は観測することができないため，生成モデルでは，観測変数xと隠れ変数zの同時確率分布（joint probability distribution）$p(x, z|\theta)$から，隠れ変数を周辺化[4]することにより観測変数の確率分布を得る[5]．以下では，バイオデータに対してしばしば利用される生成モデルを紹介する．

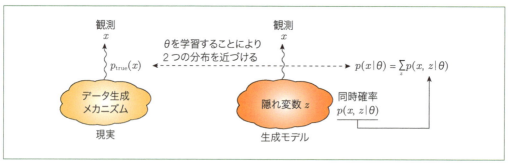

図12.1　隠れ変数をもつ生成モデル

$p_{\text{true}}(x)$はデータを生成する真の確率分布を表す．一方で$p(x|\theta)$は確率的生成モデルであり，隠れ変数zを含む同時確率分布$p(x, z|\theta)$を周辺化することにより得られる．隠れ変数は，観測できないがデータの生成に関与している変数である．$p_{\text{true}}(x)$に近くなるように$p(x|\theta)$のパラメータθを決定（学習）することが重要となる．

12.2.1 | 隠れマルコフモデル

隠れマルコフモデル（Hidden Markov Model; HMM）は，離散系列の観測データに対す

---

[2] データが生成されている分布であり，一般的には非常に複雑な分布となる．真の分布を知ることは不可能であるが，これに近い分布を導入することが重要となる．

[3] 潜在変数（latent variable）と呼ばれることも多い．これはデータの背後に存在するデータの生成メカニズムに対応すると考えるとわかりやすいかもしれない．

[4] 周辺化とは，同時確率分布の確率変数を，注目する変数の集合とそれ以外に分け，後者の集合の各変数についてすべての可能性について同時確率の和あるいは積分をとることで，注目する変数についての確率分布を作る操作である．

[5] すなわち，$p(x|\theta) = \sum_{z} p(x, z|\theta)$である．和は隠れ変数$z$のすべての可能性に関してとる．

る生成モデルであり，観測データが，実際には観測できない隠れ変数（HMMでは隠れ状態と呼ぶことが多い）から出力されることを仮定したモデルである（**図12.2**；○は隠れ状態を表している．各隠れ状態は一つ前の隠れ状態の種類に応じて確率的に決定される[6]）．隠れマルコフモデルは音声認識，自然言語処理などで使われている応用範囲が広いモデルである一方で，例えばゲノムなどの生物配列の座標は時間軸とみなすことができるため，バイオインフォマティクスの諸問題に対してもしばしば利用されている．

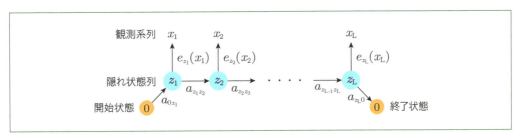

図12.2　隠れマルコフモデル（HMM）
$x = x_1 x_2 \ldots x_L$ が観測系列，$z = z_1 z_2 \ldots z_L$ が隠れ状態列である．各隠れ状態は前の隠れ状態の種類に応じて確率的に決定される．各辺の数式は確率を表すパラメータであり，これらの確率の積として同時確率 $p(x, z)$ が計算される（式2）．a_{kl} は状態 k から l に遷移する確率を，$e_k(x)$ は状態 k から観測 x が得られる確率を表す．

例12.1　クロマチン状態のHMMによるモデル化　8章で説明したとおり，DNA修飾やヒストン修飾（例えばH3K4me3やH3K27ac）などのエピゲノムは，遺伝子の発現制御に密接な関わりがある．B. Strahl と D. Allis は，このようなエピゲノム修飾の組み合わせにより，クロマチンの機能（**クロマチン状態**, chromatin state）が決まるという**ヒストンコード仮説**を提唱した．ChIP-seq 等の大規模実験技術を用いることによりゲノムワイドにエピゲノム修飾を測定することが可能となり，多くの研究機関で計測されたエピゲノムデータが蓄積している．これらのエピゲノムデータを観測系列，およびその背後にあるクロマチン状態を隠れ状態として，HMMを用いてモデル化することができる（**図12.3**）．

この例は，ゲノムワイドなエピゲノムデータを観測系列として，その背後に存在するクロマチン状態を確率モデルにより表現することによって明らかにしようというデータ駆動型生物学の典型的な一例である．このようにモデル化することで，エピゲノム修飾パターンとその機能との関係性が明らかとなり，さまざまな生物学的知見につながる可能性を秘めている．HMMはこれ以外にも遺伝子予測，タンパク質の2次構造予測など多くの生物学の問題に応用されている．

隠れマルコフモデルはしばしば用いられる確率モデルであるので，もう少し詳しく見ていこう．まず，数学的には隠れマルコフモデルは以下のように定義される．長さが L の観測データ系列 $x = x_1 x_2 \ldots x_L \in \mathcal{B}^L$（$\mathcal{B}$ を観測の集合とする．例えば，観測データがDNAの場合には $\mathcal{B} = \{A,$

---

[6]　一つ前の状態に応じて次の状態が決まることをマルコフ性と呼ぶ．

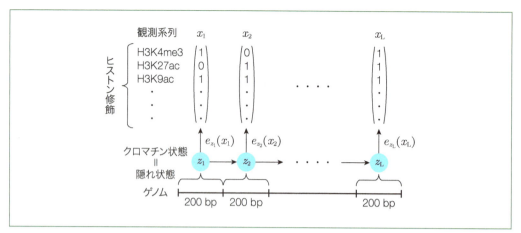

図 12.3 クロマチン状態の HMM によるモデル化
ゲノムを 200 bp の bin に分割し，各 bin において特定のヒストン修飾の有無を 2 値（0 はヒストン修飾が無し，1 は有り）で表現する（例えば x_1 の一つ目の 1 は，ヒストン修飾 H3K4me3 が存在していることを表している）．クロマチン状態（例 12.1）は HMM の隠れ状態に対応している．出力のバイナリベクトルはベルヌイ分布（の積）を用いてモデル化できる．

G, C, T} となる），隠れ状態列 $z = z_1 z_2 ... z_L \in \{1, 2, ..., K\}^L$（隠れ状態数は K であるとし，隠れ状態の種類を番号 k で表すとする）の同時確率分布を

$$p(x, z \mid \theta) = \left[p(z_1) \prod_{t=1}^{L} p(z_{t+1} \mid z_t) \right] \left[\prod_{t=1}^{L} p(x_t \mid z_t) \right] \quad (1)$$

と定義する（z_{L+1} は終了状態を表す）．ここで a_{0k} を $t = 1$ の隠れ状態が k である確率，a_{k0} を終了確率，a_{kl} ($k, l > 0$) を状態 k から l への遷移確率，$e_k(b)$ を状態 k から観測 b が出力される出力確率とする[7]と，これらをすべてまとめた $\theta = \{\{a_{kl}\}_{k,l}, \{e_k(b)\}_{k,b}\}$ が隠れマルコフモデルのパラメータ集合となる．このパラメータを用いると，式（1）の右辺は

$$p(x, z \mid \theta) = a_{0z_1} \prod_{t=1}^{L} [e_{z_t}(x_t) a_{z_t z_{t+1}}] \quad (2)$$

となる（$z_{L+1} = 0$ とする）．これは，図 12.2 のすべての矢印の確率の掛け算となっていることに注目してほしい．また，出力確率 $e_k(b)$ に関しては，観測データのタイプに応じた確率分布を用いる必要がある．例えば，出力が 4 文字の DNA（$\mathcal{B} = \{A, G, C, T\}$）である場合にはカテゴリ分布，バイナリベクトルとして表現されるヒストン修飾データ（$\mathcal{B} = \{0, 1\}^B$，B は修飾の数）の場合には多項ベルヌイ分布（ベルヌイ分布の積）などが利用可能である[8]．

隠れマルコフモデルに対しては，与えられた観測系列に対して事後確率が最大になる隠れ状態列を計算する Viterbi アルゴリズム，観測系列の周辺化確率を計算する前向き・後向きアルゴリズム，与えられた観測系列からパラメータ θ を学習する Baum-Welch アルゴリズムなど標準的に利用されるアルゴリズムが存在している．これらの詳細については，参考文献 5 を参照

---

[7] ここでは，遷移／出力確率は系列の位置 t によらず，隠れ状態の種類にのみ応じて決まることを仮定している．
[8] カテゴリ分布は，離散個の出力を与える分布であり，ベルヌイ分布は，2 個の出力を与える確率分布である．

していただきたい.

12.2.2 ペア隠れマルコフモデル

ペア隠れマルコフモデル（pair Hidden Markov Model; pHMM）は，生物配列の**ペアワイズアラインメント**（pairwise alignment）のための特殊な隠れマルコフモデルである．ペアワイズアラインメントとは，2本の生物配列をギャップと呼ばれる特別な文字を挿入することにより関連のある文字の対応関係をとる（整列させる）ことであり，バイオインフォマティクスの最も古典的かつ重要な問題の一つである（1章）．

以下では，配列 x と y の間のアラインメントを考える．pHMM は一致状態（M），x 側の文字挿入状態（X），y 側も文字の挿入状態（Y）の3種類の隠れ状態から構成される隠れマルコフモデルである（**図 12.4**）．この HMM の隠れ状態列（パス）がペアワイズアラインメントに一意に対応するため（図 12.4b, c），pHMM により，配列 x, y とアラインメント z の同時確率分布 $p(x, y, z \mid \theta)$ を定義することができる．通常の HMM との違いは，同一の観測配列ペア (x, y) に対しても隠れ状態列の長さが可変となることである [9].

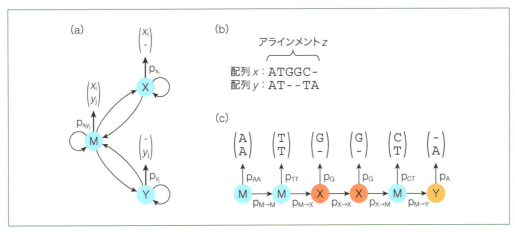

図 12.4 ペア隠れマルコフモデル（pHMM）
(a) pHMM のモデル図．(b) アラインメント（観測に対応）の例と (c) このアラインメント（隠れ状態に対応）に対する遷移のパス．$\{p_{ab}\}_{a,b \in \{A,G,C,T\}}$ は状態 M から文字ペア (a, b) が整列されて出力される確率を，$\{p_a\}_{a \in \{A,G,C,T\}}$ は状態 X または Y から文字 a が出力される確率を表す．また例えば $p_{M \to X}$ は状態 M から X に遷移する遷移確率を表す．見やすくするために開始・終了状態は除いてある．

重要なことは，pHMM に関しても前節で述べた HMM に関するアルゴリズムが利用可能なことである．例えば，pHMM における Viterbi アルゴリズムは，与えられた2本の生物配列の最適なアラインメントを求めることに対応している．アラインメントにおいては，置換行列 [10]

---

9 隠れ状態の長さの違いは，アラインメントの長さが異なることに対応する．
10 ある文字ペア（例えば A-G）が整列した場合のスコア．

とギャップペナルティ[11]から決まるアラインメントスコア[12]に基づいたアラインメントアルゴリズム（Needleman-Wunsch アルゴリズム /Smith-Waterman アルゴリズム，1 章）がしばしば用いられる．これに比べて pHMM を利用した際のメリットの一つは，置換行列やギャップペナルティのアラインメントパラメータを Baum-Welch アルゴリズムを用いて配列データから学習することが可能となることである．

例 12.2　シークエンサーの『個性』を反映したアラインメントパラメータ　シークエンサーは機種や試薬等により産出されるリード配列の特徴が異なることが知られているが，シークエンサーごとに最適なスコア行列やギャップペナルティを人手で与えることは容易ではない．このような場合でも，pHMM のパラメータ学習法を用いることにより，任意のシークエンサーから得られるリードデータに対して自動的にシークエンサーの個性を反映したパラメータが推定できる[13]．

12.2.3 ｜ プロファイル HMM

生物データに対する HMM の応用モデルとして**プロファイル HMM**（profile HMM）と呼ばれるものが存在する．プロファイル HMM は，配列モチーフ（コンセンサス配列）の確率モデルとして利用される．プロファイル HMM では x が生物配列（DNA 配列等），z が隠れ状態であるコンセンサス状態列（一致状態を M，挿入状態を I，欠失状態を D と記載する）とした

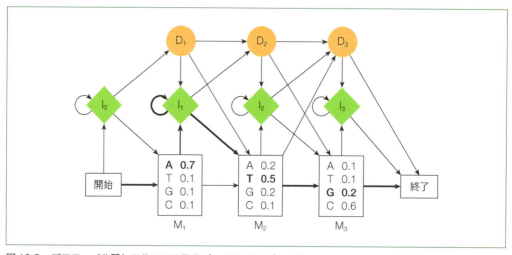

図 12.5　プロファイル隠れマルコフモデル（profile HMM）の例
M, I, D がそれぞれモチーフの一致，挿入，欠失を表す．位置ごとに出力のプロファイル（確率分布）が異なっていることに注意．太字と太矢印は AATG を表す遷移である（2 つ目の A が挿入塩基状態 I_1 から出力される）．

11　ギャップの挿入に対するコスト．
12　カラムごとの置換スコアとギャップペナルティの和として定義される．
13　例えば，last-train（http://last.cbrc.jp/）に実装されているので興味のある読者は試していただきたい．

際に，$p(x, z \mid \theta)$ が定義される（**図 12.5**）．pHMM との大きな違いは，位置ごとにパラメータが異なる（例えば状態 M から出力される文字の確率分布が異なる）ことである（図 12.5）．これにより位置依存的に一致および挿入／欠失を許容する柔軟な配列モチーフを定義することができる．

例 12.3　Pfam（http://pfam.xfam.org/）はプロファイル HMM に基づくタンパク質ドメインのデータベースである．また，Dfam（http://www.dfam.org/）はプロファイル HMM に基づく DNA リピート要素のデータベースである．

12.2.4 | 確率文脈自由文法と共分散モデル

前述の HMM は，文法を形式的に与える形式文法（formal grammar）の観点から見ると，正規文法と呼ばれるものの確率版であり，RNA の塩基対などの遠距離の関係性を表現することができない[14]．そこで，さらに表現力が高いモデルとして，文脈自由文法[15] を確率化した確率文脈自由文法（Stochastic Context Free Grammer; SCFG）[16] がある．SCFG を用いることにより，HMM では表現できなかった RNA の 2 次構造（4 章参照）を確率的に捉えることができる[17]．正式には，SCFG は生成規則とその確率により定義される．以下では，RNA の 2 次構造の例を使って説明しよう．RNA の 2 次構造の生成規則の一例として

$$S \rightarrow aSu \mid uSa \mid gSc \mid cSg \mid gSu \mid uSg \mid aS \mid uS \mid gS \mid cS \mid \varepsilon \tag{3}$$

を考える[18]．ここで，例えば $S \rightarrow aSu$ は a と u が塩基対（4 章）を形成すると解釈する．この生成規則に従って，**図 12.6** の（a）のような遷移を行った場合（これをパースツリーと呼ぶ）には，（b）のような 2 次構造に対応する．SCFG では，これらの生成規則に確率値が付与されているものとする．例えば，$p_{S \rightarrow xSy}$ を生成規則 $S \rightarrow xSy$ の確率であるとすると，この SCFG のパラメータ θ は，$\theta := \{\{p_{S \rightarrow xSy}\}_{(x, y) \in \mathcal{B}}, \{p_{S \rightarrow xS}\}_{x \in \mathcal{B}}\}$ となる．

SCFG を用いることにより x が RNA 配列，z が RNA の 2 次構造（パースツリー）に対して $p(x, z \mid \theta)$ が定義される[19]．例えば，RNA 配列 $x = \mathrm{aggaccucu}$ と 2 次構造 $z = (((\ldots)))$ に対しては[20]

---

14 塩基配列を言語とみなした時，アルファベットである A，T，G，C から構成される文字列の生成ルールを文法と捉えることができる．機械学習の分野では，このような記号に関する規則を形式文法とよぶ．

15 文脈自由文法は正規文法を含む高次の文法である．

16 Probabilistic context free grammar（PCFG）と呼ぶこともある．

17 自然言語処理の場合，文章の構文解析木を表現することができるようになる．

18 S を非終端記号と呼び，a，t，g，c を終端記号と呼ぶ．ε も終端記号であるが何も出力しない（null 出力）．"|" は "または" を意味する．この生成規則では，分岐をもつような 2 次構造（例えば，ステムが 2 つ並ぶような構造）は表現できないことに注意されたい．

19 生成規則によっては 2 次構造とパースツリーが一対一対応しない場合もある（ただし，パースツリーに対しては 2 次構造が一意に決まる）ので，正確には z はパースツリーである．2 次構造の確率はその 2 次構造を与えるパースツリーの確率の和として定義される．

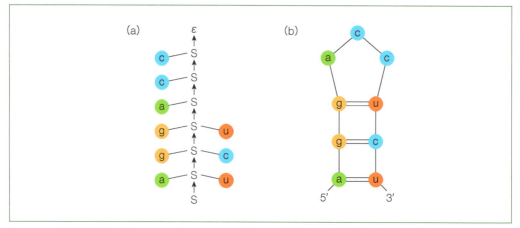

図 12.6　確率文脈自由文法（SCFG）と RNA 2 次構造
（a）式 3 で定義される文法を用いた場合のパースツリーの例と（b）対応する 2 次構造．SCFG ではこのパースツリーの確率が文法の生成確率の積として定義される（式 4）．

$$p(x, z | \theta) = p_{S \to a \cdot Su} \cdot p_{S \to gSc} \cdot p_{S \to gSu} \cdot p_{S \to aS} \cdot p_{S \to cS} \cdot p_{S \to cS} \cdot p_{S \to \varepsilon} \quad (4)$$

のように確率が計算可能である．HMM の Viterbi アルゴリズムと類似のアルゴリズム（CYK アルゴリズム）を用いることにより，確率が最も高くなる構造の導出が可能であり，これが 2 次構造予測に対応する．

さらに，プロファイル HMM（12.2.3）に対応する SCFG のモデルとして**共分散モデル**（Covariance Model; CM）[21]が存在する．共分散モデルを用いることにより，RNA の構造と配列情報を同時に考慮したモチーフをモデル化することが可能となるため ncRNA のモチーフ探索やファミリー検索に応用されている（4 章参照）．

12.2.5 ｜ トピックモデル

トピックモデル（topic model）は自然言語処理分野において文章の確率生成モデルとして提案された．トピックモデルは，文章を単語の集合である「Bag of words（BOW）」として表現し，観測変数である単語が**トピック**（topic）と呼ばれる隠れ変数から生成（出力）されることを仮定したモデルである[22]．トピックごとに異なる単語の出現分布を有している（例えば，「経済」トピックでは「金利」や「株価」などの単語の出現確率が高い）．

トピックモデルにはいくつかの種類が存在するが，代表的なものとして**確率的潜在意味解析**（probabilistic latent semantic analysis; PLSA）や**潜在ディリクレ配分モデル**（Latent Dirichlet allocation; LDA）がある．これらは，文章 d に含まれる単語（観測）x がトピック（隠れ状態）

20　z の '(' と ')' のペアは x の対応する位置の塩基対を表している．塩基対としては G と U のペアである Wobble 塩基対も許している（4 章）．
21　profile SCFG と呼ぶこともある．
22　1 つの文章が複数のトピックをもつことが可能である．

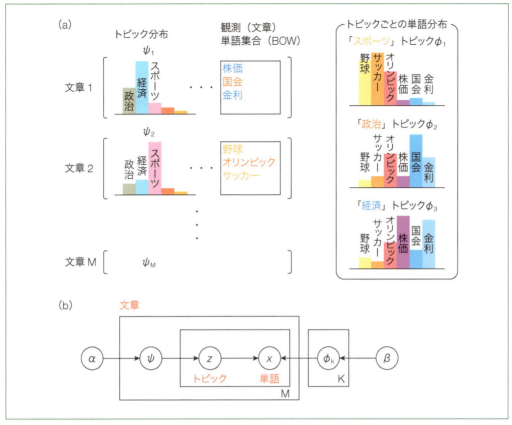

図 12.7　トピックモデル
(a) トピックモデルによる文章生成の例．(b) トピックモデルのモデル図．文章は単語集合（Bag of words, BOW）で表現され，おのおのの単語は隠れ状態であるトピック（topic）から生成される．トピックは，そのトピック k に応じた単語分布 ϕ_k をもつ（正確には ϕ_k は単語のカテゴリ分布のパラメータである）．例えば，スポーツトピックでは「野球」，「サッカー」，「オリンピック」などの単語の確率が高い（ϕ_1）．各文章 d は複数のトピックをもつことが可能であり，文章ごとに異なるトピック分布 ψ_d が与えられる．文章の単語の色は，その単語がどのトピックから生成されているかを表す．α および β は，ベイズ的な推定（Latent Dirichlet Allocation; LDA）を行う場合のハイパーパラメータである．

z（$\in \{1, 2, ..., K\}$）から生成されたと考え，その同時確率を

$$p(x, z \mid \Phi, \Psi) = p(x \mid \phi_z) p(z \mid \psi_d) \tag{5}$$

と定義する（**図 12.7**）．ここで，$\Phi = \{\phi_k\}_{k=1}^{K}$ であり ϕ_k はトピック k の単語分布を表すカテゴリ分布のパラメータである．また，$\Psi = \{\psi_d\}$ であり，ψ_d は文章 d のトピック分布を表すカテゴリ分布のパラメータである．この $p(x, z \mid \Phi, \Psi)$ に従って文章と単語が生成されているというのがトピックモデルによる文章の生成過程である．

トピックモデルのパラメータの学習方法としては，HMM と同様に最尤推定により推定が可能である（この場合のトピックモデルを PLSA と呼ぶ）．さらに，Φ と Ψ に事前分布を考えることによりベイズ推定の 1 種である変分推論（Variational Inference）やギブスサンプリング（Gibbs sampling）に基づく推定も可能である（この場合のトピックモデルが LDA と呼ばれる）．

例 12.4　メタゲノム細菌群　ヒトの腸内メタゲノム（9 章参照）のバクテリアの組成比はサン

プルごとに異なる．また，細菌には，共起をしやすい細菌群（community）が存在すること
も示唆されている．腸内メタゲノムデータは，「文章」を「個人の腸内細菌」，「単語」を「細
菌種」，「トピック」を「細菌群」と対応づけることにより，トピックモデルとしてモデル化
が可能である．

例 12.5　がんの変異シグネチャー　がんゲノムの変異はゲノムが暴露された変異原[23]により
特徴的な変異プロファイルとなることが知られている．したがって，ある一つのがんゲノム
の変異セットは複数の変異原への暴露の結果であると考えることができる．変異原とその変
異のプロファイルのペアは変異シグネチャー（mutation signature; MS）と呼ばれる．「文章」
を「がんゲノムサンプル」，「トピック」を「変異原」，「単語」を「ゲノムに含まれる変異」
に対応させることにより，変異シグネチャーはトピックモデルによりモデル化可能である．

12.3 ▶ 分類／回帰のための教師あり学習手法

機械学習はさまざまな予測タスクを解く場合にも用いられる．予測タスクとしては，例えば，
薬が構造式として与えられた際に，その活性を予測するような問題である．この際，予測問題
の予測値が離散値か連続値であるかに応じて，分類（classification）と回帰（regression）に分
けられる．上述の薬の活性予測の場合を例にとって考えると，連続の活性値を予測する場合が
回帰であり，活性のあるなしを予測する場合は（2 値）分類となる．さらに，予測問題において，
教師データ（training data）が必要となるものは，教師あり学習（supervised learning），必要
ないものは教師なし学習（unsupervised learning）と呼ばれる．さらに，教師ありデータと教師
なしデータを両方用いる半教師あり学習（semi-supervised learning）なども存在する．ここで
いう教師データとは，例えば，薬の構造と活性のあるなし（2 値）や活性の値（連続値）など
のデータを指す．教師あり学習手法においては，まず教師データから予測モデル（分類器）を
学習を行った後に，新しいデータに対して学習したモデルを用いることにより予測を行う．本
節では，このような分類／回帰のための教師あり学習手法を概観する．

12.3.1 ┃ サポートベクターマシンとカーネル法

サポートベクターマシン（Support Vector Machine; SVM）は，1992 年に V. Vapnik らによ
り提案された教師あり機械学習方法である．SVM は教師あり 2 クラス（2 値）分類を行う方
法であるが，回帰や多クラス分類を行う拡張も行われている．SVM は教師データが存在し，特
徴ベクトル（feature vector）[24]を作ることができれば，libSVM[25] などの汎用プログラム／ライ

23　例えば，喫煙や紫外線への暴露など．
24　対象をベクトルとして表現すること．例えば，化合物の場合にはフィンガープリント（特定の構造があるかない
　　かのバイナリベクトル）は特徴ベクトルとして利用可能である．

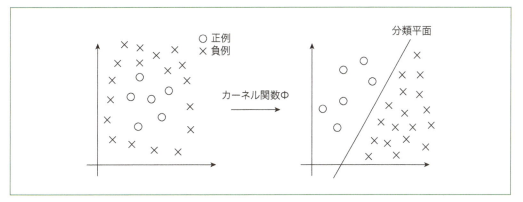

図 12.8　サポートベクターマシン（SVM）
2 値（正例と負例）の分類を行うための分類平面を学習する．その際に，Φ により異なる空間に射影された後に分類を行う．

ブラリを用いることにより比較的容易に試すことができる．

SVM は**カーネル法**（kernel method）と呼ばれる方法の一つでもあり，カーネルを用いることにより非線形の分類を行うことも可能である（**図 12.8**）．カーネルとは，データを高次元空間（無限次元でもよい）に埋め込んだ後に，データ間の類似性を計算する関数 $K(x, y)$ である．さまざまな構造データや生物データに特化したさまざまなカーネルが提案されている．文字列のための**文字列カーネル**（string kernel），グラフ間の類似度を与える**グラフカーネル**（graph kernel），HMM などの隠れ状態を持つ確率モデルに対する**周辺化カーネル**（marginalized kernel），配列の局所アラインメントに基づいた**局所アラインメントカーネル**（local alignment kernel）などである．

12.3.2　ランダムフォレスト

ランダムフォレスト（Random Forest; RF）は，2001 年に L. Breiman によって導入された分類・回帰のための教師あり学習手法であり，SVM に匹敵するほど広く利用されている．ランダムフォレストは，決定木（**図 12.9a**）を多数生成し学習を行うアンサンブル学習の 1 種であり，特徴量が多い場合でもうまく学習できることが知られている（**図 12.9b**）．また，どの特徴量が予測に対して重要であるかを知ることができることも一つのメリットである．

12.3.3　教師あり機械学習手法を用いる際の注意点

教師データを用いた機械学習手法を適用する場合には，教師データに適合しすぎてしまう**過学習**（over-fitting）に注意する必要がある．なぜなら，過学習を起こした場合には，未知のデータに対する性能である**汎化性能**（generalization performance）が著しく悪くなる場合があ

25　https://www.csie.ntu.edu.tw/~cjlin/libsvm/

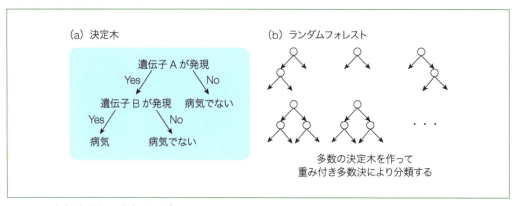

図 12.9 （a）決定木と（b）ランダムフォレスト
ランダムフォレストにおいては，多数の決定木を作って，それぞれの予測結果の重み付き多数決により分類する．

るためである．未知のデータに対する汎化性能を適切に評価する一つの方法として，**クロスバリデーション**（交差検証，cross validation）がある．クロスバリデーションとは，与えられた教師データを「学習を行うデータ」と「評価を行うデータ」の二つに分けて学習を行う方法である（**図 12.10**）．学習データに冗長性がない場合には，クロスバリデーションにより汎化性能が適切に評価されることが期待されるが，学習データが冗長である場合には過学習の危険があることに注意されたい．

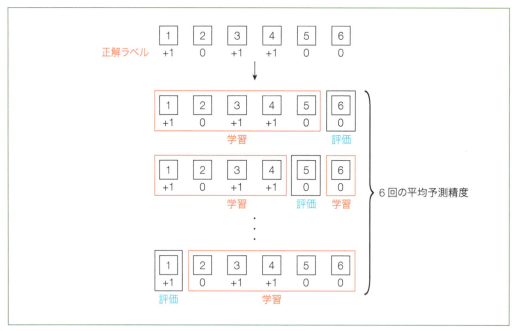

図 12.10　クロスバリデーション
過学習を防ぐために，学習と評価のデータを分けて評価を行う方法．上記の例では，6 つのデータのうち 5 つを利用して学習を行い（SVM や RF で分類のルールを学習する），残りの一つを用いて評価（ラベルを予測し正解ラベルと合っているかを評価する）を行うことをくり返している．

12.4 ▶ 深層学習

深層学習（deep learning）は，画像，自然言語処理，音声処理などのさまざまな認識タスクで従来手法（SVM やランダムフォレスト等）に比べて圧倒的な精度をあげ，現在最も注目されている人工知能の技術である．深層学習は，前述の確率的生成モデルとしても回帰・分類を行うための教師あり学習手法としても用いられる（参考文献 1）．深層学習は特徴の階層的な組み合わせを考慮することが可能であり，その基礎となっているのが**多層ニューラルネットワーク**（multi-layer neural network）技術である．深層学習は，自然言語処理や画像処理などの分野で急速に応用が進んでいるが，バイオ分野においてもさまざまな応用がなされるようになってきている．

深層学習がこれほどまでに成功している要因はいくつかある．それは，局所解の影響を回避しながら学習することを可能とするオートエンコーダー（auto encoder）による事前学習（pre-training）やドロップアウト（dropout）などのテクニックの提案，GPU などの計算機能力の向上により大量データ（例えば，画像データなどはウェブを通して大量に入手可能である）を用いて非常に深いネットワークの学習ができるようになったことなどである．

以下では，生物データのモデル化に有用となる深層学習技術について簡単に紹介する．

12.4.1 ▎マルチモーダル深層学習

深層学習を用いることにより，画像やテキストなどの質の異なる複数タイプのデータを同時に取り扱いやすくなる[26]．これを実現するのが**マルチモーダル深層学習**（multi-modal deep learning）である．この手法では，データの種類ごとに多層ニューラルネットワークによりモデル化を行い，それらのネットワークをさらに上位の層で統合する（**図 12.11**）．このように，複数タイプのデータの自然な特徴の抽出と抽出された特徴の統合を行うことが可能であることが，深層学習を用いる利点の一つである．

---

26 前述の生命科学オミクスデータも質の異なる複数タイプのデータであることに注意されたい．

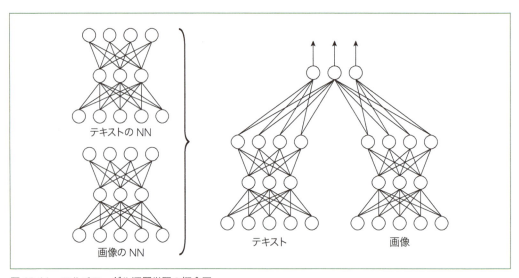

図 12.11　マルチモーダル深層学習の概念図
上記では画像とテキストのマルチモーダル深層学習を表している．

12.4.2　畳込みニューラルネットワーク

　画像処理の分野においては，画像データに対するニューラルネットワークである**畳込みニューラルネットワーク**（Convolutional Neural Network; CNN）が大きな成功を収めている．CNNは，フィルタと呼ばれる画像の局所的な特徴を，畳込み（convolution）とプーリング（pooling）と呼ばれる操作を複数行うことにより，画像のロバストな特徴量を学習するための方法である（**図 12.12**）．ここで，畳込みはフィルタで示される画像の特徴がどこにあるのかを検出し，プーリングは複数のノードをまとめた特徴を作るための方法である．CNN は画像に特化した技術

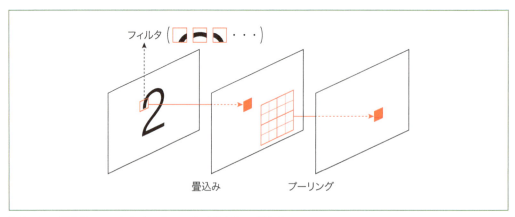

図 12.12　畳込みニューラルネットワーク（CNN）の概念図
畳込みは，画像の局所的な特徴を表すフィルタが，画像中のどこに出現するかを（フィルタを縦横にずらしながら）計算する．プーリングは複数のセルの値をまとめた特徴を作る（例えば，最大値を計算するのが max pooling である）．

であるように思えるが，後で見るように生物分野でも利用されている．

12.4.3 時系列データに対する深層学習

系列データ[27]に対して適用可能な深層学習手法として，**再帰型ニューラルネットワーク**（Recurrent Neural network; RNN）が提案されている．RNN ではある時刻 t の出力が次の時刻 $t+1$ の入力となるようなモデルとなっている．さらに RNN では非常に長い時系列データに対してうまく学習ができないことが知られており，その問題を解決するために**長・短期記憶モデル**（Long Short Time Memory; LSTM）も提案されている．

12.4.4 生物学への応用例

B. Alipanahi らは核酸（DNA/RNA）の配列情報のみから，転写因子や RNA 結合タンパク質（RBP）との結合能を予測するための深層学習のモデル DeepBind を提案した（参考文献 2）．また，J. Zhou らはゲノムの配列情報のみから，ヒストン修飾などのエピゲノム情報を予測するための深層学習のモデル DeepSea を提案した．この二つの研究においては，配列情報をバイナリコードとして表現し[28]，CNN（12.4.2），プーリングにより構成されるニューラルネットワークが利用されている．このような構造を用いることにより，特定の RBP への結合能に効く配列モチーフ情報を自動的に抽出することが可能となっている（学習された CNN のフィルタがモチーフに対応する）．さらに深層学習のモデルを一度構築すると，一塩基置換（SNP）などが，転写因子や RBP の結合能にどのような影響を与えるかなどの評価を計算機上で仮想

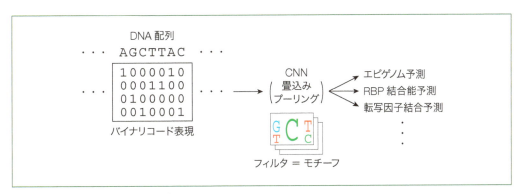

図 12.13　深層学習の生物学への応用例
塩基をバイナリベクトルで表現することにより，畳込みニューラルネットワークを用いることが可能となる．畳込みニューラルネットワークのフィルターは配列のモチーフに対応する．エピゲノム修飾の予測，RBP の結合の予測，転写因子結合の予測などに応用されている．

---

[27] 例えば，ゲノムも座標を時間だと思えば系列データとなる．
[28] 例えば，A を $(1, 0, 0, 0)'$，T を $(0, 1, 0, 0)'$ などと表現する．one hot code sequence と呼ばれる．

的に行うことが可能となり，個別化医療などへの応用も期待される[29].

RNN や LSTM（12.4.3）の応用例として，ナノポアシークエンサー（5章）から得られる生データ（電流のデータ）から塩基を予測するベースコールに応用され，HMM（12.2.1）を用いた方法よりもベースコールの精度が優れていることが報告されている．また，上述の DeepBind では RNA の構造情報は用いていなかったが，RNA の構造情報と配列情報を統合したマルチモーダル深層学習（12.4.1）による，RBP 結合 RNA の予測なども行われている．これ以外にも，深層学習を応用した研究は多数存在する．詳しくは，バイオインフォマティクスにおける深層学習に関するレビュー論文を参照していただきたい（例えば参考文献3など）．

12.5 ▶ モデル学習

モデル学習（Model learning）とは，12.2 節で説明した確率的生成モデルのモデルの構造をデータから学習するための方法全般を指す．例えば，12.2.1 の隠れマルコフモデルの場合において，遷移・出力パラメータに加えて隠れ状態の数 K を観測データから学習を行うことはモデル学習の一種となる[30]．このようなモデル学習の方法は，前述のデータ駆動型生命科学を行う際に特に重要になると考えられる．なぜならば，さまざまな生物データ確率的生成モデルによりモデリングする際に，モデルの構造は生物データの背後に存在する「生物学的構造」に対応することが期待され（図 12.1），その生物学的解釈は新しい生命科学の発見につながる可能性があるからである．以下に例を示す．

例 12.6　クロマチン状態推定におけるモデル選択　例 12.1 で述べたクロマチン状態の推定において，クロマチン状態の種類（数）を事前に決めることは一般的に難しい．このような場合に，モデル学習を利用することにより，データのみからクロマチン状態の数（とそれに関連したさまざまな確率パラメータ）を推定することが可能となる．推定されたクロマチン状態を生物学的に解釈することにより，新しい知見が得られる可能性がある．

例 12.7　ペア HMM におけるモデル選択　12.2.2 で説明したアラインメントの確率モデルであるペア HMM には，大きく分けて M（マッチ），X（x 側の挿入），Y（y 側の挿入）の3つの状態があった（図 12.4）．この3つの各状態はタイプごとに 1 ～ 2 程度が使われることが多い（例えば，M に対応する状態が2つなどである）．一方ゲノムのアラインメントの場合，一致状態や挿入／欠失状態にはさらに多くの状態が存在する可能性がある．ペア HMM に対してモデル学習を行うことによって，これらの状態の数と特徴が明らかとなり，それらの状態がゲノム中にどのように分布しているかなどを解析することが可能となる．

29　あたりまえであるが，実験によりこのような評価を行うことは非常に難しい．
30　12.2.1 で述べた HMM のパラメータ学習の方法である Baum-Welch アルゴリズム（EM アルゴリズム）においては，隠れ状態の数 K は事前に与えられているものと仮定していた．

例 12.8　変異シグネチャーのモデル選択　例 12.5 においてモデル学習を行い，変異原の種類と変異の特徴を明らかにすることにより新しいがん化のメカニズムにつながる可能性がある.

これらの確率モデルに対するモデル選択の方法の詳細に関しては，本書のレベルをはるかに超えるため割愛するが，例えば参考文献 4 や 5 を参照願いたい.

12.6　結論

　生物学分野においては，次世代シークエンサーに代表される実験測定技術とその応用技術の発展により，今後も今まで以上に大量かつ性質の異なる生物オミクスデータ（ゲノム，トランスクリプトーム，エピゲノム，プロテオーム，メタボローム，インタラクトーム（生体高分子間の相互作用），フェノーム（表現型）等）がさまざまな分野や研究機間で蓄積していくことが容易に想像される．これに伴い，オミクスデータから新しい知見を見出す「データ駆動型生物学」の実現に向けて，人工知能技術や機械学習手法はますます重要となっていくだろう.

　本章では紙面の都合上，最新の機械学習技術とその生物学応用の概論のみを説明するにとどめた．また最初に述べたとおり，本章はかなり高度な内容を含んでいるが，今後技術開発を含めたバイオインフォマティクス研究を本格的に行うことを考えている読者には，このような高度な情報科学も積極的に勉強していくことを強く期待している．また，本章を読んで，バイオインフォマティクスにおける高度な情報技術の重要性について少しでも感じとってもらえれば幸いである.

参考文献
1）瀧雅人（2017）機械学習スタートアップシリーズ これならわかる深層学習入門，講談社
2）Alipanahi, B. *et al.*(2015) Predicting the sequence specificities of DNA- and RNA-binding proteins by deep learning. *Nat. Biotechnol.*, **33**(8), 831–838
3）Min, S. *et al.*(2017) Deep learning in bioinformatics. *Brief. Bioinformatics*, **18**(5), 851–869
4）佐藤一誠（2016）ノンパラメトリックベイズ 点過程と統計的機械学習の数理，講談社
5）C. M. ビショップ（2012）パターン認識と機械学習，丸善出版

索引

英文索引

Allie..157
API...170
BAM..82, 166
Basic Local Alignment Search Tool...........9
BED..166
bigBed...166
bigWig...167
Binning..133
BioJava..164
BioPerl..164
Biopython..164
BioRuby..164
BISMARK...114
BLAST...9
BMAP..114
bootstrap probability............................28
Bowtie...164
Bowtie2..114
branch..24
Bray-Curtis 非類似度.............................135
Browser Extensible Data........................166
BSMAP..114
BS-Seq..111
BWA...114, 164
CDS..90
character state method...........................26
ChIP-Seq..111
CiNii...157
CLIP-seq...61
co-IP..140
Colil...157
CpG アイランド...................................109
CRUD..173
CSV..163
Database Management System...................171
DBCLS...156
DBCLS SRA.......................................159
dbGaP...159
DBMS..171
DDBJ......................................8, 79, 159

de novo sequencing 法...........................149
decoy データベース...............................150
DEG...66, 121
distance matrix method...........................26
DMR...120
DNA Data Bank of Japan...........................8
DNA メチル化....................................109
domain shuffling..................................19
DPR...121
DRA..79
dynamic programming algorithm.................11
Elasticsearch.....................................171
EMBL-EBI...8
emPAI...152
ENA...8, 159
Ensembl......................................92, 159
Ensembl REST API..............................174
epitranscriptome..................................63
European Nucleotide Archive......................8
evolutionary distance.............................21
ExpressionATLAS..................................68
FAIRsharing......................................156
False Discovery Rate.............................150
FANTOM CAT.....................................68
FASTA 形式.....................................9, 81
FASTQ...80, 164
FDR...150
fixation..5
GC skew..85
GC 含量..84, 104
GenBank..8, 155
GENCODE...68
gene conversion...................................19
gene duplication..................................18
Generic Model Organism Database...............167
genetic drift..8
Genome...159
GFF...82, 167
GMOD..159, 167
GO enrichment 解析...........................66, 120
GOLD..159
Google Scholar...................................157
GREAT..120
GTF...82, 167
HMM...176
homologous...8
horizontal gene transfer...........................20

193

HPLC	145	NGS	71
HPP	137	NGS データ	71
HUPO	137	NIG	8
IGV	164	NJ 法	27
inMeXes	157	NMDS	135
INSDC	159	NMR	34
Integbio	156	node	24
Jukes-Cantor モデル	21	NONCODE	68
K80 モデル	21	NoSQL	171
KEGG	156	NovaSeq	71
_k_-mer 頻度	131	novoalign	114
Linux	80	Operational Taxonomic Unit	24
lncRNA	56	Oracle	171, 172
LncRRldb	68	orthologous	8
LSTM	189	OTU	24, 129
_m/z_	144	outgroup	26
MDS	135	paralogous	8
MEDLINE	155	Pash	114
MeSH	157	PDB	155
MIAPE	153	PDB ID コード	33
miRBase	67	PDBj	156
miRNA	57	PEFF	153
MiTranscriptome	68	PFF	149
mmCIF フォーマット	33	PIR	160
molecular clock	17	piRNA	58
molecular phylogenetic tree	23	piRNAdb	67
molecular phylogenetics	17	PIWI-interacting RNA	58
MongoDB	171	PMF	149
motif	16	Poisson 補正	22
MRM	151	PostgreSQL	171
MS	143	PPI	138
MS/MS	146	ProteomeXchange	153
MS/MS ion search	149	Proximity Ligation	61
MS^1	146	pseudogene	18
MS^2	147	PSI	152
multiple sequence alignment	14	PTM	137, 153
mutation	4	PubMed	155
MySQL	171	PubMed Central	157
mzIdentML	152	RDB	170
mzML	152	RDF	172
mzTab	152	RepeatMasker	103
NBDC	156	Representational State Transfer	173
NCBI	8, 156	Resource Description Framework	172
NCBI E-utilities	174	REST	173
ncRNA	18, 55, 97	Rfam データベース	67
Neptune	172	RMSD	42
neutral theory of molecular evolution	8	RNA2 次構造	56

RNA-RNA 相互作用	65
RNA-seq	97
RNA 結合タンパク質	61
RNA- タンパク質相互作用	65
RNN	189
root	24
rooted tree	24
Ruby on Rails	171
SAM	82, 164
SAMtools	164
SCFG	181
Semantic Web	172
sequence alignment	11
sequence database	8
shared exon	106
Solr	171
SPARQL	172
SQL	171
SQLite	171
SRA	80, 159
SRM	151
Stardog	172
substitution	4
Swagger	173
Swiss-Prot	160
target-decoy 検索	150
target データベース	150
TFBS	91
TogoWS	164, 174
Tophat	164
tree topology	25
TrEMBL	160
TSV	163
UCSC ゲノムブラウザ	92, 159
Uniform Resource Identifier	172
UniFrac	135
UniProt	8, 155
unrooted tree	24
URI	172
UTR	90
VCF	82, 168
Virtuoso	172
WIG	167
wwPDB	33
Y2H	138
16S rRNA 遺伝子	124

和文索引

あ 行

アセンブリ	95
アダプター配列	99
アノテーション	82, 92
アフィニティ・タグ	140
アラインメント	101
アラインメントスコア	180
αヘリックス	38
アンプリコン解析	124
イオン源	145
1 次データベース	156
遺伝子が少ない領域	84
遺伝子が密な領域	84
遺伝子混成	19
遺伝子水平移動	20
遺伝子水平伝播	20
遺伝子重複	8, 18
遺伝子発現	97
遺伝子変換	19
遺伝的浮動	8
インサートサイズ	71
インタラクトーム	138
ウィンドウサイズ	86
ウェブ API	173
枝	24
X 線結晶解析	34
エピゲノム	109, 177
エピトープ・タグ法	140
エピトランスクリプトーム	63
エラー率	78
塩基対	56
塩基配列	71
エントリ	164
エンハンサー	91
欧州バイオインフォマティクス研究所	8, 156
オーソロガス	8, 25
オペロン	140, 142
ω比	23
折り畳み	43

か 行

回帰	184
外群	26, 89

195

外部枝	25
外部節点	25
カウントデータ	106
過学習	185
核磁気共鳴	34
拡張 FASTA	153
確率的潜在意味解析	182
確率文脈自由文法	181
確率モデル	175
隠れ状態	177
隠れ変数	176
隠れマルコフモデル	176
カーネル法	185
可変領域	124
関係データベース	170
観測変数	176
カンマ区切り	163
偽遺伝子	18
機械学習	175
期待値	103
逆位	87
逆平行βシート	38
ギャップ	11, 21
ギャップペナルティ	13, 180
旧 PDB フォーマット	33
球状タンパク質	43
旧世代（シークエンサー）	71
教師あり学習	184
教師なし学習	184
偽陽性	150
共通 2 次構造予測	64
共分画法	140
共分散モデル	182
共有エクソン	106
局所アラインメントカーネル	185
距離行列法	26
キーワード検索	9
近接ライゲーション	61
近隣結合法	27
クオリティコントロール	79, 116
クオリティスコア	78
クオリティチェック	79
クオリティフィルタリング	79, 128
区切り文字	164
クラスタリング	134
グラフカーネル	185
クロスバリデーション	186

クロマチン状態	177
クロマチン免疫沈降	111
クロマトグラム	147
計算プロテオミクス	138
形質状態法	26
系統プロファイル	141
欠失	87
欠失変異	4, 18
ゲノム	83
ゲノムサイズ	83
ゲノム再編成	87
ゲノムブラウザ	92
検出器（プロテオーム）	145
構造モチーフ	40
高速液体クロマトグラフィ	145
抗体法	142
酵母ツーハイブリッド法	138
国立遺伝学研究所	8
固定	5
コンティグ	74
コンティグカバレッジ	133

さ 行

再帰型ニューラルネットワーク	189
細菌群	184
最小自由エネルギーの構造	63
サイズ選択	71
サポートベクターマシン	184
サンガー法	71
参照ゲノム	95
シークエンスファイル	116
次世代シークエンサー	71
実験デザイン	97
質量電荷比	144
質量分析	140, 143
質量分析計	145
質量分析法	143
ジャンクションリード	101
周辺化カーネル	185
樹形	25
主鎖	38
純化選択	6
浄化選択	6
ショットガン解析	129
ショートリード	73
進化距離	21

シングルエンド	71
親水性アミノ酸	43
深層学習	187
シンテニー	90
真陽性	150
水平遺伝子移行	20
スキャッフォールド	75
ステップサイズ	86
スーパーファミリー	40
スペクトラル・カウント	152
スペクトル・ライブラリ法	148
スライディングウィンドウ	86
生成モデル	176
正の選択	6
正の淘汰	6
生物マルチオミクス	175
節点	24
潜在ディリクレ配分モデル	182
セントラルドグマ	97
相違度	21
操作的分類単位	24
相同	8
挿入	87
挿入変異	4, 18
側鎖	38
粗視化モデル	47
疎水性アミノ酸	43

た 行

ダイナミックプログラミングアルゴリズム	11
多次元尺度構成法	135
多重検定	108
多重置換	21
多重配列アラインメント	14
多重比較問題	108
多層ニューラルネットワーク	187
畳込みニューラルネットワーク	188
タブ区切り	163
短鎖ノンコーディング RNA	56
タンデム質量分析	146
タンパク質間相互作用	138
タンパク質推定	149
断片配列	71
置換	4
置換行列	180
長鎖ノンコーディング RNA	56

長・短期記憶モデル	189
超二次構造	40
重複	87
ツリーベース法	14
テキスト	80
テキストマイニング	140
データ駆動型	175
データベース	155
データベース検索法	149
デノボ	73
デノボアセンブリ	73
デノボ法	47
デリミタ	164
電子顕微鏡	34
転写因子結合部位	91
転写物	97
天然変性タンパク質	45
天然変性領域	45
点変異	4, 18
同義座位	23
同義置換	23
等重量タグ法	151
動的計画法	11
特徴ベクトル	184
突然変異	4
ドットプロット	86
トピック	182
トピックモデル	182
ドメイン（タンパク質）	14, 18, 40
ドメインシャフリング	19
ドメイン混成	19
トランスクリプトーム	97
トランスポゾン	58
トリプル	172
トリプルストア	172
トリミング	79

な 行

内部枝	25
内部節点	25
2 次元電気泳動法	143
2 次構造予測	63
2 次データベース	156
根（系統樹）	24
ノンコーディング RNA	18, 55
ノンラベル定量法	151

197

は 行

バイオサイエンスデータベースセンター 156
バイサルファイト・シークエンシング 111
バイナリ 80
配列アラインメント 11, 21
配列間の相違度 21
配列データベース 8
配列類似性検索 9
配列ロゴ 91
パスウェイ解析 66
バックトラック 13
発現 97
発現解析 97
発現変動遺伝子 66, 121
パラロガス 8, 25
汎化性能 185
反復配列 73
比較ゲノム 90
比較モデリング法 49
ピーク 115
ピーク検出 147
ピーク変化領域 121
ピークリスト 148
非計量多次元尺度構成法 135
ヒストンコード仮説 177
ヒストン修飾 109
非同義座位 23
非同義置換 23
ヒトプロテオーム機構 137
ヒトプロテオーム計画 137
頻出フォールド 42
ファージディスプレイ法 140
ファミリー 40
フォールディング 43
フォールド 41
フォールド認識 49
復帰置換 21
不等交叉 89
ブートストラップ確率 28
負の選択 6
負の淘汰 6
プライマー配列 99
フラグメント・アセンブリ法 47
フラットファイル形式 164
プルダウン法 140
プレイ 138
プレカーサーイオン 146
プロダクトイオン 147
プロテインアレイ 139
プロテオーム 137
プロテオーム情報学 138
プロテオフォーム 137
プロファイル HMM 180
分子系統解析 17
分子系統樹 23
分子進化の中立説 8
分子時計 17
分子ドッキング法 52
分子ビューア 34
分析計（プロテオーム） 145
文脈自由文法 181
分類 184
ペアエンド 71
ペア隠れマルコフモデル 179
ペアワイズアラインメント 11, 179
平行βシート 38
平行置換 21
米国国立生物工学情報センター 8, 156
ベイト 138
ベースコール 78
βシート 38
βストランド 38
βヘアピン 40
変異 4, 77
変異解析 78
変異シグネチャー 184
保存領域 124
ポテンシャル・エネルギー関数 47
ホモロガス 8
ホモロジー・モデリング法 49
ポリ A 配列 101
翻訳後修飾 137

ま や 行

マイクロ RNA 57
前処理 79, 144
膜貫通ヘリックス 45
膜タンパク質 44
マススペクトル 147
マッピング 101
マルチプルアラインメント 14
マルチモーダル深層学習 187

無根系統樹 24
メタゲノムアセンブル 130
メタゲノム解析 123
メタデータ 153
免疫共沈降法 140
文字列カーネル 185
文字列検索 101
モチーフ 16
モデリング 49
モデル学習 190
有根系統樹 24
ユニバーサルプライマー 127

ら 行

ライフサイエンス統合データベースセンター 156
ラマチャンドラン・プロット 38
ランダムフォレスト 185
リシークエンス 76
リード 71
リード長 71
リピート配列 73
リファレンス配列 77
レポジトリー 153
ロゼッタストーン 141
ロングリード 73

編者紹介
藤　博幸（とう　ひろゆき）　理学博士
　1983 年　九州大学理学部生物学科卒業
　現　在　関西学院大学理工学部生命医化学科教授

NDC467.3　　205p　　26cm

よくわかるバイオインフォマティクス入門
2018 年 11 月 19 日　第 1 刷発行
2024 年　7 月 11 日　第 8 刷発行

編　者	藤　博幸（とう　ひろゆき）	
発行者	森田浩章	
発行所	株式会社　講談社	
	〒 112-8001　東京都文京区音羽 2-12-21	
	販　売　(03) 5395-4415	
	業　務　(03) 5395-3615	
編　集	株式会社　講談社サイエンティフィク	
	代表　堀越俊一	
	〒 162-0825　東京都新宿区神楽坂 2-14　ノービィビル	
	編　集　(03) 3235-3701	
本文データ制作	株式会社エヌ・オフィス	
印刷・製本	株式会社ＫＰＳプロダクツ	

落丁本・乱丁本は，購入書店名を明記のうえ，講談社業務宛にお送りください．送料小社負担にてお取替えいたします．なお，この本の内容についてのお問い合わせは，講談社サイエンティフィク宛にお願いいたします．定価はカバーに表示してあります．

© Hiroyuki Toh, 2018

本書のコピー，スキャン，デジタル化等の無断複製は著作権法上での例外を除き禁じられています．本書を代行業者等の第三者に依頼してスキャンやデジタル化することはたとえ個人や家庭内の利用でも著作権法違反です．

JCOPY　〈(社)出版者著作権管理機構 委託出版物〉

複写される場合は，その都度事前に(社)出版者著作権管理機構（電話 03-5244-5088, FAX 03-5244-5089, e-mail: info@jcopy.or.jp）の許諾を得てください．

Printed in Japan

ISBN 978-4-06-513821-2